高等教育安全工程系列"十一五"规划教材

安 全 行 为 学

主　编　栗继祖

副主编　程卫民　聂百胜

参　编　王茜　文军强　朱彬伟

主　审　金龙哲

机 械 工 业 出 版 社

本书以安全行为学的基本原理为依据，系统地讲述了安全行为学的基本概念、研究对象、内容与研究方法，介绍了行为科学在工业安全领域中的研究与应用。对行为的身心机制，操作行为与安全，工作环境与安全，激励与行为，工作设计与安全，行为测量与人员选拔，行为模拟与安全设计，安全培训与安全行为的养成，群体行为与安全，组织行为与安全，安全行为伦理等方面的内容分别进行了阐述。

本书是高等学校安全工程专业本科专业基础课教材，也可作为研究生教材及教育、医学、社会学、管理学、军事、司法、体育、艺术和机械设计等专业的教学参考书，并可供上述领域的专业人员及政府主管部门、行业管理部门的工作人员查阅、参考。

图书在版编目（CIP）数据

安全行为学/栗继祖主编. —北京：机械工业出版社，2009. 1(2024. 8)

（高等教育安全工程系列"十一五"规划教材）

ISBN 978-7-111-25398-3

Ⅰ. 安… Ⅱ. 栗… Ⅲ. 安全—行为—高等学校—教材 Ⅳ. X91

中国版本图书馆 CIP 数据核字（2008）第 162917 号

机械工业出版社（北京市百万庄大街 22 号 邮政编码 100037）

责任编辑：冷 彬 版式设计：霍永明 责任校对：陈立辉

封面设计：张 静 责任印制：单爱军

北京虎彩文化传播有限公司印刷

2024 年 8 月第 1 版第 5 次印刷

169mm×239mm · 20. 25 印张 · 381 千字

标准书号：ISBN 978-7-111-25398-3

定价：49. 00 元

电话服务		网络服务	
客服电话：010-88361066		机 工 官 网：www.cmpbook.com	
	010-88379833	机 工 官 博：weibo.com/cmp1952	
	010-68326294	金 书 网：www.golden-book.com	
封底无防伪标均为盗版		机工教育服务网：www.cmpedu.com	

安全工程专业教材编审委员会

序

　　"安全工程"本科专业是在 1958 年建立的"工业安全技术"、"工业卫生技术"和 1983 年建立的"矿山通风与安全"本科专业基础上发展起来的。1984 年，国家教委将"安全工程"专业作为试办专业列入普通高等学校本科专业目录之中。1998 年 7 月 6 日，教育部发文颁布《普通高等学校本科专业目录》，"安全工程"本科专业（代号：081002）属于工学门类的"环境与安全类"（代号：0810）学科下的两个专业之一[⊖]。据高等学校"安全工程专业教学指导委员会"1997 年的调查结果显示，自 1958 ~ 1996 年底，全国各高校累计培养安全工程专业本科生 8130 人。近年，安全工程本科专业得到快速发展，到 2005 年底，在教育部备案的设有安全工程本科专业的高校已达 75 所，2005 年全国安全工程专业本科招生人数近 3900 名[⊖]。

　　按照《普通高等学校本科专业目录》（1998）的要求，原来已设有与"安全工程专业"相近但专业名称有所差异的高校，现也大都更名为"安全工程"专业。专业名称统一后的"安全工程"专业，专业覆盖面大大拓宽[⊖]。同时，随着经济社会发展对安全工程专业人才要求的更新，安全工程专业的内涵也发生很大变化，相应的专业培养目标、培养要求、主干学科、主要课程、主要实践性教学环节等都有了不同程度的变化，学生毕业后的执业身份是注册安全工程师。但是，安全工程专业的教材建设与专业的发展出现尚不适应的新情况，无法满足和适应高等教育培养人才的需要。为此，组织编写、出版一套新的安全工程专业系列教材已成为众多院校的翘首之盼。

　　机械工业出版社是有着悠久历史的国家级优秀出版社，在高等学校安全工程学科教学指导委员会的指导和支持下，根据当前安全工程专业教育的发展现状，本着"大安全"的教育思想，进行了大量的调查研究工作，聘请了安全科学与工程领域一批学术造诣深、实践经验丰富的教授、专家，组织成立了教材编审委员会（以下简称"编审委"），决定组织编写"高等教育安全工程系列'十一五'规划教材"[⊖]。并先后于 2004 年 8 月

　　[⊖] 按《普通高等学校本科专业目录》（2012 版），"安全工程"本科专业（专业代码：082901）属于工学学科的"安全科学与工程类"（专业代码：0829）下的专业。

　　[⊖] 这是安全工程本科专业发展过程中的一个历史数据，没有变更为当前数据是考虑到该专业每年的全国招生数量是变数，读者欲加了解，可在具有权威性的相关官方网站查得。

　　[⊖] 自 2012 年更名为"高等教育安全科学与工程类系列规划教材"。

（衡阳）、2005 年 8 月（葫芦岛）、2005 年 12 月（北京）、2006 年 4 月（福州）组织召开了一系列安全工程专业本科教材建设研讨会，就安全工程专业本科教育的课程体系、课程教学内容、教材建设等问题反复进行了研讨，在总结以往教学改革、教材编写经验的基础上，以推动安全工程专业教学改革和教材建设为宗旨，进行顶层设计，制订总体规划、出版进度和编写原则，计划分期分批出版近 30 余门课程的教材，以尽快满足全国众多院校的教学需要，以后再根据专业方向的需要逐步增补。

由安全学原理、安全系统工程、安全人机工程学、安全管理学等课程构成学科的基础平台课程，已被安全科学与工程领域学者认可并达成共识。本套系列教材编写、出版的基本思路是，在学科基础平台上，构建支撑安全工程专业的工程学原理与由关键性的主体技术组成的专业技术平台课程体系，编写、出版系列教材来支撑这个体系。

本套系列教材体系设计的原则是，重基本理论，重学科发展，理论联系实际，结合学生现状，体现人才培养要求。为保证教材的编写质量，本着"主编负责，主审把关"的原则，编审委组织专家分别对各门课程教材的编写大纲进行认真仔细的评审。教材初稿完成后又组织同行专家对书稿进行研讨，编者数易其稿，经反复推敲定稿后才最终进入出版流程。

作为一套全新的安全工程专业系列教材，其"新"主要体现在以下几点：

体系新。本套系列教材从"大安全"的专业要求出发，从整体上考虑各门课程的内容安排，构建支撑安全工程学科专业技术平台的课程体系，按照教学改革方向要求的学时，统一协调与整合，形成一个完整的、各门课程之间有机联系的系列教材体系。

内容新。本套系列教材的突出特点是内容体系上的创新。它既注重知识的系统性、完整性，又特别注意各门学科基础平台课之间的关联，更注意后续的各门专业技术课与先修的学科基础平台课的衔接，充分考虑了安全工程学科知识体系的连贯性和各门课程教材间知识点的衔接、交叉和融合问题，努力消除相互关联课程中内容重复的现象，突出安全工程学科的工程学原理与关键性的主体技术，有利于学生的知识和技能的发展，有利于教学改革。

知识新。本套系列教材的主编大多由长期从事安全工程专业本科教学的教授担任，他们一直处于教学和科研的第一线，学术造诣深厚，教学经验丰富。在编写教材时，他们十分重视理论联系实际，注重引入新理论、新知识、新技术、新方法、新材料、新装备、新法规等理论研究、工程技术实践成果和各校教学改革的阶段性成果，充实与更新了知识点，增加部分学科前沿方面的内容，充分体现了教材的先进性和前瞻性，以适应时代对安全工程高级专业技术人才的培育要求。本套教材中凡涉及安全生产的法律法规、技术标准、行业规范，全部采用最新颁布的版本。

安全是人类最重要和最基本的需求，是人民生命与健康的基本保障。一切生活、生产活动都源于生命的存在。如果人们失去了生命，生存也就无从谈起，生活也就失去了意义。全世界平均每天发生约68.5万起事故，造成约2200人死亡的事实，使我们确信，安全不是别的什么，安全就是生命。安全生产是社会文明和进步的重要标志，是经济社会发展的综合反映，是落实以人为本的科学发展观的重要实践，是构建和谐社会的有力保障，是全面建成小康社会、统筹经济社会全面发展的重要内容，是实施可持续发展战略的组成部分，是各级政府履行市场监管和社会管理职能的基本任务，是企业生存、发展的基本要求。国内外实践证明，安全生产具有全局性、社会性、长期性、复杂性、科学性和规律性的特点，随着社会的不断进步，工业化进程的加快，安全生产工作的内涵发生了重大变化，它突破了时间和空间的限制，存在于人们日常生活和生产活动的全过程中，成为一个复杂多变的社会问题在安全领域的集中反映。安全问题不仅对生命个体非常重要，而且对社会稳定和经济发展产生重要影响。党的十六届五中全会提出"安全发展"的重要战略理念。安全发展是科学发展观理论体系的重要组成部分，安全发展与构建和谐社会有着密切的内在联系，以人为本，首先就是要以人的生命为本。"安全·生命·稳定·发展"是一个良性循环。安全科技工作者在促进、保证这一良性循环中起着重要作用。安全科技人才匮乏是我国安全生产形势严峻的重要原因之一。加快培养安全科技人才也是解开安全难题的钥匙之一。

高等院校安全工程专业是培养现代安全科学技术人才的基地。我深信，本套系列教材的出版，将对我国安全工程本科教育的发展和高级安全工程专业人才的培养起到十分积极的推进作用，同时，也为安全生产领域众多实际工作者提高专业理论水平提供了学习资料。当然，由于这是第一套基于专业技术平台课程体系的教材，尽管我们的编审者、出版者夙兴夜寐，尽心竭力，但由于安全学科具有在理论上的综合性与应用上的广泛性相交叉的特性，开办安全工程专业的高等院校所依托的行业类型又涉及军工、航空、化工、石油、矿业、土木、交通、能源、环境、经济等诸多领域，安全科学与工程的应用也涉及到人类生产、生活和生存的各个方面，因此，本套系列教材依然会存在这样和那样的缺点、不足，难免挂一漏万，诚恳地希望得到有关专家、学者的关心与支持，希望选用本套教材的广大师生在使用过程中给我们多提意见和建议。谨祝本系列教材在编者、出版者、授课教师和学生的共同努力下，通过教学实践，获得进一步的完善和提高。

"嘤其鸣矣，求其友声"，高等院校安全工程专业正面临着前所未有的发展机遇，在此我们祝愿各个高校的安全工程专业越办越好，办出特色，为我国安全生产战线输送更多的优秀人才。让我们共同努力，为我国安全工程教育事业的发展作出贡献。

中国科学技术协会书记处书记[⊖]

中国职业安全健康协会副理事长

中国灾害防御协会副会长

亚洲安全工程学会主席

高等学校安全工程学科教学指导委员会副主任

安全工程专业教材编审委员会主任

北京理工大学教授、博士生导师

⊖ 曾任中国科学技术协会副主席。

前　言

　　安全行为学是关于生产经营以及其他人类活动中，与安全生产和人员安全健康有关的人的行为现象及其规律的科学，主要研究有关人的行为与安全的问题，揭示人在工作、生产、生活环境中的行为规律，从安全生产和保障人员安全健康的角度分析、预测和正确引导人的行为，确保人员安全和生产经营活动的安全。

　　国内外安全生产的研究与实践均已表明：人的不安全行为是最主要的事故原因。在我国，80%以上的事故均与人为因素有关。因此，安全行为学的工作对于安全生产以及本质安全化的生产环境都是至关重要的。安全行为学的内容涉及到安全事故中非常重要的人为因素的问题，本课程的开设对于安全工程专业学生的培养和相关研究具有非常重要的价值。

　　本教材是在安全工程专业教材编审委员会的指导下，于2006年上半年开始组织编写的。教材编写中，编写者根据安全工程专业教学工作对于安全行为学课程的教学要求，在广泛征求国内有关专家意见，特别是本书主审金龙哲教授的宝贵意见的基础上，几经修改，通过了《安全行为学》教材编写大纲。之后，编者结合国内已经开设本课程高校的教学实践，以安全行为学的基本原理为核心，在参考了近年来安全行为学教学相关教案和研究资料以及多种行为学相关专著的基础上，编写成本书。本书系统介绍了安全行为学的一般原理，完整地介绍了安全行为学的基本概念、理论和知识，包括近几十年来安全行为学研究在各领域发展研究的新进展，同时结合理工科高校的实际，增加了安全行为学研究方法、安全行为模拟等方面实际应用的内容。同时，本书还注意提供与安全行为学相关的具体的设计、管理方法，内容浅显易懂，适用性强，便于学生掌握安全行为学的理论基础，并使其能更好地适应今后的实践工作。

　　本书的编写分工如下：第1章、第8章、第12章由太原理工大学栗继祖编写，第2章、第5章、第10章由中国矿业大学聂百胜、朱彬伟编写，第3章、第4章、第11章由山西医科大学文军强编写，第6章、第7章由山东科技大学程卫民编写，第9章由太原理工大学王茜编写。栗继祖负责全书的统稿工作。

本书由北京科技大学土木与环境工程学院博士生导师金龙哲教授主审。

在本书的编写过程中，安全工程专业教材编审委员会积极组织专家对本书的编写大纲和书稿进行审纲和审稿工作，与此同时得到了许多专家、同仁的关心与指点，在此向他们表示衷心的感谢。

由于编者水平有限，加之时间仓促，书中难免出现不妥之处，希望各位专家、读者批评、指正。

主编联系方式：sxtyljz@ sohu. com

编　者

目　　录

绪　　论

1.1　安全行为学的概念

国内外安全生产的研究与实践均已表明，人的不安全行为是最主要的事故原因。在我国，80%以上的事故均与人为因素有关。无论是对事故系统还是对安全系统的研究，也不管是理论分析还是实践研究的结果，都强调"人"这一要素在安全生产和事故预防中的重要性。为了解决"人因"问题，发挥人在劳动过程中安全生产和预防事故的作用，需要研究安全行为科学，学会应用行为科学的理论和方法。这就是安全行为科学得到重视和发展的基本理由。除此以外，工作设计、人机界面的设计都要用到安全行为学的理论。因此，安全行为学的工作对于安全生产以及本质安全化的生产环境都是至关重要的。

1.1.1　什么是安全行为学

1. 安全行为学的定义

安全行为学是关于生产经营以及其他人类活动中，与安全生产和人员安全健康有关的人的行为现象及其规律的科学。它运用行为科学、安全科学、组织行为学、心理学、管理学以及工程心理学等学科的原理、方法及研究手段，研究有关人的行为与安全的问题，揭示人在工作、生产、生活环境中的行为规律，从安全生产和保障人员安全健康的角度分析、预测和正确引导人的行为，确保人员安全和生产经营活动的安全。

2. 安全行为学与安全科学体系

安全科学是研究安全本质及其运动规律的科学，它以现代科学技术为基础，研究生产实践和生活活动中技术事故和危害的消除及控制的理论和方法，以保证人员的身心健康、财产和设备免受损失，环境不受危害。研究领域包括人类生产和生活活动的全部范围。生产活动主要包括安全生产和劳动保护，也就是传统的行业安全；生活活动则是指日常生活活动中的安全，如交通安全、消防安全、防灾避灾等内容。

安全科学研究的目的首先是确保人员的身心安全和健康，即以人为中心的原则，这是安全的核心；其次要保证设备、财产和环境的安全。

安全科学具有跨门类、多学科、综合性、横断性和交叉性的特点，是一门横跨自然科学、社会科学、系统科学、人体科学以及行为科学等学科门类的交叉科学。安全科学体系不仅应反映该学科的上述特点，而且要反映现实的需要。

从安全科学目前的情况看，它在工程领域内的应用已非常普遍，相应地在工程技术层次上的内容也十分丰富。但在基础理论和技术科学层次上还比较薄弱，特别是在基础理论层次上成形的东西还很少，包括安全行为学在内的理论和实践研究还比较少。

随着人们物质生活水平的提高和科学技术的发展，安全行为学作为一门交叉性的学科其作用显得越来越重要。安全行为学的主要作用是为安全科学的理论研究和工程实践中涉及人为事故隐患、人因事故的预防提供宏观上的指导，它在安全科学的发展过程中具有十分重要的地位。

1.1.2 安全行为科学的发展状况

20世纪90年代以前，安全科学技术体系中更多的是研究安全心理学。显然，对于事故心理的研究，其目的是为控制人的不安全行为，这是预防人为事故的重要方面。但是，仅仅考虑心理内因，仅仅从不安全行为出发，是不能全面解决"人因"问题的，是不能使预防事故的效能达到应有高度的。也可以说，如果从人的角度考虑，安全管理和安全教育仅仅依靠心理学是不够的。因为影响人的行为的因素很多，总体来说大致有两大类：一类是个体的心理素质、社会地位、文化程度等个体状况；一类是由社会的政治、经济、文化、道德等和具体的作业环境构成的环境系统。而人的行为是人与环境互相作用的结果，所以必须从心理学、生理学、社会学、人类工效学等更为广泛的学科角度，既考虑内因又考虑外因。安全管理和安全教育不仅强调对不安全行为的控制，更要重视对人的安全行为的激励，同时也要建立在对工作环境进行人性化设计的基础上。这样，才能使安全管理和教育的效果更为理想，使预防事故的境界更为提高。

因此，进入20世纪90年代中期以来，安全行为科学被逐步地重视起来，即从80年代当时的一种现代安全理论（通常作为现代安全管理的一个章节），发展成为90年代中的一个独立学科。安全行为科学是建立在社会学、心理学、生理学、人类工效学、管理学、人机学、文化学、经济学、语言学、法律学等学科基础之上，是分析、认识、研究影响人的安全行为因素及模式，掌握人的安全行为和不安全行为的规律，实现激励安全行为、防止行为失误和抑制不安全行为的应用性学科。安全行为科学的研究对象主要是以安全为内涵的个体行为、群体行为和领导行为。安全行为科学的基本任务是通过对安全活动中各种与安全相关的人的行为规律的揭示，有针对性和实用性地建立科学的安全行为激励理论和不安全行为的控制理论及方法，并应用于安全管理和安全教育，从而实现高水平的安全生产和安全活动。

1.1.3　安全行为科学与其他相关学科的关系

1. 安全行为科学与心理科学的关系

行为科学就是研究人类种种行为及其规律的综合性学科。安全行为和其他行为一样也服从一定的心理活动规律的支配，不过它是安全行为科学所要研究的主要对象。而安全心理学则注重研究安全行为与安全心理的联系，与安全行为科学的研究内容还略有差异。本质上，心理学和应用于社会生产管理中的行为科学，在其功能意义上并没有多少区别。在将心理学的研究成果和行为科学理论运用于安全生产管理、对生产事故中的人为因素进行分析及对人为失误的预防及职务设计过程中，安全心理学的萌芽也就随之出现了。

安全行为科学需要应用管理心理学的理论和方法。管理心理学是研究管理过程中人的心理及其活动规律的科学，它是管理学和心理学的有机结合，是管理学和心理学的交叉学科，管理心理学也是心理学和管理学的分支学科。管理心理学分为两类：第一类研究管理过程中人的一般心理活动规律，研究管理心理学的基本原理和方法。这一类管理心理学的主干是普通管理学，即组织管理心理学，它研究组织系统中人们相互作用所产生的一般心理活动规律。第二类是研究具体领域或部门的管理心理问题。这一类管理心理学的研究领域深入到社会实践的各个领域或部门，并发展为复杂的管理心理学分支学科。安全管理心理学就是属于第二类的管理心理学，它是研究安全管理领域的管理心理学问题，是管理心理学的分支学科之一。

综上所述，行为科学的运用与心理科学的运用，其目的是一致的。研究心理必须依靠对行为的观察，探究行为也必须对心理进行分析。人的心理活动是内在的、复杂的，而人的行为是人的心理活动的函数，具有外显性、可观察性等特点。所以按照心理活动规律，建立行为变量之间的联系，这就是心理学和行为科学的基本的方法论。在实际研究中，由于人类心理的复杂性和社会及作业环境的复杂性，了解和掌握作业者的心理和行为这两个方面是同等重要的。

2. 安全行为科学与安全管理学的关系

安全管理主要指劳动保护管理和安全生产管理。根据安全管理的职能，就其内容来看，主要有以下三个方面，即，人的安全管理、物的安全管理以及由人和物等要素构成的作业(生产)和作业环境的安全管理。在诸要素中,可将其内容分为两个范畴:一是对人的管理,二是对组织与技术的管理。在这两大范畴中,人的因素显得重要得多。因此,安全管理要注重人的因素,强调对人的正确管理,这就必须要求人们对企业劳动生产过程中的人的心理活动规律以及他们在生产劳动过程中的行为规范与行为模式等问题进行必要的分析和深入的研究。安全行为科学就是承担这一任务的。安全行为科学显然是安全管理科学的重要基础组成部分。它是通过揭示人们在劳动生产和组织管理中的安全行为及其规律,去研究如何进行有效的安全管理和安全决策。

3. 安全行为科学与行为科学的关系

行为科学是从社会学和心理学的角度研究行为的一门科学。它研究人的行为规律,主要研究工作环境中个人和群体的行为,强调做好人的工作,通过改善社会环境以及人与人之间的关系来提高工作效率。

行为科学的研究对象是人的行为规律,研究的目的是揭示和运用这种规律为预测行为和控制行为服务。这里,预测行为是指根据行为规律预测人们在某种环境中可能产生的言行;控制行为是指根据行为规律纠正人们的不良行为,引导人们的行为向社会规范的方向发展。

行为科学是一个由多种学科组成的学科,人的行为是个人生理因素、心理因素和社会环境因素相互作用的结果,因此,行为研究广泛地涉及许多学科的知识,如生理学、医学、精神病学、政治学等。在这些广泛的学科中,居核心地位的是心理学、社会心理学、社会学和人类工效学。

行为科学是一门应用极其广泛的学科。例如,可以应用于企业管理,为调动人的积极性和提高工作效率服务;应用于教育与医疗工作,帮助研究纠正不良行为、治疗精神病的有效方法。

显然,安全行为科学是行为科学的重要应用分支。安全行为科学不但要应用行为科学研究的成果为其服务,同时安全行为科学丰富了行为科学的内容,扩大了其内涵。因此,安全行为科学与行为科学是相互交叉和兼容的关系,前者是后者在安全中应用而发展起来的应用性学科。

行为科学中与安全管理有关的理论主要包括需要层次理论、双因素理论、期望理论等。

4. 安全行为学与组织行为学的关系

组织行为学是指用科学的研究方法,探索在自然和社会环境中人的行为的科学。20世纪50年代以来,世界各国相继成立了许多有关组织行为学的研究机构,对不同领域的问题开展了大量研究。

英国人欧文(R. Owen)在19世纪初,通过改善工作条件、缩短劳动时间、为工人提供各种生活福利等方法提高了工人的积极性。1914年丽莲·吉尔布雷斯(Lilian Moller Gilbreth)开始对工人心理的研究。人群关系理论和行为科学的进展，使管理理论深入到人际关系、个体行为的研究。

美国心理学家马斯洛(Abraham H Maslow)提出的需要层次理论是一种动机模型，它的基础是认为所有的人都有驱动其行为的基本需要。

波特(Porter)和劳勒(Lawler)的综合型激励模型认为，人之所以获得激励，是根据过去的经验而产生的对未来的期望。即人认为现在的行动与将来的回报之间存在着一种因果关系，使其相信今天努力工作将来必然得到升迁。一个人的激励来源于努力、绩效、回报、满足等变量。人在工作中努力的程度取决于对报酬的价值、取得报酬所需的能力的评价。这种努力-报酬的因果关系的认识受到实际工作成绩的影响。

关于群体行为的研究也比较多，根据构成群体的原则和方式，可以将群体划分为正式群体和非正式群体。组织成员除了通过工作满足某些需求之外，还有许多其他的个人需求要通过与其他成员之间的非正式交往来满足。群体规范对于群体具有维持作用，对所有成员的行为都有导向和约束作用，使他们表现出一定的群体性特点。

上述理论研究对安全行为学的形成都起到了推动作用。

1.2 安全行为学的研究与应用领域

1.2.1 安全行为学研究的主要内容

1. 影响安全行为因素的分析

人的安全行为是复杂和动态的，具有多样性、计划性、目的性和可塑性，并受安全意识水平的调节，受思维、情感、意志等心理活动的支配，同时也受道德观、人生观和世界观的影响。态度、意识、知识、认知决定人的安全行为水平，因而人的安全行为表现出差异性。不同的企业员工和领导，由于上述人文素质的不同，会表现出不同的安全行为水平；同一个企业或生产环境，同样是员工或领导，由于责任、认识等因素的影响，会表现出对安全的不同态度、认识，从而表现出不同的安全行为。要达到对不安全行为的抑制，而对安全行为进行激励，需要研究影响人行为的因素。安全行为学科就为人们解决了这一问题。

2. 人的行为模式研究

由于人具有自然属性和社会属性，对人的行为模式的研究通常也从这两个角度出发。

(1) 人自然属性的行为模式。从自然人的角度，人的安全行为是对刺激的安全性反应，这种反应是经过一定的动作实现目标的过程。这种安全行为有两个共同点：相同的刺激会引起不同的安全行为；相同的安全行为来自不同的刺激。正是由于安全行为规律的这种复杂性，才产生了多种多样的安全行为表现，同时也给人们提出了研究领导和员工各个方面的安全行为科学的课题。从这一行为模式的规律出发，要求人们研究安全行为的人机互动规律，其中，与行为决策相关的大脑判断(分析)这一环节是安全教育学解决的问题。

(2) 从人的社会属性研究人的行为模式。从人的社会属性出发，人的行为模式过程是：

$$安全需要 + 安全动机 + 安全行为 + 安全目标实现 + 新的安全需要$$

需要是推动人们进行安全活动的内部原动力。动机是需要引发的冲动，它与行为具有复杂的关系，具体表现在：同一动机可引起种种不同的行为。如同样为了搞好生产，有的人会从加强安全、提高生产效率等方面入手；而有的人会拼设备、拼原料，搞短期行为。同一行为可出自不同的动机。如积极抓安全工作，可能出自不同动机：有的是迫于国家和政府督促；有的是本企业发生重大事故的教训；还有的是真正建立了"预防为主"的思想，意识到了安全的重要性。合理的动机也可能引起不合理的甚至错误的行为，如为了帮助同事掩盖其违章的事实，为单位节约资金而让设备带故障运行。

经过以上对需要和动机的分析可以认识到，人的安全行为是从需要开始的，需要是行为的基本动力，但必须在客观环境中通过动机来付诸实践，形成安全行动，最终完成安全目标。

3. 导致事故的心理因素研究

从传统的经验管理过渡到安全的科学管理，需要从人的不安全行为进行科学的预防和控制。由于作业者的心理因素在事故致因中占有相当重要的地位，因此需要研究导致事故的心理因素。

(1) 事故原因与人的心理因素。引起事故的原因多种多样，有设备的因素、环境的因素、管理的因素、人的因素等。人的因素除了生理因素外，重要的还有心理因素。

(2) 导致事故的心理分析。作业者在从事作业活动的过程中，始终伴随着多种复杂的心理活动，这些心理活动是一个信息的收集、传送、加工、储存、执行、反馈的过程。它包括了作业者的感知、记忆、想象、思维、注意、情感、意志等过程，并融进了作业者的个性心理特征。因此，作业者在作业的持续过程中，其心理现象是复杂多样的，有时甚至是十分微妙的。因此，对作业者的心理活动特征分析也是多方位的。

(3) 事故心理的预测及控制。为了更好地防止事故，需要对事故心理进行有效的控制，而控制的前提是预测。事故心理的预测方法有以下几种：

1）直观型预测。主要靠人们的经验和知识综合分析能力进行预测，如征兆预测法等。

2）因素分析型预测。是从事物发展中找出制约该事物发展的重要因素，作为该事物发展进行预测的预测因子，测知各种重要相关因素。

3）指数评估型预测。对构成行为人引起事故的心理结构的若干重要因素，分别按一定标准评分，然后加以综合，作出总的估量，得出某一个引起事故的可能性的定量指标。

事故心理的控制就是要通过消除造成事故的心理状态，以达到控制事故行为，保证安全生产的目的。

导致事故的心理虽然不如人的全部心理那样广泛，但仍然有相当复杂的内容，而且其中的各种因素之间又是相互联系和依存、相互矛盾与制约的。在研究人的导致事故心理过程中，发现影响和导致一个人发生事故行为的种种心理因素，不仅内容多，而且最主要的是各种因素之间存在着复杂而有机的联系，它们常常是有层次的，互相依存，互相制约，辩证地相互作用。为了便于研究，人们把影响和导致一个人发生事故行为的种种心理因素假设为事故的心理结构。

4. 安全行为的激励理论

行为科学认为，激励就是激发人的行为动机，引发人的行为，促使个体有效地完成行为目标的手段。企业领导和员工能在工作和生产操作中重视安全生产，有赖于对其进行有效的安全行为激励。激励是目的，创造条件是激励的手段。

在某种情况下，虽然有些作业者的安全技能高，但是，由于安全动机激发得不够，其安全生产成绩仍然不显著。安全生产成绩要大幅度提高，除了安全生产技能有待提高外，安全动机激发程度的提高也是一个很重要的环节。

1.2.2　安全行为学的研究与安全生产

人希望不受到工伤和职业病的危害，是一种"安全需要"，以此为目的产生的行为是由需要为动机而进行的一种正常的、符合规范的正常反应。但人的心理过程相当复杂，易受环境和物质因素的影响，稍遇挫折就会变正常反应为不安全行为，从而构成伤亡事故的一个因素。需要是一种复杂的心理现象，它既受人的生理上自然需求的制约，又受后天形成的社会需要的制约，两者统一于个体之中。

据此，在分析工伤事故，特别是人的不安全行为的时候，不能简单地以"违章作业"，"责任心不强"作为结论，而应深入调查和分析，找出产生这一不安全行为的主要的需要因素。事先满足这一需要，使其上升为更高一级的需要，这就要求安全管理工作要贯穿于员工"需要→动机→行为→满足→新的需要"的行为全过程中，从而使员工实现从"要我安全"到"我要安全"的根本性转变。

员工的工作能力取决于人员选择以及教育、培训情况。工作动机来源于人的个性、工作中的日常压力、企业的激励机制及员工所从事的工作本身。因此，要控制人的不安全行为，应该加大安全教育力度及岗位技能培训工作，努力提高员工的安全意识和安全技能，在企业内部建立运行良好的安全激励机制，及早发现事故隐患和人的不安全行为，有针对性地采取措施，才能有效地杜绝伤害事故的发生，保障企业生产经营活动的顺利进行。

控制人的不安全行为是企业安全管理工作面临的一项长期而又艰巨的任务，在依靠科技进步实现物的本质安全化的同时，要借鉴和利用一切可行的管理科学及办法，规范人的行为。安全行为学作为一门在多学科基础上发展起来的，涉及领域极为广泛，内容极为丰富的综合性边缘学科，其研究成果在现代安全管理科学中已日益受到人们的重视，并已取得有效的收益。为保证企业生产的顺利进行，保护劳动者的安全和健康，有必要把安全行为学原理应用于实际工作中，切实提高企业的安全管理水平。

1.2.3 安全行为学的应用领域

安全行为学首先可应用于深入、准确地分析事故原因和责任，从而能科学、有效地控制人为事故。同时，安全行为科学可应用于安全管理、安全教育、安全宣传、安全文化建设等，也可以为提高安全专业人员和员工的素质服务。

1. 用安全行为学原理分析事故原因和责任

（1）事故原因的分析。行为科学的理论指出：人的行为受个性心理、社会心理、社会、生理和环境等因素的影响，因而，生产中引起人的不安全行为、造成的人为失误和"三违"的原因是复杂的。有了这样的认识，对于人为事故原因的分析就不能停留在"人因"这一层次上，而应该进行更为深入的分析。例如，在分析人的不安全行为表现时，应分清是生理或是心理的原因；是客观还是主观的原因。对于心理、主观的原因，主要从人的内因入手，通过教育、监督、检查、管理等手段来控制或调整；对于生理或客观的原因，除了需要管理和教育的手段外，更主要的是从物态和环境的方面进行研究，以适应人的生理客观要求，减少人的失误。

安全行为学中的人的行为模式、影响人的行为的因素分析、挫折行为研究、注意心理与安全行为、事故心理结构、人的意志过程等理论和规律，都有助于研究和分析事故的原因。

（2）事故责任的分析。根据心理学所揭示的规律，人的行为是由动机支配，而动机是由于需要引起的。需要、动机、行为、目标四者之间的关系是很密切的。例如，安全管理中一项任务是开展特种作业人员的培训工作，学员来自各个企业，都表现出积极的学习热情，这种热情是来源于其学习的动机，因为在工作中，一个特种作业人员，缺少应有的安全技术知识和技能，就不可能胜任工作，甚至会引发事故，就是这种实际工作的需要产生了学习的动机，进而导致了学习的热情。

动机和行为有复杂的关系，安全管理中在对待事故责任者的分析判断上，要从分析行为与动机的复杂关系入手，为此，在分析事故责任者的行为时，要全面分析个人因素与环境因素相互作用的情况，任何行为都是个人因素与环境因素相互作用的结果，是一种"综合效应"。因此，事故责任者的行为与个人因素和环境因素有关。

2. 在安全管理中运用安全行为学

（1）用安全行为学指导合理的工作安排。根据人的个性心理合理选择工种已在国外得到了普遍应用。在我国，对专业驾驶员进行心理咨询也有成功的实践。对于一些特殊的工种或岗位，应该利用安全行为学中对于性格、气质、兴趣等个性心理行为规律研究的成果，进行合理的工种和工作的指导安排，在生产安排上，为减少可能的行为失误，要分析情绪、能力、爱好、生理等特点和状态作出合理的协调。

（2）科学应用管理手段。安全管理中要善于应用激励理论进行科学管理，如科学运用激励理论激发安全行为，抑制"三违"行为；利用角色作用理论，调动各级领导和安全兼职人员的积极性；应用领导理论进行有效的安全管理等。

（3）进行合理的班组建设。在考虑班组人员的搭配上，为使团体行为安全协调，要研究人员结构效应。如需要考虑班组中的员工气质互补、性格互补、价值观倾向性搭配等。

3. 在安全宣传与教育中运用安全行为学

安全教育和安全宣传的效果往往与其方式有关。从安全行为学的角度，利用心理学、社会学、教育学和管理学的方法和技巧，会取得较好的效果。比如，利用认知技巧中的第一印象作用和优先效应强化新工人的三级教育；应用意识过程的感觉、知觉、记忆、思维规律，设计安全教育的内容和程序；研究安全意识规律，通过宣传的方法来强化人的安全意识等。

4. 安全文化建设用安全行为学来指导

安全文化建设的实践之一就是要提高全员的安全文化素质。显然，不同的对象(决策者、管理者、工人、技术人员等)对其安全文化的内容和要求是不一样的，不同的对象需要采取不同的安全文化建设(管理、宣传、教育等)方式。

安全行为学的理论还使我们认识到，人的行为受心理、生理等内部因素的支配和作用，也受人文环境和物态环境等外部因素影响和作用，因而人的行为表现出其动态性和可塑性，这样，对于行为的控制和管理需要动态、变化的方式相适应，还要求艺术、形象、美感的技巧才能达到理想的效果。因此，安全文化活动需要定期与不定期相结合；安全教育在必要的重复基础上，需要艺术的动态；安全管理要从简单的监督检查变为艺术的激励和启发等。

5. 塑造良好的安全监管人员心理品质

安全管理和监察人员工作对象和方式的多样性、复杂性与重要性，要求他们具有较高的思想品质和能力素质。一般来说，一个安全监管人员的个性品质、思维能力都是在进行有关工作的实践中形成的。在工作实践中，他们考虑多种多样的事物，遇到并解决多种多样的问题，逐渐地使他们形成所从事职业的心理品质。

安全监管人员应当具有工作所必需的道德修养，这是由工作任务来决定的；他们需要对生产过程中事故责任者进行处理、教育，只有受过良好教育，具有崇高的道德品质的人，才能对人的处理产生良好的影响。

安全监管人员必须要有良好的分析问题的能力，如处理事故时对其原因的分析和责任的处理都需要有分析和综合的能力。所以，对一个安全监管人员还要求其思维敏捷、灵活，善于综合处理问题。在分析事故时，需要设想肇事的行为，这要求安全监管人员具有空间想象的能力；还要求具有果断、主见、耐心、沉着、自制力、纪律性和认真精神等个性品质，以及较好的人际关系处理能力。只有在实践中锻炼、学习，才能提高自己的心理素质和品质。

6. 为环境和设备设施的安全设计提供依据

人在工作中的安全行为除了内因的作用和影响外，还受外因的环境、设备设施的状况的影响。环境变化会影响人的心理和行为，设备设施的运行失常及布置不当，会影响人的识别与操作，造成混乱和差错，甚至导致事故。设备设施设置恰当、运行正常，有助于人的控制和操作。环境差会造成人的不适、疲劳、注意力分散，从而造成行为失误和差错。要保障人的安全行为，必须创造很好的环境，保证物的状况良好和合理，使人、物、环境更加协调。这些要求在环境、设备设施的设计上首先考虑人的行为特点，才能有助于减少人为事故隐患。

1.3 安全行为学的研究方法

安全行为学是以行为科学的研究取向对工作中人的安全问题进行研究的一

门学科，其目的在于揭示工作场所中安全行为的一般规律。具体来说，可以做到对工作场所中人的安全行为进行一般的描述，揭示安全行为与有关因素间的相关系或因果关系，预测人在各种条件下的安全行为，并将研究结果应用于安全管理实践。要实现这些目的，必须有一套科学的研究方法。行为科学的研究从20世纪30年代萌芽、50年代兴起至今，已经过半个多世纪的发展，在研究方法上已日臻成熟，安全行为学的研究也应当以行为学的研究方法为基本指导。

1.3.1 行为研究的一般方法论

行为科学(behavior science)是多学科交叉的结果，包含了社会学、人类学(除去考古学、专门的语言学、体质人类学)、心理学(除去生理心理学)、生物学、生态学、地理、法律、精神病学、政治科学等多门学科。因此，在研究的一般方法论上，既不相同于物理学、生物学等自然科学的定量研究，也不同于社会学、人类学、政治学等社会科学的定性研究，对行为的研究存在定量研究和定性研究两种方法论取向。

1. 定量研究

定量研究被认为是科学研究的范式。定量研究源于实证主义，即对已有理论或假设证实或证伪。因此，定量研究强调在研究之初寻找所要研究问题的理论根据。好的理论有助于明确要研究的问题，有助于提出预先的假设，以及对研究结果进行解释。随后的研究都是为了证实根据理论所假设的事实之间的关系。在证实过程中，定量研究要求有一套标准的程序，包括研究的设计和取样、数据资料的收集和分析，强调应用的研究还将探讨结果的应用。这些标准研究程序保证了研究的可信度和有效性，使研究成为可重复和能被反复验证的，是定量研究科学性的基石。由于定量研究是当前行为研究的主要取向，因此，随后将对定量研究的标准程序的实现和检验进行详细的介绍。图1-1描述了定量研究的一般程序。

2. 定性研究

(1) 定性研究的一般特点。定性研究是人类学、人种学研究的基本方法论。定性研究旨在理解社会现象，因此，定性研究不是从已有理论开

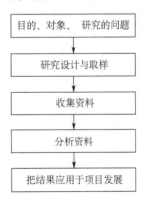

图1-1 定量研究的一般程序

始的，而是在研究的过程中，理论逐步形成，随着研究的进行，理论又会被改变、被放弃或进一步精炼。研究者深入到被研究对象的自然环境，参与到被研究者的生活，对所研究的社会背景作出全面整体的理解，站在被研究者的角度

对观察到的文化和行为进行描述和分析。因此，定性研究的结果只适用于特定背景。在具体的研究方法上，定性研究与定量研究相比，结构化程度较低，更为灵活。对定性研究资料的分析主要以文字叙述为主，随着对观察、访谈得到的资料进行编码的软件技术的发展，定性研究也可以根据研究需要对资料进行量化分析。图1-2 描述了定性研究的一般程序。

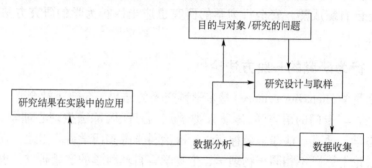

图 1-2 定性研究的一般程序

（2）定性研究的方法。定性研究的具体方法有非结构访谈、半结构访谈和结构访谈技术，群体访谈技术，观察法，决策树模型，社会网络分析等。由于决策树模型和社会网络分析在收集资料时也是以访谈和观察技术为基础的，因此，以下着重介绍定性研究中的访谈法和观察法。

1）访谈法。非结构访谈像聊天一样，对谈话的话题和被访谈者的回答控制很少，让被访谈者用自己的话描述自己，获得完全开放的信息。使用该方法的关键是鼓励被访谈者说出更多的情况。半结构访谈需要事先通过调查列出所问的问题或所谈的话题。半结构访谈可以是针对一个特殊话题进行的深层访谈或焦点访谈，也可以是针对某些特殊的人、问题或事件详细情况的个案访谈，还可以是经过长时间的、多次访谈来获得一个人或一个群体的生活史。结构访谈是对样本中的每一个被访谈者施加相同的刺激。尽管结构访谈所得到的是数字的、量化的资料，但其目的仍然是描述和分析被访谈者对某一话题的观点。常用到的结构访谈有自由列举、项目归类、排序法和评定量表。

2）观察法。访谈法主要用来研究被访谈者的观点、信念、态度及自我报告的行为。然而，有些行为是不易被行为者自己觉察但能被其他人觉察的，有些行为则在自我报告的时候会因社会赞许等因素的影响而有偏差，这就需要由行为者以外的其他人来收集行为资料。在定性研究中主要使用观察法。因此，观察法得到的是个体的真实行为，并且同时能观察到行为发生的背景和过程，可以对行为有更好的理解。显然，对行为的观察必然受到行为发生的时间的影响，因此，观察法不能使我们在一定的时间内观察到所有的事，研究者必须在观察的内容上进行选择，事先确定观察表单以及记录方法。尽管公开的观察可能影响到观察的可靠性，但隐蔽的观察可能会侵犯到被观察者的权利，因此，观察通常是公开的。观察法可分为参与观察、非结构观察和结构观察。参与观察中，观察者作为被研究的群体中的一名起着一定作用的成员而进入被研究群体，在群体中参与适合其身份的活动，以群体成员的身份观察群体中其他成员的行为。非结构观察和结构观察中，观察者只以旁观者身份完成观察，而不参与被观察者的生活。被研究者仅知道自己处于被观察和研究的状态，但对观察的具体目标不了解。实施结构观察，必须明确地区分被研究者的行为与行为者，确定具体的观察时间和重复的次数，对观察的目标行为有明确的界定和分解。为此，非结构观察和访谈是结构观察的必要前提。

（3）定性研究的优缺点。定性研究的优点在于所得资料来自被研究者现实的生活环境，所得研究结果的生态效度较高，即与被研究者的实际更接近；定性研究的缺陷在于，尽管定性研究者采取各种方法以减少陌生人进入对研究的影响，但进入被研究者的生活环境，仍然有可能会改变被研究者的行为，影响所收集信息的可靠性。

安全行为学是一门比较新的学科，虽然有很多行为学和安全管理等学科的研究成果可以借鉴，但仍然有很多课题是全新的，或者对很多问题的认识需要运用定性研究的方法，获得被研究者的认识和感受，从全面整体的角度了解安全或不安全行为发生的自然背景。如，对安全行为与事故关系的研究很容易得到这样的结论：员工违反安全操作规程的行为与事故的发生有很高的相关。但以下这个案例会让研究者对定性研究的价值有所认识。

Brent Churchill 是缅因州（美国）电力公司 30 岁的线路保养工，他没有戴上绝缘手套就接近 7200V 的电缆，结果死于这次事故。他的雇主说这是他的过错，因为他没有使用安全作业所需的防护用具。Churchill 先生既接受过足够的培训又配备了手套，那么是什么原因使他违反了操作规程呢？深入的调查发现，在 Churchill 先生活着的最后 60h 中，他总共才睡了 5h，其余的时间他一直在工作着。Churchill 所工作的电力公司缩减了线路保养工部门的员工，时逢缅因州冰暴冻雪多发季节，公司推行强制性的加班。Churchill 先生在这 60h 的大部分时间中，不断地在 9m 高的电线杆上爬上爬下，中间短时休息总共才 5h。这起死亡事故，表面原因是工人没有使用防护用具，但根本的原因是公司为获取更大利益，管理层不顾工人疲劳强制加班（案例来自 www. anquan. com. cn）。

如果采用定量研究，很难发现 Churchill 事故的真正原因。而采用定性研究方法，研究者深入被研究者的工作现场，了解公司的运行管理情况，就会对被研究者行为的发生背景有全面、深入的了解，才能揭示事故的真正原因。

3. 定量研究与定性研究的选择

一项研究应该选择定量研究还是定性研究？定量研究和定性研究不存在哪

种研究更优秀或更科学的差别，研究者在进行选择时，首先应该了解定量研究和定性研究各自的特点和相互区别，然后根据研究的背景和所要达到的目的来选择，以最有效的研究方法实现研究目的。

表1-1列出了定量研究和定性研究各自的特点，表1-2列出了选择定量研究或定性研究的一般依据。

表1-1　定性研究和定量研究特点的比较

定　性　研　究	定　量　研　究
归纳探究	演绎探究
理解社会现象	关系，影响，原因
没有理论或实在的理论	有理论作为研究基础
整体探究	针对个别变量
背景具体	普遍性的背景
研究者介入	研究者不介入
描述性分析	统计分析

表1-2　选择定性研究或定量研究的基本依据

定　性　研　究	定　量　研　究
研究对象的情况不清楚	对研究对象的情况非常熟悉
进行探索性研究时，相关的概念和变量不清楚，或其定义不清楚	测量方面存在的问题不大，或问题已解决时
进行深度探索性研究时，试图把行为的某些特定方面与更广的背景相联系	当不需要把研究发现与更广泛的社会文化背景相联系，或对这一背景已有清楚的了解时
当所要考察的是问题的意义而不是次数、频率时	当需要对代表性样本进行详细的数学描述时
当研究需要灵活性以便发现预料之外的、深层的东西时	当测量的可重复性非常重要时
需要对所选择的问题、个案和事件进行深层的、详细的考察时	需要把结果加以推广，或需要把不同的人群加以比较时

1.3.2　定量研究的研究设计

定量研究旨在对事实之间的关系作出解释，或发现事实之间的关系。科学研究对事实之间的关系可以达到两种解释水平，一是对相关关系的解释，二是对因果关系的解释。能够揭示相关关系的研究设计为相关设计，能够揭示因果关系的研究设计为试验设计。

1. 研究设计中的基本问题

研究设计阶段要解决的基本问题包括如何获得研究对象的样本，研究变量如何定义以及如何对变量进行处理，这三个问题就是取样、操作化和试验设计。

（1）取样。行为研究的目的是要回答行为在某一类人中的发生、发展规律，但在实际的研究中，不可能对这一总体中每一个个体进行研究。对总体进行研究不仅费时费力，而且会增加数据收集和处理中的误差，降低研究的准确性和可靠性。因此，从可行性和科学性来讲，从研究对象总体中选取其中一部分样本进行研究，是行为研究的必然。选取的样本在多大程度上能代表研究总体，就涉及取样设计问题。科学的取样程序包括规定总体、确定样本容量、确定抽样方法并选取样本。

1）确定研究总体。在确定研究总体时，要对总体有明确的规定。如研究井下作业人员，就首先应明确井下作业包括哪些具体的工种，是否要将所有工种包括到研究中，如果只是对其中某一类工种的工作人员进行研究，就应当重新确定研究总体。在确定研究总体时，还应当考虑研究的推广问题。如果对总体限定过窄，不仅可能存在样本量不足的问题，还可能因该总体过于专门化，使研究结果只适用于特定群体。

2）确定样本容量。在确定样本容量时，要根据研究要达到的信度、测量的数目、误差大小等因素来确定，并不是越大越好；另一个制约样本容量的因素就是研究的成本问题。所以，理想的样本容量是在达到一定代表性要求的前提下，包含最小样本的研究对象。

3）抽样方法。在确定了选取范围和数量的情况下，样本的代表性取决于抽样的方法。取样方法主要是为了保证样本的随机特点。常用的抽样方法有简单随机取样、系统随机取样、分层随机取样、整群随机取样和多级随机取样。

（2）变量。行为研究中的变量是指研究者感兴趣的，或与所要研究与测量的特性有关的那些随条件和情境变化而发生变化的方面，这些变化的方面可能是事物的幅度、强度或程度。如人的作业状态随作业次数的变化有熟练和不熟练之分，随作业时间的增加有高效和低效之分。同一变量从不同角度可以划分为不同的类型。划分变量类型有助于进行科学的研究设计和结果统计。

1）变量的类型。从变量的相互关系上，变量可分为相关变量与因果变量。相关变量是指在强度、大小等方面相互之间有关联的变量，但不能确定两者之间是否存在因果关系，或孰为因、孰为果。因果关系是指相互之间存在因果关系的变量，一方面是能够独立变化并引起其他变量变化的条件或因素，称为自变量，另一方面是受自变量变化而变化的条件或因素，称为因变量。

从数量的连续性上，变量可分为连续变量和非连续变量。连续变量是可代表一个持续量上任意数值的变量，如反应时、重量等。非连续的变量又称离散变量，只代表变量某种独特的类型，类型之间是独立的，没有中间值，如员工的性别、以成功或失败计量的任务完成情况等。

从研究者对变量施加影响的可能性角度，变量可分为操作变量和非操作变量。操作变量是指研究者可以主动加以操作的变量，如薪酬方式、环境设置、作业时间等。非操作变量是指在研究前已存在或研究时研究者无法主动加以操作的变量，如作业者的年龄、受教育水平、作业熟悉程度等。

从其他不同的角度，还可以对变量进行其他类型的划分，如主体变量与客体变量、定量变量与定性变量，直接测量变量与非直接测量变量，此处不一一详述。

2）研究中变量的操作化。一项研究可能对某些变量感兴趣，但这些变量有些是具体的，可以直接测量的，如性别、年龄，有些则是比较抽象的，不能直接测量的，如人的智力、工作态度、组织的薪酬制度、员工的安全行为等。作为研究变量，研究者首先需要将这些抽象的概念界定为具体的、可感知、可测量的现象或指标，这个过程就是变量的操作化。如智力可操作定义为个体在韦氏智力测验上的得分。操作定义为精确、客观的测量以及研究的可重复、研究之间的沟通比较提供了依据。

3）变量的测量水平。在对变量进行操作定义后，变量就成为可以测量的了，但还涉及测量时使用的计量单位的性质，或称测量水平，这将关系到对测量结果采用什么方法来统计分析。

变量的测量水平根据测量中使用的数值的特性可分为类别变量、定序变量、定距变量和等比变量。

类别变量反映研究变量的性质和类别。数字只表示不同的类型，没有数量大小的意义。如0代表无相关经验的员工、1代表有相关经验的员工。一般只对这些变量进行频数和比例的统计。

定序变量是反映研究变量具有的等级或顺序。对变量的数值计量代表程度上的差异，但起始数值不代表绝对零点，相邻数值之间不是相等距离的差，但可以反映相对大小。例如，将违章作业发生的频繁程度分为五种等级：总是这样、经常这样、一般、很少这样、从不这样，分别计分为5、4、3、2、1。对定序变量的测量结果可进行类别变量的统计，以及更高一级的等级相关、秩次检验。

定距变量反映研究变量在数量上的差别和间隔距离，数量单位之间的差距是等距的，但不存在绝对零点。对数值只能进行加减运算，而不能进行乘除运算。如温度30℃和40℃的差距和温度90℃到100℃的差距是相等的。但温度的绝对零点并不是0℃(不可以进行乘除运算)。等距变量的统计除可以使用分类、定序变量的统计方法外，还可以进行平均数、标准差、相关分析、回归分析、t检验、z检验、F检验等统计分析。但实际当中，很多行为测量很难达到等距水平，大多数处于定序水平。为进行更深入的分析，行为测量也尽量使用等距变量的统计方法，前提是将定序数值转换为等距数值。通常的转化方法是将定序测量的原始分转换为标准分，即离均差除以标准差所得分数。

等比变量是反映变量的比例或比率关系的指标。等比变量具有绝对零点，其数值可以进行加减乘除运算，可以使用各种统计方法。如人的年龄、运动的速度等。但实际对行为的测量很少能达到等比水平，且对比率变量的统计分析方法与等距变量的统计分析方法没有什么不同，因此，等比变量在行为研究中运用很少。

2. 相关设计

(1) 相关设计的一般概念。相关设计指的是在自然环境中，不加任何操纵和控制情况下，取得样本中每个案例的资料，以查明变量之间的关系。但其研究结果比较模糊，很少能说明变量之间的直接关系。由于实际研究情境中很多因素是难以控制的，因此相关设计的研究在行为研究中非常普遍。也正是由于控制的变量个数很少，相关设计的研究所得结果更具有普遍性。

相关设计研究得出的变量之间的关系用相关关系表示，相关关系只表明变量之间存在相关及相关程度的大小，而不能说明变量之间的作用方向。如果在一项相关研究中发现员工的违章行为与所受惩罚之间存在正相关，并不能得出结论认为员工的违章行为导致其遭到更多的惩罚，也许反过来说也是成立的：由于管理者的惩罚措施令员工产生逆反心理，有意表现违章行为。

(2) 相关设计中常用统计量。相关关系经常用相关系数来表示。相关系数表示两个测量或变量之间关系的大小和方向，取值在+1.00 ~ -1.00之间。相关系数的绝对值越接近1，两个测量或变量间的相关程度越强；0表示两个测量或变量之间没有关系，正值表示两个测量或变量的变化方向一致，负值表示两个测量或变量的变化方向相反。相关系数只能表示两个测量或变量之间的双向关系，有时需要考查一个变量与多个变量之间的关系，如员工事故发生频率与物理环境因素以及员工的认知特点之间的关系，相关系数就无能为力了，这时就需要其他的统计指标，如回归系数。回归系数不仅可以表示两个变量之间的关联程度，还可以判断一个变量对另一个变量的预测能力。比如，研究者可以假设听觉信号检测人员差错率受环境中噪声与劳动者听觉灵敏度的共同影响，那么，就可以建立一个以环境中的噪声强度和劳动者听觉灵敏度为自变量，以差错率为因变量的多元回归方程，通过收集一定样本量的数据，就可以分析是否存在这样的预测关系以及预测能力的大小。计算得到的回归系数越大，自变量对因变量的预测作用就越大；反之，则越小。

（3）相关设计的两种类型。相关设计根据收集数据的方式又可以分为横向研究设计和纵向研究设计。

横向研究设计是指对一个代表总体的随机样本，在一段时间内进行一次性收集资料。在用横向设计的研究中考查时间的效应时，可以将总体按照时间维度分为不同的组别，不同组别的样本间的差异可以看作行为随时间发生的变化。如研究者考查年龄对员工冒险行为的影响，可以将员工按照年龄分为不同的组别，组间的差异反映了冒险行为随年龄发生的变化。不过这种分析面临被试年龄人口群效应的影响，也就是说员工冒险行为的差异可能与他们出生于不同的年代有关，不同年代的群体受时代影响可能会有该年代群体特有的价值观和行为模式。

纵向研究关注的是行为随时间发生的变化，是对一组被试在不同年龄进行重复研究，因此可以考查发展的共性和个体差异以及早期与晚期事件或行为之间的相关。如同样考查员工冒险行为与年龄的关系，也可以采用纵向设计的研究，即对同一批员工的冒险行为进行不同时间点上的测量。纵向研究可以排除被试年龄人口群效应，但其缺点也是显而易见的：

1）一个是取样的偏差性问题。愿意留下来继续参加调查的人和不愿意连续参加调查的人可能本身就存在一些态度、观念上的差异，也许正是这些差异对调查中的因变量有显著的影响。

2）二是被试的流失。由于纵向研究要经历一段时间，在这段时间内，原来参加调查的被试可能因为搬家、换工作、死亡等原因流失，影响到数据的分析。不过，这一问题目前已经得到技术上的解决。

3）三是练习效应。纵向研究通常是对被试在不同时间施加相同测量，可能引起练习效应，即因熟悉的原因使先前的测量对以后的测量产生影响，妨碍了后期测量的可靠性。最后，与横向研究相比，纵向研究的效率较低，成本较高，这也是纵向研究设计比横向研究设计较少被采用的一个主要原因。

3. 试验设计

（1）试验设计的一般概念

试验设计是在有控制的、较严密的程序中，揭示事实之间的因果关系的研究设计。试验设计对被试取样有严格限制，通常要做到完全随机化，即被试间如果存在差异，可以归因于人与人之间的随机误差；试验设计中有明确的自变量和因变量，与相关设计中提到的自变量和因变量不同，试验设计中要对自变量进行系统的操纵和改变，以期发现随着自变量的变化因变量发生的变化。在试验过程中，还要控制一些无关变量的影响，以保证因变量的变化确实是由自变量的变化引起的，而不是其他因素的作用。比如，在进行噪声水平与作业可靠性间因果关系的试验时，需要首先对被试的听力和作业的熟悉程度进行测量，以便能确定作业可靠性的变化确实是由噪声水平的变化引起的，而不是因为被试本身存在听力上的差别、对噪声的感受性有差别而造成的，或者是由于对作业熟悉程度不同而造成作业可靠性的差异。除这两个控制变量外，可能的控制变量还有其他，如环境中的其他因素应当保持恒定(如照明、温度)、试验的时间应当一致等。

严格的控制是因果关系推论的保障，但也因为过多的控制使研究的推广受到限制，在某种条件下得到的因果关系不能随意地应用到其他条件下，使试验研究的实际价值受到影响。

(2) 试验处理的方式。为分析自变量与因变量的关系，在试验中可以通过对自变量加以系统变化或进行匹配等方式进行，使因变量发生系统变化或剥离其他因素的影响。

1) 仅实施后测的控制组设计

后测是相对于前测而言，是指在试验中实施试验处理前后对被试进行的测量或测验。仅施后测的控制组设计将被试随机分为控制组和试验处理组，试验组接受处理后，对试验组和控制组的被试同时进行测量。接受处理的试验组可以是一组，也可以是多组，各组接受不同的处理，通过各组间的比较以考查试验处理的效应。

2) 前测后测设计。在仅施后测的控制组设计的基础上增加了前测，因此，可以对试验处理前后试验组和控制组行为测量结果进行比较。如果试验组和控制组在前测中不存在显著差异，则只需要比较后测结果来反映试验处理效应；如果试验组和控制组在前测中存在显著差异，则需要比较试验组和控制组前后测的变化是否存在显著差异。但前测后测的试验设计必须处理测验的练习效应对试验结果的影响。

3) 所罗门试验设计。所罗门试验设计时将仅施后测的控制组设计和前测后测设计结合起来，有两个控制组和两个试验组，所有组别都接受后测，一个控制组接受前测，一个控制组不接受前测，仅接受后测，一个试验组接受前测，一个试验组不接受前测，仅接受后测。这样的设计等于对试验处理效果进行了两次检验。

4) 被试内设计。以上试验设计都是被试间设计，即每个被试只接受一种试验处理。被试内设计又叫重复测量设计，是指每个或每组被试接受所有自变量水平的试验处理，每次试验处理后，被试都接受一次测量。以一组被试为单位进行重复测量的被试内设计又称随机区组设计，同一组内的被试应尽量同质。被试内设计与被试间设计的区别在于将被试间的个体差异从试验处理效应中分离出来，使处理的效应更明确。被试内设计所要解决的主要问题是平衡试验处理的顺序效应。

（3）准试验设计。

被试内设计和被试间设计由于严格的控制被称为真试验设计。但有时，有些控制要求很难达到，如被试的随机化，只有严格的实验室试验才能实现。而且，由于严格的控制也使得真试验设计的研究结果很难在自然情境中推广。这种情形下，就出现了一些对无关变量不像真试验设计控制那么严格，但也要求作一定的控制，且对自变量进行了试验处理的试验，这类型的试验设计被称为准试验设计。准试验设计在无关变量控制方面遇到的最大问题是被试取样的随机化。一些在工作现场进行的试验通常是以原始群体作为被试的，如一个班组，一个部门。

1.3.3 定量研究常用的数据收集方法

数据收集方法是定量研究过程中的重要组成部分，收集方法是否科学，直接影响到研究结果的可靠程度。定量研究中常用到的数据收集方法主要有观察法、自陈法、试验法、个案法等。除个案法外，其他方法在前面介绍定性研究的研究方法和试验设计时都有提及，以下主要介绍这些方法在定量研究中的应用时应注意的问题。

1.3.3.1 观察法

观察法是行为研究中常用到的方法，特别是在儿童发展研究中，观察法运用较多。观察法是指观察者通过感官或借助仪器直接观察他人的行为，并把观察结果按时间顺序作系统记录的方法。在观察过程中，观察者的职责始终只是对观察目标行为的纪录，不能参与被观察者的活动，不能对被观察者的行为产生影响。

观察法按照观察的设计可分为自然观察和结构观察。自然观察是观察者进入被观察者生活的现场或自然环境，记录所关心的行为。在自然观察中，研究者可以直接看到他们希望解释的日常行为，可以获得行为发展的详细过程。但在自然观察中，并不是每个被观察者都有机会表现出观察者想要观察的行为。自然观察的这个缺点可以在结构化的实验室观察中得到克服。在结构化观察中，研究者人为地设置一个情境，使被观察者都处于相同的情境中，每个人都有同等机会表现出该情景下的行为，使一些在日常情境下通过自然观察很少能捕捉到的行为得到观察。结构化观察的弊端在于个体在实验室中的行为和他们在自然情境中的行为可能是不同的。一般来说，实验室观察更多应用于儿童行为发展的研究。

使用观察法进行数据收集，需要做的最核心的准备工作是制定观察记录表。观察记录表是研究问题的直接反映，观察记录表中所列的行为必须是代表研究者想要研究的变量的有效行为样本。而且，作为观察目标，列入观察记录表中的行为必须是具体的、可观察的、不会引起歧义的。具体是指行为应当是细节性的，不可再分解的。如在安全行为的观察中，安全着装仍然是一类行为，在不同情境中，可能有不同所指，可能是指安全帽、护目镜、劳动手套等，作为观察目标，必须是非常明确的。可观察是指观察目标必须是外显的，可以直接观察的行为。如要研究员工在工作中的专心程度，而"专心"并不是一个可直接测量的行为，而是一种心理状态，必须确定这种心理状态的行为表现，然后对行为表现进行观察，如可以将专心操作定义为目光持续集中在操作对象上的时间长度。再如"粗心"，可将其外化为使用后随手丢放工具、乱扔废弃物等可直接感知的行为。不引起歧义是指对观察行为的定义是唯一的，不会让不同的人有不同的理解。因为在对观察资料进行处理时，需要若干人员共同完成，这些人之间必须达到一定的一致程度，才能说这些不同的人是对同样的行为样本进行了相同的处理。如果行为定义不明确，容易引起歧义，不同的行为记录者就会得出差异显著的记录结果，这样的数据处理是不可信的。以下是一个行为观察表的举例(见表1-3)。

表1-3　行为观察表的举例

观察者：　　　　　　被观察者：　　　　　　观察日期：　　　　　观察时间：

器材与工具使用行为	行为是否出现	
正确使用安全带	是	否
将脱轨器锁定在正确位置	是	否
手套佩戴正确	是	否
靴子穿着正确	是	否

1.3.3.2　自陈法

观察法是由观察者通过观察直接获得被研究者行为数据的方法，而自陈法则是由被研究者自己报告自己行为数据的方法。常用的自陈法有访谈法和问卷法。访谈法的类型及使用中的要领在定性研究的介绍中已有论述。定量研究中使用访谈法也是相同的，但由于定量研究是理论导向的，所以定量研究更多使用结构化访谈，所得资料以定量数据为主。这里主要介绍自陈法的另一种形式——问卷法。问卷法是研究者使用统一的、严格设计的问卷来收集数据的一种方法，接受问卷调查的人根据各人情况自行选择研究者提供的答案。运用问卷法可以使研究者在较短的时间内收集到大量的资料，结果易于量化。问卷法的缺点在于被试的主观报告可能与其实际行为有差别，但问卷法无法识别这种差别。

1. 问卷的编制与使用

问卷在编制阶段和使用阶段都有严格的程序要求，这是问卷法科学性的保障。问卷的编制主要是为了获得测量概念的行为样本，作为问卷中的测量题目。在收集行为样本时，要围绕所要研究的问题收集有关资料，向研究对象或有关专家征询意见，了解他们对将在问卷中出现的问题和可能的答案的反应，使题目能代表实际行为，答案设计能区分不同作答者的反应。具体来说，题目的编制应注意以下一些细节：①题目要清楚、不含糊，使用的术语要使答卷人能明白，避免使用专门性的术语；②一个题目中只能包含一个问题；③防止使用导向性的问题，答卷者会为避免与题目暗含的赞许态度不一致而隐瞒自己的真实想法；④问题内容应和答卷者的经历匹配，使答卷者能够提供相关信息；⑤问题答案之间应是相互独立的；⑥所呈现的答案应该是穷尽问题的各种可能答案的；⑦尽可能避免使用否定性题目和双重否定性题目。

答卷者的反应方式的设计是问卷编制的最后一项工作。设计合理的反应方式不仅有利于被试的填写和回答，提高题目的区分度，而且有利于对结果的处理和分析。反应方式可分为两类，一是从两个或多个选项中选择一个的选择回答型，二是答卷者自定答案的开放型。根据问卷使用目的和题目性质，研究者可选择不同的反应方式设计。问卷调查中通常使用的选择回答型反应方式是李克特量表，一种带有顺序测量量度的量表。一系列选项，每个选项对应一个数字，答卷者圈出与自己情况相符的数字。

问卷法的一个弊端在于问卷的回收率和回答质量。回收率是指答卷人答完并送回问卷的比率。回收率过低可能意味着回答者不能代表要调查的总体，用这些资料进行分析的研究可能存在样本偏差的问题。一般认为，专业人群的调查，回收率最低应该在70%，民众调查的回收率会更低一些。

回答质量方面存在的问题是答卷人提供的回答可能是不真实的，这种情况一般出现在对敏感问题的调查中。这时需要进行一些识别方法，比如，查看答卷人的回答是否为不可能的回答、不同题目之间的回答是否具有一致性，使用测试诚实态度的一般题目以反映答卷人在回答问卷上的总体诚实态度。

2. 问卷质量的检验

要了解编制的问卷是否能真实有效地测量出被测事物的特征，需要对问卷的质量进行检验。通常考查问卷的信度和效度两个指标。

（1）信度。信度是指测量结果反映出系统变异的程度。也就是说，测量中所测到的真实的个体差异在总变异中的比例，这一比例受测量误差的影响，误差越大，信度就越低。在实际对信度的度量中，常用的指标有重测信度、等值信度、分半信度、内部一致性系数。

1）重测信度。由同一个人在不同时间对同一组人员的行为进行测量和评定，然后计算两次测量或评定的相关系数，即为测量的重测信度，也称稳定性系数。重测信度受到时间间隔的影响，如果时间间隔过长，这一期间出现的各种无关因素会影响信度评定；如果间隔时间过短，又会由于前一次测验造成的练习效应或对测验内容的记忆影响信度评定。一般情况下，重复测量的时间间隔以 30d 左右为宜。

2）等值信度。为克服练习效应，研究者可以编制两份在难度、内容和形式方面相同而具体项目不同的问卷，各施测一次，计算两份问卷测量间的相关。但两份问卷要达到完全等值是非常难以实现的，所以等值信度的应用较少。

3）分半信度。将问卷的项目按奇、偶项或其他标准分成难度、内容等相似的两半，分别计分，以两半分数间的相关程度作为问卷信度的指标。通常需要再使用一个校正公式对这个系数再加以运算，得到分半信度。

4）内部一致性系数。内部一致性系数是当前计算信度最为常用的一种方法，它是从问卷的结构构想角度分析信度，考查题目与问卷结构的关系。对于 2 分计分（如对、错）的问卷内部一致性用库德-理查森公式计算，对连续计分的问卷，内部一致性用克伦巴赫公式计算。详细算法请参考有关心理测量的书籍。

测量项目的质量、测量项目的数目、测量的程序以及测试者和被测者的特点都会影响到测验的信度。测量项目的质量是测量信度的前提，这在问卷编制部分有详细介绍。在一定的限度内，同质的项目越多，测验的信度越高。测量的程序对测量信度的影响很大，如测量场所的情况、测量过程的安排、多组测量之间的时间间隔、测量中使用的指导语如果没有进行标准化的控制，都会降低测量的信度。此外，施测者和受测者的个人特点，如当时的健康状况、注意集中程度、评分倾向等都会影响到测验的信度。

（2）效度。效度是指一个测量工具能够测量出它所要测量的东西的程度。对效度的评价主要通过考查该测量结果与其他外部标准间的关联程度获得。常用的指标有：

1）内容效度。测验项目在多大程度上表示了所要测定的特征范畴，即为测验的内容效度，其评判以主观经验判断为主。通常的做法是请一些熟悉该测量范畴的人员来评判问卷中列出的每一个项目与测量概念的密切程度。其计算方法为认为某项目代表性很好的人与总评判人数的一半的差值再除以总评判人数的一半，这表明，只有在认为项目代表性很好的人超过总评判人数的一半时，内容效度值才能为正。

2）效标关联效度。是指某一测验与外部某一标准之间的关联程度。根据外部标准与测验进行的时间顺序，效标关联效度又可分为预测效度和同时效度。预测效度指测验结果对测试对象以后行为的预测程度。预测效度常用于人员选拔，其外部效标只有在测量以后的某个时间才能得到，如以进入工作岗位后的作业完成量作为人员招聘测验的预测效标，或以大学一年级的考试成绩作为高考的预测效标。同时效度用与测验同时发生的其他行为表现作为效标。比如要考查一个新编制的职业能力测验的效度，可以将一个已有的比较成熟的职业能力测验作为效标，计算两者的相关，相关程度越高，该新测验的效度越高。

3）构想效度。是指测验与某一理论构想相符的程度，或者说某一理论构想的合理性及其转换为抽象与操作定义的恰当性程度。如对创造性思维的测量，研究者首先提出关于创造性思维的理论构想，比如创造性思维包括思维的流畅性、变通性与独特性，然后用具体的行为样本来反映创造性思维的这三个特征，形成创造性思维量表。构想效度就是对将创造性思维分解为这三个维度，以及这三个维度用量表中的题目测量的合理性的度量。构想效度的度量通常用因素分析的方法检验。

4）聚合效度与辨别效度。聚合效度是指运用不同测量方法测量同一特征或构想时测量结果相似的程度，如果这些不同的测量方法确实测量的是同一种特征或构想，那么不同测量结果间的相关度应该高。相反，辨别效度是指运用同一种测量方法测量不同特征或构想时，辨别不同特征的程度。显然，不同特征的测量结果之间不应有高的相关度。这样的效度检验称为多质多法的检验，可以将测量的方法效应与测量内容效应区分开来。

影响测量信度的因素同样会影响到效度，此外，所选效标的特征也会影响到测量的效度。

1.3.3.3 试验法

观察法和自陈法在收集行为数据时都对被研究者的行为不发生影响，运用试验法收集数据则需要通过系统地改变某些条件使研究对象的行为发生变化，研究者在试验前后收集被研究者的行为数据，以考查试验处理的效果，得出行为变化的原因。前文详细介绍了真试验设计和准试验设计中的试验处理方式。真试验设计通常是在实验室中完成的，在数据收集时较少受到意外情况的干扰，这里不多介绍。而准试验设计大多是在工作现场进行的，条件比较复杂，可控因素较少，因此在数据收集中遇到意外干扰的可能性较大，因此，对现场试验数据的收集需要作充分的准备。

在现场试验中既要尽可能控制各种变量，又要使现场保持自然的气氛，如何保证现场试验中变量测量的信度和外部效度，是现场试验质量的重要问题。常用的测量办法有自然测量法、假扮主单位法、伪装测量法。

（1）自然测量法。通过一般的例行调查或统计资料来收集资料，如人口普查资料、人事档案记录等。

（2）假扮主单位法。研究者隐匿自己的真实身份，假借其他不易引起被试拒绝的名义进行试验，消除被试的有偏反应，获得被试的真实反应。

（3）伪装测量法。该方法是将要测量的内容混入其他例行的普通测验中，使被试不能识别测验的真正意图，如将培训后的行为测量放入例行的工作汇总当中。

1.3.4 研究的质量

由于行为本身的复杂性，对行为的研究要想达到像物理研究那样的精度几乎是不可能的，但作为科学研究，研究的可靠性和有效性仍是衡量行为研究的主要标尺，这和对测验质量的检验相似。

1. 研究的信度

研究的信度是指研究所得结果的可靠性与稳定性。可靠性可以看作研究的内在信度，即一项研究内部从研究设计、方法选择、数据收集和统计分析各个环节都采取了严格的标准控制，符合行为科学研究的要求，减小了研究的误差，使所得结果更接近真实。稳定性可以看作研究的外在信度。研究的稳定性可以从研究的可重复性上来考查，如果一项研究不能被重复，或在同等条件下重复进行却得不到相同的结果，就说明其信度不高。通常来说，一项经过精密设计的定量研究的信度容易得到保障，而对定性研究的信度过去讨论得则较少。当前，研究者们认为定性研究只要有一套组织得好、完全具有说服力的研究程序，其外在信度，即研究的可重复性也是可以达到的。至于内在信度，定性研究也可以通过技术的改进达到一定的要求。比如，对观察和访谈程序的设计、观察和访谈人员的培训，可以使数据收集和编码达到较高的一致性水平。因此，一项定性研究也可以在研究的信度方面达到科学要求。

2. 研究的效度

借用测验的效度概念，社会心理学家坎贝尔（Campell）提出了研究的效度问题，作为评价研究设计的有效性的指标。研究的效度与测验的效度有所不同，它反映的是更为宏观的、关于研究设计层面的问题。研究的效度要解决这样几个问题：研究中涉及的两个或多个变量之间是否存在一定的关系，特别是自变量与因变量之间是否存在关系；如果研究的变量之间存在关系，是否为因果关系；如果变量之间存在因果关系，这种因果关系包含了怎样的理论构想；如果变量间的因果关系明确，这种因果关系能否在其他人员、背景条件下得到验证。这样四个问题反映了对一项研究四个方面效度的要求。

（1）内部效度。内部效度指研究的变量之间关系的明确程度。内部效度高的研究对无关因素进行了严格控制，使研究所发现的变量之间的关系是没有受到其他因素干扰或污染的关系，准确地表明了变量之间的关系，如果存在相关关系，那么不是虚假相关，如果存在因果关系，那么因果方向明确、作用过程清晰。

（2）统计结论效度。统计结论效度是对确定试验处理效应所采用的数据分析程序与方法的有效性的检验。主要检验研究中的误差变异来源以及如何恰当地应用统计显著性检验。

（3）构想效度。与测验的构想效度相同，一项研究的构想效度指研究方案和测量指标的理论构想及其操作化的合理性问题，即解释研究中发现的因果关系的理论支持。如果一项研究缺乏明确的概念分析和解释，即缺乏构想，就不可能找到有效的行为指标对其进行测量，就会影响到研究的构想效度。研究的构想应该是结构严谨、层次分明的，对所要操作的自变量和研究的因变量有严格的定义，并具体化为操作定义。研究的构想效度也可以通过多质多法的设计来检验，即同时用多种方法测量变量的多个特征。

（4）外部效度。研究的外部效度又称生态效度，指研究结果在其他总体、变量条件、时间和背景中的应用程度。向其他总体的推广，首先取决于结果在研究取样总体中的应用情况，即总体效度。只有总体效度高，外部效度才会高。

在内部效度和外部效度的关系上，一般来说，内部效度是外部效度的必要而非充分条件，内部效度高的研究未必外部效度也高。但一项研究是应该追求内部效度还是追求外部效度？一般来说，定量研究对各种因素控制较多，其内部效度较高，变量之间的关系明确，但由于条件控制严格，所得结果难以推广到其他条件，影响了其外部效度，降低了应用价值。而定性研究由于采用了现场研究，所能控制的因素有限，其结果的生态效度就比较高。因此，在一些强调应用价值的研究中，更多地采用了现场研究的策略，比如准试验研究设计。在试验设计中要提高外部效度，最关键的是做好取样的随机化工作，使研究背景、研究对象、研究工具等都具有较高的代表性，这也是当前行为研究中的一种趋势。

复习思考题

1. 我国安全生产事故发生的人为原因主要有哪些？
2. 安全行为学的概念以及研究主要的内容有哪些？
3. 安全行为学与其他相关学科的关系如何？
4. 安全行为学的研究对安全生产有何意义？

5. 定性研究与定量研究的区别有哪些?

6. 定性研究和定量研究各适用于什么条件?

7. 真试验设计和准试验设计各有哪些试验处理策略?

8. 随机抽样有哪些方法?

9. 问卷测量的信度和效度指标有哪些?

第 2 章

行为的身心机制

2.1　生理及其对行为发生影响的一般机制

2.1.1　神经元

　　人的整个神经系统由神经元和神经胶质细胞组成。神经元(neuron)即神经细胞，是神经系统基本的结构和功能单位，其作用是接受和传递信息。神经元的结构如图 2-1 所示。

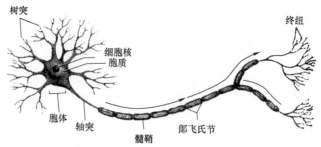

图 2-1　神经元模式图

神经元的种类及功能

　　神经元有不同的形态和种类。按照神经元的形态和突触数目分，可以分成单极细胞、双极细胞和多极细胞。按照神经元的功能，可分成感觉神经元(内导神经元)、运动神经元(外导神经元)和中间神经元(联络神经元)。神经元受刺激后会产生兴奋，这种兴奋表现为神经冲动。但任何一种刺激(物理或化学的)作用于神经元时，神经元就会由静息状态转化为活动状态，就是神经冲动(nerve impulse)。神经冲动的实质是神经元内部产生了生物电变化。感觉神经元将感觉器官受刺激后产生的神经冲动传到脊髓和大脑，运动神经元将脊髓和大脑发出的信号传到运动器官，这中间神经元的功能有两个：一是联系感觉神经元和运动神经元，二是形成中枢神经系统的微回路，对信息进行加工。人的许多有特殊功能的脑结构，就由这种微回路组成。

2.1.2 神经系统

神经元相互联系，构成一个复杂的机能系统，叫神经系统。按照部位和功能的不同，人的神经系统可以分为两个子系统：一是中枢神经系统（central nervous system），一是周围神经系统（peripheral nervous system）。在两大系统中，又包含许多组成部分。神经系统的结构层次如图 2-2 所示。

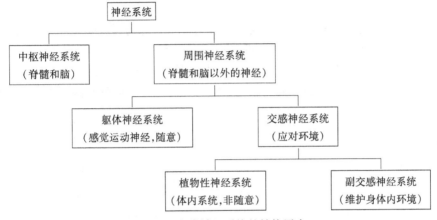

图 2-2 人类神经系统的结构层次

1. 周围神经系统

周围神经系统由两部分组成：①躯体运动系统；②植物神经系统。周围神经系统的主要功能是将刺激引起的神经冲动传给中枢神经系统产生感觉，将中枢的指令传递给效应器官产生运动。

2. 中枢神经系统

中枢神经系统由脊髓和脑构成。脑位于人的颅腔内，脊髓则位于人的脊柱中。人脑的结构如图 2-3 所示。

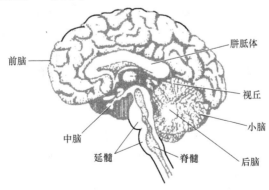

图 2-3 人脑的结构

2.1.3 大脑的结构与功能

人所以为"万物之灵"，在于人有发达的大脑。大脑有复杂的结构和机能。

1. 大脑的结构

大脑是人脑中最主要、最发达的结构，是人的各种高级心理活动的中枢。由左、右两个半球组成，其体积占中枢神经系统的一半以上，重量约为脑总重量的60%。

大脑半球的表面布满深浅不同的沟和裂。主要的沟裂有中央沟、外侧裂和顶枕裂。这些沟裂将大脑半球分成四个叶：①额叶，在中央沟的前方；②顶叶，在中央沟和顶枕裂之间；③枕叶，在顶枕裂后方；④颞叶，在外侧裂下方。大脑沟裂间隆起的地方称为脑回，在每一叶内，一些细小的沟裂又将大脑表面分成许多回(见图2-4)。

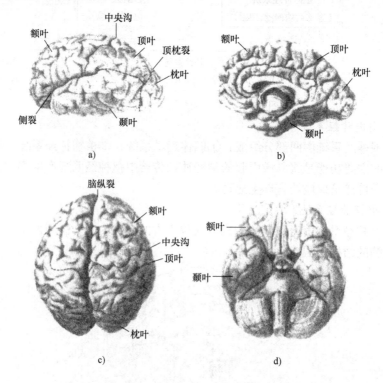

图 2-4 大脑皮层不同脑区的位置
a) 侧面 b) 内侧面 c) 背面 d) 腹面

2. 大脑皮层的分区和机能

大量研究表明，人的大脑皮层可以分成不同的区域。目前，一般应用较广的是布鲁德曼(Brodmann)的皮层分区图(见图2-5)。人类大脑皮层主要的机能代表区有感觉区、运动区、言语区和联合区。

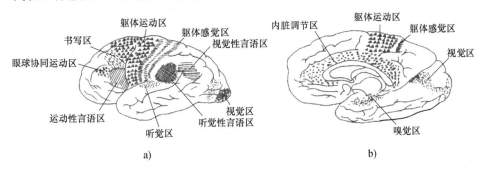

图 2-5　大脑皮层主要分区图

a) 外侧面　b) 内侧面

2.1.4　内分泌系统和神经-体液调节

1. 内分泌腺的分类和机能

人的神经系统(特别是人脑)是心理活动的最重要的生理基础。然而,内分泌系统也起着辅助作用。在人的身体中,有许多不同的腺体:一类是有管腺,又叫外分泌腺,如泪腺、汗腺和胃腺等,分泌物通过导管流入某种管道或皮肤表面。一类是内分泌腺,它们是无管腺,分泌物由腺体细胞直接渗入血液或淋巴,并进而传遍整个有机体,影响其他细胞的功能。由内分泌腺生成并分泌的生理活性物质叫激素或荷尔蒙(hormone)。

内分泌系统对人类行为的影响主要包括下述方面:①人的身体的发育;②人体的新陈代谢;③人的心理发展;④第二性征和性心理的发展;⑤人的情绪。

迄今为止,科学家已经发现 27 种内分泌腺。但是,与人的心理和行为直接有关的内分泌腺主要有脑垂体、甲状腺、副甲状腺、胰腺、肾上腺和性腺等,它们在人体中的位置如图 2-6 所示。在人的内分泌系统中,脑垂体具有重要功能。脑垂体位于大脑底部。成人的脑垂体约重 0.6g,只有一粒豌豆大小。它的体积虽小,却能分泌较多激素,并能控制多种不同的内分泌腺,因而具有"主腺"的称呼。

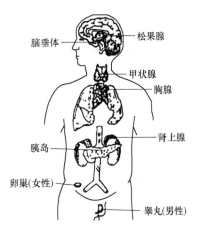

2. 神经-体液调节

所有内分泌腺活动都要受神经系统的调

图 2-6　人体的内分泌系统

节与控制。神经系统通过内分泌腺的激素影响各种效应器官的活动，叫神经——体液调节。神经系统对内分泌系统的调节有两种方式：一是通过植物性神经系统直接支配内分泌腺，如甲状腺既接受交感神经(颈上交感神经)支配，又接受副交感神经(迷走神经)支配；二是通过下丘脑神经核，先影响脑垂体的活动，然后由脑垂体分泌各种激素，进一步调节其他内分泌腺的活动。这两种方式可简示如下：

(1) 感受器——→传入纤维——→中枢——→传出神经——→内分泌腺——→血液——→效应器。

(2) 感受器——→传入纤维——→中枢——→脑垂体传出纤维——→垂体激素经血液作用于内分泌腺——→内分泌腺分泌激素经血液作用于效应器。

神经-体液调节和神经系统调节有不同的特点。神经系统的调节速度快、准确性高，神经-体液调节速度慢，但比较稳定和持久，人的心理和行为主要受神经系统调节，神经-体液调节只起辅助作用，而且它本身也受神经系统调节。

2.2 心理及其对行为发生影响的一般机制

2.2.1 心理概述

在心理学中，一般把统一的人的心理现象划分为既相互联系又相互区别的两个部分：心理过程、心理动力和心理特性。

(1) 心理过程。在一定时间和环境中发生、发展的心理活动过程，根据其能动反映客观事物及其关系的角度不同，分为认知过程、情感过程和意志过程。

1) 认知过程。认知过程是指人认识客观事物的过程，或者对信息进行加工处理的过程，是人由表及里、由现象到本质地反映客观事物的本质及其内在联系的心理活动。认知过程包括感觉、知觉、记忆、思维和想象等。注意是伴随着心理活动过程中的心理特性。

2) 情感过程。人在认知事物时不是无动于衷的。认知的同时，还会产生对事物的态度，并引起对事物的满意或不满意、喜欢或厌恶、愉快或痛苦的体验，这就是人的情绪(emotion)和情感(feeling)。例如，教师会为学生的进步而欢欣鼓舞，会为学生的不良行为而痛苦和内疚，会怜悯和同情贫困或残疾学生。总之，人的喜、怒、哀、乐、爱、恶等体验，在心理学上统称为情感过程。

3) 意志过程。意志过程是指人自觉地确定目的，克服内外部困难，实现预定目标的心理过程。人的意志行为体现在发动和制止两个方面，它激励并调节着人去从事达到目的的行为，制止与预定目的不相符合的言论和行为。

在人的心理活动过程中，认知过程是最基本的心理活动，是情绪情感和意志过程产生的基础；情感过程和意志过程也影响着认知过程的发生发展。三者都有其发生、发展及变化的共同特征，是同一心理过程的不同方面。

（2）心理动力。心理动力是指人对客观事物的态度及对活动对象的选择与趋向，是人从事活动的指向性和基本动力。心理动力是一个多层次、多水平、多维度的结构系统，由相互联系的多种心理成分构成，主要包括需要、动机、兴趣、理想、价值观、人生观、世界观等。需要是人在生理上和心理上的某种失衡状态，是引起个体进行活动的基本原因；动机是在需要的驱动下产生并趋向一定目标的心理动力；兴趣是人对客观事物认识的心理倾向；世界观是人对世界或客观环境的总的看法。心理动力随着人的生理和心理的逐渐成熟，其发展阶段有所不同。例如，在儿童时期，兴趣是支配心理活动与行为产生的主要动力；在青少年时期，理想则上升到主导地位；在青年后期和成年期，人生观、价值观和世界观成为主导的心理动力，并支配着整个心理活动和行为表现，其中世界观是心理动力中最高表现形式和最高调节器，它集中体现了人的社会性质。因此，心理动力制约着心理活动的性质和变化，并且对人的行为习惯起着最高的调节作用。

（3）心理特征。心理特征是人在认知过程、情绪情感过程和意志过程中形成的稳定而经常表现出来的心理特点，是个体多种心理特点的独特结合，集中反映了一个人的心理面貌，主要包括能力、气质和性格。

能力是指一个人顺利完成某种活动所必须具备的心理特征，表现了人与人之间存在差异的活动效率及潜在可能性。根据活动性质，一般把能力划分为智慧活动性能力(智力)和动作活动性能力（技能）。能力是先天遗传素质与后天教育实践相结合的产物。

气质和性格是一个人区别于他人，并在不同情境中表现出一贯的、稳定的行为模式的心理特征。

气质是指人的心理活动和行为产生的动力特征，表现为心理活动的强度、速度、稳定性、灵活性等动态性特征，如情绪产生的速度和强度、思维活动的稳定性和指向性等特点。例如，在现实生活中，有人性情急躁，表现为情绪容易激动且外向；有人比较平缓，表现为情绪稳定而内向等，这些都是不同气质类型在行为上的具体表现。

性格是指人对现实的稳定态度以及与之相适应的习惯化了的行为方式的心理特征，在人格中具有核心意义。例如，有人谦虚谨慎，有人骄傲自满；有人坚韧果敢，有人优柔寡断；有人主动自信，有人怯弱自卑。气质和性格之间相互联系、相互影响、相互作用，从而使一个人的心理活动和行为表现区别于其他人。

因此，要深入了解人的心理现象，真正掌握人的心理面貌，就要从人的心理活动的整体性上加以考察和研究。这就需用到心理学，因为心理学是研究人的心理过程发生和发展规律的科学，研究心理动力、心理特征形成、发展与变化规律的科学，研究心理过程和人格相互关系的规律的科学。

2.2.2 行为及其特征

人类行为的共同特征有以下五个方面。

（1）行为的自觉性与主动性。人类的行为具有自动、自发的特点，外力可能影响人的行为，但无法发动起行为，外部权力和命令无法强制一个人产生真正的效忠行为。外因必须通过内因起作用，只有提高人的自觉性，才会有积极主动的行为。

（2）行为的因果性。人的任何行为都有一定的起因。遗传素质、外部环境是影响行为的生理原因和外部原因，人的动机、需要（欲望）等是行为的内部原因。

（3）行为的目的性。人类并非盲目的行动，它不仅有起因而且有目标。有直接目标，也有间接目标；有总目标，也有子目标；有长远目标，也有近期目标等。

（4）行为的持久性、连续性。行为指向目标，目标没有完成之前行为不会终止；旧目标达到还要向新目标攀登。

（5）行为的稳定性与可塑性。人类的行为经过学习、训练、重复、实践，可能形成较稳定的、习惯性的活动方式；环境的变化也会造成行为的可塑性特点。

2.2.3 影响人类行为发展的因素

影响人类行为发展的因素除遗传、环境、成熟、学习外，还有莫瑞斯（Morris）的"四因说"及亚瑟（Athos）与柯菲（Coffey）两人的"行为背景因素说"。所谓"四因"，是指"体质因素"、"符号因素"、"物质环境因素"及"社会环境因素"。莫瑞斯认为人的行为经常受到这四种因素的影响和控制。而这四种因素也彼此都在相互影响，它们各自分别或共同影响着人的品质和支配人的行为，如图2-7所示。

所谓"符号因素"是指一个人的生活中，大半时间都在语言、文字和思想中活动，人的价值观念和认识无一不是一种符号传递过程，所以符号的作用

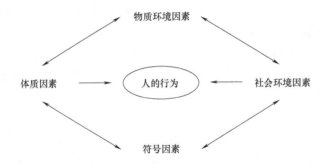

图 2-7　行为影响因素

影响人类的行为。

　　亚瑟与柯菲的"行为背景因素说"认为一个人的行为受其环境的影响。他把组织中的影响因素分为外在因素与内在因素两类(见图 2-8)。

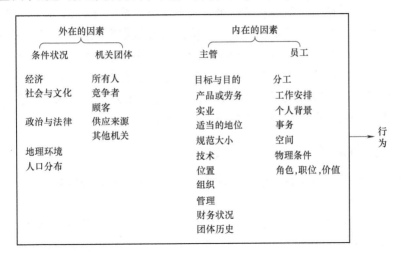

图 2-8　行为背景因素

　　现将影响行为的个人因素、环境因素及文化因素三方面分别加以分析。

　　1. 个人因素

　　(1) 生理构造。生理结构不同,对同样的刺激会有不同的行为反应。例如,一个身体健康、富有活力的人对外界环境的看法必然是无所畏惧、充满自信的。反之,一个体弱多病的人,他可能觉得外界环境充满危险与威胁,行为表现忧虑懦弱。

　　(2) 个体背景。一个人受教育的程度、家庭背景、社会背景及其感情生活、道德行为、职业、习惯、技艺、嗜好与态度等对行为的决定有重要的影响力。

　　(3) 身心状况。个体行为常随行为人当时身心状况的变化而变化。

（4）动机。个体的动机对外界的反应常有选择与辨别的作用，与动机无关的刺激则无法引起个体的行为。

（5）人格。人格是个人行为的特征。同一组织的成员虽然具有类似的态度，但也有个别差异，这是由于个人人格的不同。一个人的全部动机模式组合在一起可以决定其一切行为。

2. 环境因素

环境包括物质环境、生物环境及社会环境。其中以人为的社会环境影响行为最大，它是人类行为的基础。勒维特（Leavitt）认为人是环境的产物、习惯的俘虏及生物遗传和进化的产品。社会环境，包括心理的社会环境，是人与人共同相处时的环境。文化的社会环境是指物质、生物、心理等方面的人文环境。

3. 文化因素

文化是一个社会成员所共有的思维和行为方式的集合，亦即在一个社会所通行的知识、道德、价值观和习惯等。人类学家泰勒（Tyler）认为，"文化是包括知识、信仰、艺术、道德、法律、风俗以及其他作为社会一分子所习得的一切能力和习惯的复合体"。社会文化是环境的一环，与个人行为关系密切。社会文化是行为的产物，而它对每一个人的性格又会有多方面的影响。适应社会环境也就是对社会文化的适应，人们若不接受该社会文化，就无法生活于其中，也无法满足自己的欲望，更难获得安定感。

2.2.4 行为模式

人类行为的现象极为复杂，现以模式研究法来揭示行为现象。

1. S-O-R 模式

S-O-R 模式认为刺激不能单独决定反应。有机体才是决定反应的因素，O代表有机体（Organism）。一个人的任何行为，通常都是基于某种刺激或某种状况的存在从而传达到个人的神经系统内，每个人由于生活状况、知识背景、身体状况及情绪作用不同，会有不同的情况，因此，对其行为反应的解释不同。有下列不同的状况：

在刺激与反应中，要了解一个人的行为反应，必须先了解各种刺激之间的相互作用关系，才能进一步了解受刺激者本身的条件。其模式如图 2-9a 所示。在同一环境中，同一刺激同时刺激不同的人而引起的反应行为却可能相同。其模式如图 2-9b 所示。由于个人的性格、生活经验、社会、家庭和教育背景的不同，对于同一刺激，可能引起不同的反应。其模式如图 2-9c 所示。为适应个别差异，以不同的刺激来刺激不同的个体，使其产生相同的行为。其模式如图 2-9d 所示。人类的行为是由个人与环境相互影响而产生的。环境产生刺激，刺激引起反应，反应影响环境，又产生新的刺激。刺激与反应都与环境有关。

其模式如图 2-9e 所示。

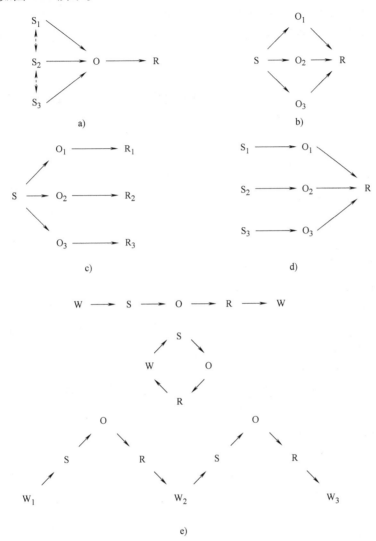

图 2-9 S-O-R 模式

2. $B = f(P \times E)$ 模式

勒温（Lewin）的团体力学的构想与试验研究，是将情境中影响团体行为的各种因素以场内力学的概念来处理，这便是有名的"场地理论"。勒温认为，个体行为的差异除了源于人的各别特征外，更受其所处环境的影响。他以 $B = f(P \times E)$ 模式表明行为是个体与其周围环境的函数关系。B 表示个体的行为，f 是函数，P 表示个体的特征，E 表示环境。

这一模式说明人类的行为会随个人与环境因素的变动而变化，同一个体因所处环境不同而有不同的反应。同时不同的个体虽处相同的环境亦有不同的反应。一个人的行为因不断的互动、重复而加强其心理承受力。即表明个人行为的促成受到场地内外势力的相互影响，内部势力即动机，外部势力即认知对象。

3. 勒维特的行为模式

勒维特的行为模式是基于行为的因果关系、目标导向及激励等三个基本因素而建立的，其模式如图 2-10 所示。

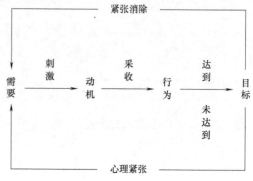

一个人的行为可以说是由于避免紧张而起的行动。当个体受到周围环境的刺激后，就会感到需要，产生动机，在心理上发生紧张及不安的感觉，促使采取行动，以期达到目标满足愿望。由动机所促成的实际活动就是行为。所以，行为是一种努力，用以寻

图 2-10　勒维特行为模式图

求目标与消除紧张。行为目标的获得，通过反馈过程又成为行为发生的主要刺激物，如此循环，生生不息，直到最终的均衡。

4. 科勒斯的行为模式

近年来，行为科学家已经很少从简单的"刺激-反应"模式对人类行为进行研究，而是进一步用系统分析方法研究，把计算机的"投入-输出系统"应用到人脑对事物的处理上。

科勒斯(Kolasa)的行为模式是重视体系内外的相互关系，用可以观察的实体现象来说明行为过程。此模式也以资料处理中心的功能来说明投入与输出或刺激与反应的情形。资料处理中心由"认识"（知觉）、"中心认识过程"、"决策形成"等组成，资料处理中心具有储存功能，即一般的记忆。

反馈是行为体系模式很重要的一部分，属闭路线圈系统，提供资料由"输出"部分回流作为新的投入。反馈可在控制下改变动作保持其有效的活动。

人类行为可用"投入-输出系统观念"来说明。刺激投入了体系，感觉器官接收资料，并将资料加以组织而生出完整的意义。所以资料处理中心的功能，第一步是知觉，把刺激加以组织，再通过"中心认识过程"的思想或认识，提供决策与行动的基础。记忆或资料储存是资料处理中心的附带功能。是否采取行动及其控制方法，属于体系中输出的范围，反应则是语言过程的结果。其模式如图 2-11 所示。

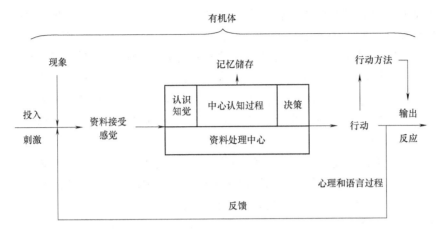

图 2-11　反馈图

2.3　感觉、知觉、记忆与安全

2.3.1　感觉与安全

1. 感觉的概念及作用

感觉是脑对客观事物个别属性的反映。事物的个别属性即指客观事物最简单的物理属性(颜色、形状、大小、软硬、光滑、粗糙等等)和化学属性(易挥发与易溶解的物质的气味或味道)以及有机体最简单的生理变化(疼痛、舒适、凉热、饥、渴、饱等)。感觉是一种简单的心理现象,是认识的起点。

2. 感觉性与感觉阈限

感觉由刺激物直接作用于感官引起。人对刺激的感受能力叫感受性。感受性的大小用感觉阈限的大小来测量。感觉阈限是能引起感觉的持续了一定时间的刺激量。每种感觉都有两种类型的感受性和感觉阈限:①绝对感受性和绝对感觉阈限;②差别感受性和差别感觉阈限。

3. 感觉特性与安全

(1) 对机体状况和感觉器官功能的依赖性。不管是哪种感觉,都同一个人的机体状况有关。人的机体不健康、有毛病或有缺陷,都直接影响感觉的发生和水平。比如患感冒和鼻炎的人,其嗅觉敏感度会急剧下降。因此,为了使人的感受性保持正常,在安全生产中发挥作用,劳动者首先应有一个健康的体魄。有了疾病,也要注意及时医治。带病工作虽然精神可嘉,但从安全的角度看,却不一定可取,因为这可能会增加事故的隐患。

机能健全的感觉器官是感觉的物质基础和先决条件。虽然绝大多数人在正常情况下，都有较高的感受性，但个体差异比较大，而且从事不同工种的生产对某种感觉能力的要求也不尽一致。因此，为了使人与工作相匹配，在工种分配时应该对从业者的感受性进行检查和测定。例如，对驾驶员来说，视觉是非常重要的，因此对他们的视力应有特定要求。按机动车管理办法，两眼均应在 0.7 以上（或经矫正后达到这个水平）。低于这个水平，就容易发生撞车或压伤行人事故。患有红绿色盲的人因辨不清红绿信号灯，因而不宜驾驶机动车辆。

（2）所有感觉都与外在刺激的性质和强度有关。一种感受器只能接受一种刺激。同时能引起感觉的一次刺激必须达到一定强度。刚能引起感觉的最小刺激量称为感觉阈下限，能产生正常感觉的最大刺激量，称为感觉阈上限。刺激强度不能超过刺激阈上限，否则，感觉器官将受到损伤。基于这一点，为了保证安全生产，就要恰当控制外界刺激的强度，并根据不同目的适当调节和选用刺激方式。例如作业现场的照明光线，既不能太弱，太弱会大大降低视觉感受性，也不能太强，太强则使人眩目。

（3）感觉的适应性。所谓适应是指由于刺激物对感受器的持续作用而使感受性发生变化的现象。适应能力是有机体在长期进化过程中形成的，表现在所有的感觉中。它对于人感知事物，调节自己的行为等具有积极意义。例如在夜晚与白天，亮度相差百万倍，若无适应能力，人就不能在不断变化的环境中精细地感知外界事物，调节自己的行动。但适应期的存在又给人感知事物造成了一定困难。因此，在变化急剧的环境中工作时就有可能出现感知错误，从而成为不安全因素。适应的一般规律为，持续作用的强刺激使感受性降低；持续作用的弱刺激使感受性增高。

（4）不同感觉间具有相互作用。对某种刺激物的感受性，不仅决定于对该感受器的直接刺激，而且还与同时受刺激的其他感受器的机能状态有关。例如，飞机噪声（听觉）可使黄昏视觉的感受性降到受刺激前的 20%。听到那种刺耳的"吱吱"声（如电锯发出的声音），不仅使听觉器官受到强烈刺激，而且使人的皮肤产生凉感或冷感。食物的颜色、温度等不仅影响人的视觉和温觉，并且也影响人的味觉和嗅觉。不同感觉间之所以具有相互作用，归根结底是因为人体是各种感觉构成的一个有机整体，不同器官虽有不同功能，但它们之间存在相互联系，因而能相互影响。

（5）感觉的模糊性。尽管人的感觉器官具有很强的感受性，但对外界事物变化的感知却并不很精确。而且，虽然外界刺激是客观的。但对不同的个体来说，其感受到的结果却有较大差异。这是因为，感觉作为一种心理现象，并非由纯客观刺激所决定，而是由客观和主观的相互作用所决定的。而从主观来看，人的经验、知识、情绪等对感觉都有很大的影响。基于这一点，在生产活动中，为了弥补感觉的这一局限性，必要时必须借助仪器、仪表等物质手段，以便客观、精确地反映事物及其变化。因此，为了保证生产的安全，应该把直接感知同间接感知有机结合起来。

2.3.2　知觉与安全

1. 知觉的概述

知觉(perception)是人脑对直接作用于感觉器官的客观事物整体属性的反映。知觉是在感觉的基础上产生的，是对感觉信息的综合与解释。知觉以感觉作基础，但它不是个别感觉信息的简单总和。知觉按一定方式来整合感觉信息，形成一定的结构，并根据个体的经验来解释由感觉提供的信息。因此，它比个别感觉的简单相加要复杂得多。

2. 知觉的种类

根据知觉时起主导作用的感官的特性，可以把知觉分成视知觉、听知觉、触知觉、味知觉等。如对物体的形状、大小、距离和运动的知觉属于视知觉；对声音的方向、节奏、韵律的知觉属于听知觉。

3. 知觉特性与安全

（1）知觉的选择性。在心理学中，知觉的选择性是指当客观事物作用于人的感官和头脑时，总是有选择地、优先地反映少数对象或对象的部分属性而对其余事物或事物的属性则反映比较模糊的心理现象。一般说，被清晰地知觉到了的事物便是知觉的对象；而其他模糊知觉到的事物便是这种对象的背景。知觉的对象与背景不仅可以互相转化，而且互相依赖。在不同背景下，人们对同一对象的知觉可能是不同的。

图2-12是四张两歧图形。它们显示了知觉中对象与背景的关系。如果把图b中的白色部分看成是一只杯子，那么图形中的黑色部分就会成为知觉的背景；相反，如果把图形中的黑色部分看成是两个侧面人头，那么它的两侧就会成为知觉的对象，而中间的白色部分就会转化为知觉的背景。图a、c和d也呈现这种关系。

一般地说，强度较大、色彩鲜明、具有活动性的客体易成为

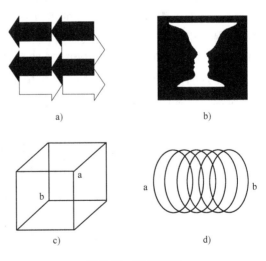

图2-12　两歧图形

选择的对象。客体自身的组合规律，如简明性、对称性、规律性等，使它们容易被选择为对象。这就是所谓的良好图形原则。例如，仪表指针和刻度表盘的颜色如果一样（或顺色），则不易辨别出指针的位置，因此在进行设计时应尽量使之反差加大；反之则易造成误读。

（2）知觉的整体性。在知觉过程中，人能够在过去经验的基础上把由多种属性构成的事物知觉为一个统一的整体，知觉的这种特性叫做知觉的整体性，如图2-13所示。

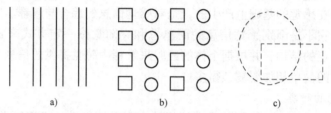

图2-13　知觉的整体性

当人们把各个部分知觉为一个整体时，这个整体便具有新的、为各个部分所没有的意义。这意味着：整体不是各个部分的简单堆积；整体通过各个部分的有机结合而表现出新的意义；整体大于部分之和。

（3）知觉的理解性。人在知觉过程中，以过去的知识经验为依据，力求对知觉对象作出某种解释，使它具有一定的意义，知觉的这种特点叫做知觉的理解性。

不同知识经验的人在知觉同一个对象时，他们的理解不同，知觉的结果也不同。如在安全工作中，对新进厂的员工要进行安全教育，由老员工有意提醒他注意哪些设备易出危险，可以强化他的安全意识。

（4）知觉的恒常性。当知觉的条件在一定范围内发生改变时，知觉的映像仍然保持相对不变，知觉的这种特性即为知觉的恒常性（perceptual constancy）。一般说，对象原有的知识和经验越丰富，就越有助于感知对象的恒常性。相反，知觉的恒常性就差。此外，知觉恒常性还和环境有关。熟悉的环境有助于保持知觉恒常性。如图2-14中的门，无论处于什么状态，人们都会将其知

图2-14　知觉的恒常性

觉为长方形。

知觉恒常性具有十分重要的意义。客观对象具有一定的稳定性，我们的知觉也就需要具有相应的稳定性，以便能真实地反映客观对象的自然属性、本来面貌。知觉的任务就是要从不断变化的知觉模式中揭示客观环境的稳定性、连续性。知觉恒常性是人认识世界的需要，是人长期实践的结果。

但知觉的恒常性也会给人带来错误的判断，因为它对于真正变化了的情况仍用原来的经验或老眼光去理解，因而不能随时调整自己的判断，使人易犯经验主义的错误，从而给安全带来消极的影响。如某电厂一名工人，下夜班后看到电梯门开着，就跨进去，而电梯由于厅门连锁失灵，桥厅并不在该层，结果造成坠落事故，人受了重伤。又如某变电所值班员操作时由于跑错间隔，当用钥匙打不开刀闸的锁时，误以为该锁已生锈遂用锯子将锁锯开，强行操作，造成带负荷操作刀闸的事故。

（5）知觉定势。心理定势（mental set）是指主体对一定活动的预先特殊准备状态。具体地说，人们当前的活动常受到前面曾从事的活动的影响，倾向于带有前面活动的特点。当这种影响发生在知觉过程中，就是知觉定势（perceptual set）。

定势对知觉有积极的一面，它能使知觉在条件不变或相似的情况下更迅速有效。但定势也有消极作用的一面，它较刻板，在条件改变的情况下，会防碍知觉，甚至使人的知觉误入歧途。

（6）错觉。当知觉条件变化时，知觉映像在一定范围内保持恒定，它倾向于反映事物的真实状态和属性。知觉的这一特性对维持人的正常生存是必不可少的。但是，有时候人们也会产生各种各样的错觉（illusion），即人的知觉不能正确地表达外界事物的特性，而出现种种歪曲。

错觉的种类很多，常见的有大小错觉、形状和方向错觉、形重错觉、倾斜错觉、运动错觉、时间错觉等。其中，大小错觉和形状、方向错觉有时统称为几何图形错觉。

图形错觉中的横竖错觉（horizontal-vertical illusion），如图 2-15a 所示，图中两条等长的垂直线，其中竖线看上去要比横线长一些；在图 2-15b 中两条直线是等长的，由于附加在两端的箭头向外或向内不同，线段在视觉效果上箭头向外的线段看上去则比箭头向内的线段短一些，这称为米勒-莱尔错觉（Miller-Lyer illusion）。人们对物体的形状和方向的知觉，由于某种原因而出现错误，称为形状和方向错觉，如图 2-15c、d、e、f 所示。

研究错觉的实践意义在于：

1）它有助于消除错觉对人类实践活动的不利影响。例如，飞机驾驶员在海上飞行时，由于远处水天一色，失去了环境中的视觉线索，容易产生"倒飞"错觉。这可能会引起严重的飞行事故。研究这些错觉的成因，在训练飞

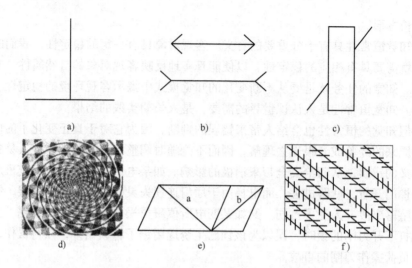

图 2-15 视错觉

a）横竖错觉 b）米勒-莱尔错觉 c）波根多夫错觉
d）弗莱赛尔螺旋错觉 e）桑德错觉 f）佐尔拉错觉

行员时增加有关的训练，有助于消除错觉，避免事故的产生。

2）人们还可以利用某些错觉为人类服务。例如，在军事上，可以创设条件，给敌人造成错觉，以达到伪装和隐蔽的目的。将错觉用于建筑、造型、绘画、摄影、化妆、布景、服装设计等可给人带来美的享受。

2.3.3 记忆与安全

2.3.3.1 记忆

记忆是过去的经验通过识记、保持、再认和回忆的方式在人脑中的反映。在一个人的经历中，曾经感知过的事物、思考过的问题、采取过的行动、练习过的动作、体验过的情绪和情感，都会有一部分在头脑中保留下来，形成记忆。记忆是包括"记"和"忆"的完整过程。所谓"记"指识记和保持，这是记忆的前提和关键。所谓"忆"是再认和回忆，这是记忆要达到目的，也是检验记忆的指标。

2.3.3.2 记忆的分类

1. 记忆的目的性分类

根据记忆的目的性，可将记忆分成有意记忆和无意记忆。

（1）无意记忆(unintentional memory)。无意记忆指没有预定目的，不经过专门学习，自然而然地发生的记忆。人们对于生活中轶闻趣事、电影、故事的记忆就属于无意记忆。人的大量知识和生活经验乃至某些行为方式也都是通过无意记忆获得的。"近朱者赤，近墨者黑"，生活环境对人的影响也通过无意记忆进行。无意记忆得来的经验，具有片面性、偶然性、不系统的特点。

（2）有意记忆（intentionl memory）。有意记忆指有明确目的、在意志努力的积极干预下进行的记忆，它具有目的性、系统性的特点。有意记忆是学生获得系统知识和积累个体经验的主要形式。学生上课学习，主要依靠有意记忆。

2. 记忆的时间分类

根据信息保持时间的长短，可将记忆分为感觉记忆、短时记忆和长时记忆。

（1）感觉记忆（sensory memory）。感觉记忆又称瞬时记忆（immediate memory）或感觉登记（sensory register）。它指客观刺激停止作用后，感觉信息在一个极短时间内保存下来。它是整个记忆系统的开始阶段。感觉记忆的储存时间为 $0.25 \sim 2s$。例如，看电影时，虽然屏幕上呈现的是一幅幅静止的图像，但人却可以将这些图像看成是运动的，就是由于感觉记忆的作用。

（2）短时记忆（short-term memory）。短时记忆指信息保持在 $2s \sim 5min$ 之内的记忆。查一个电话号码打电话时，对电话号码的记忆就属于短时记忆。它包括两个成分：一是直接记忆，即输入信息没有得到进一步加工。另一个成分是工作记忆（working memory），即对信息进行编码操作。短时记忆是感觉记忆和长时记忆的中间阶段，它是正在工作着的、活动着的记忆。短时记忆的信息如果被复述，就会进入长时记忆。短时记忆是人的意识的工作场。它可以使当前信息与长时记忆中的信息发生意义上的联系，还能将长时记忆中的信息提取出来用于解决当前面临的问题。长时记忆中的信息只有进入短时记忆，才能进入意识。

（3）长时记忆（long-term memory）。长时记忆指信息经过充分加工后，在头脑中保持时间很长的记忆。长时记忆中的信息可以保持 $1min$ 以上甚至终生；它的容量几乎是无限的。短时记忆中的信息一旦受到干扰就很难恢复，而长时记忆中的信息即使受到干扰，以后也能恢复。人对于长时记忆中的信息没有意识，除非由于当前任务的需要它重新进入短时记忆。长时记忆的编码以语义编码为主，其信息大部分来源于对短时记忆内容的加工，但也有由于印象深刻而一次获得的。人在长时记忆中储存的是有组织的知识系统，使学生对所学知识形成长时记忆是教学的最重要的目标。

2.3.3.3　记忆结构及其加工过程

按照现代信息加工的观点，记忆是一个结构性的信息加工系统。所谓结构性是指记忆在内容、特征和组织上有明显的差异。记忆结构由三个不同的子系统构成：感觉记忆、短时记忆和长时记忆。这些子系统虽然在信息的保持时间和容量方面存在差别，但它们处在记忆系统的不同加工阶段，因此相互之间有着十分密切的联系。

信息首先进入感觉记忆，那些引起个体注意的感觉信息才会进入短时记忆，在短时记忆中存储的信息经过加工再存储到长时记忆中，而这些保存在长时记忆中的信息在需要时又会被提取到短时记忆中。

2.3.3.4 记忆过程

记忆是一个复杂的心理过程，它包括识记、保持、再认或回忆这三个基本环节。

1. 识忆

识记是记忆的第一步，是获得事物的映像并成为经验的过程。根据是否有预定的目的和意志努力的程度，识记可分为无意识记和有意识记两种。无意识记是事先没有自觉的目的，也没有经过特殊的意志努力的识记，又称为不随意识记。有意识记是事先有预定目的，并经过一定的意志努力的识记，又称为随意识记。人们掌握知识和技能，主要靠有意识记。

不管是无意识记还是有意识记，通常都是一种反复的感知过程，借以形成比较巩固的联系。例如，识记安全知识，常是经过多次听取或默想，形成巩固的知识，从而记住它。当然也可能经过一次感知就能记住，这取决于安全知识的易理解性和识记人的感兴趣程度。

2. 保持

保持是把识记过的内容在头脑中储存下来的过程，它是识记在时间上的延续。识记不等于保持。例如，上课时对老师讲解的内容听明白了，这是识记的过程。但如果下课后有许多内容就忘记了，说明这些内容没记住，即没保持住。就两者的关系而言，识记是保持的前提；保持是识记的继续和巩固。

保持的对立面是遗忘。遗忘指对识记过的事物不能（或错误地）再认和重现，它是保持的丧失或被干扰。遗忘的进程可用遗忘曲线表示，表明遗忘变量和时间变量的变化关系，如图 2-16 所示。可见，遗忘的进程是不均衡的，有

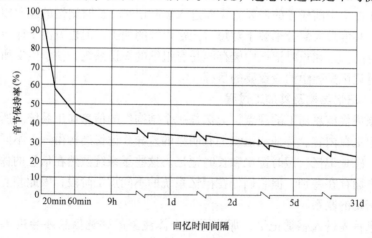

图 2-16 记忆遗忘曲线

先快后慢的特点，以后基本稳定在一个水平上。

3. 再认或回忆

再认又称识别。当先前曾识记和保持过的事物再出现于面前时，人们能把它认出来，这就是再认。另一种情况是，即使先前感知或思考过的事物不在面前，甚至已隔了很长一段时间，人们仍然能把它在头脑中重现出来，这就是重现过程。重现也称为回忆。

可见，再认和重现虽都属于对过去感知过的事物在头脑中的恢复，但程度是有差别的。一般可以认为再认主要是以识记为前提的，重现则主要以保持为基础。

记忆过程的三个基本环节相互依存，密切联系。没有识记就谈不上对经验的保持，没有识记和保持就不可能进行回忆和再认。因此，识记和保持是再认或回忆的前提，再认和回忆则是识记和保持的必然结果。

2.3.3.5　记忆与安全

记忆无论是在人的日常生活中，还是在生产、工作和学习中，都有非常重要的作用。

首先，记忆是人们积累经验的基础。没有记忆，人类的一切事情都得从头做起，无法积累经验，人类的各种能力也就不能得到提高，一切危险也就无法避免，安全也就没有保障。在生产活动中，人们要看图、领料、操作机器、加工零件、组装产品，其中每一个环节都需要记忆的参与。如果缺乏记忆，即使在当看图时知道了加工产品需用什么型号的钢材（直接刺激引起感知），但一放下图头脑立即呈现一片空白，什么都不记得，那么生产也就无法进行。为了提高劳动效率，人需要有熟练的操作技能，而技能并非天生的，而是人在后天实践中通过经验的积累而逐步掌握的。同样，为了保证生产的安全，工人们需要学习安全知识，熟悉安全操作规程，掌握机器的性能，接受以往生产事故的教训等等，所有这些，都离不开记忆。总之，记忆作为一种普遍的心理现象，它与每一个人、每一种工作都息息相关。

其次，记忆是思维的前提。只有通过记忆，才能为人脑的思维提供可以加工的材料。否则，思维就只能开空车。人之所以比动物"乖巧"，能在复杂多变的环境中求得生存和发展，一个重要原因就是人类会思维。但思维必须有原料，这就是丰富的信息储存。而信息的储存要靠记忆。可见没有记忆，也就难以思维，更不可能作出预见性判断。而没有思维，人也就失去了同动物相比的优越性，只能停留在"刺激—反应"的低水平上，不得不承受着更多的危险，并为此付出更多的代价。

2.4 情绪、情感及其影响安全的一般机制

2.4.1 人的情绪与情感

现在一般认为，情绪(emotion)和情感(feeling)是个体对客观事物的态度体验和相应的行为反应。这一概念可以从以下三个方面来理解：

（1）主观体验(subject expercence)。主观体验是指个体对不同情绪和情感状态的自我感受。"体验"是情绪和情感区别于认知的重要方面。情绪、情感和认知都是心理反应的过程，但认知通过概念反映事物，情绪和情感则通过感受和体验反映事物。例如，许多人都会背诵"锄禾日当午，汗滴禾下土"的诗句，但在炎热夏日有过锄地经的人对此有更深的体验。

（2）外部表现。情绪和情感具有明显的外部表现形式——表情(emotional expressions)。表情主要通过面部肌肉、身体姿势、语音和语调等方面的变化表现出来。如高兴时眉飞色舞、手舞足蹈、语调高昂，沮丧时两眼无光、垂头丧气、语调低沉。表情在情绪和情感活动中具有独特作用，它既是传递情绪和情感体验的鲜明形式，也是情绪和情感体验的重要发生机制。

（3）生理唤醒(phyrsical arousal)。生理唤醒指情绪和情感活动所产生的生理反应。研究表明，中枢神经系统的脑干、中央灰质、丘脑、杏仁核、下丘脑、蓝斑、松果体、前额皮层以及外周神经系统和内外分泌腺等都与情绪和情感活动密切相关。

2.4.2 情绪状态与安全

情绪状态指在某种事件或情境影响下，在一定时间内所产生的情绪，较典型的情绪状态有心境、激情和应激。

1. 心境

心境是人的比较长时间的微弱、平静的情绪状态，如心情舒畅、闷闷不乐等。引起心境变化的原因很多，有客观因素，如生活中的重大事件、家庭纠纷、事业的成败、工作的顺利与否、人际关系的干扰等；有生理因素，如健康状态、疲劳、慢性疾病等；有气候因素，如阴天易使人心情郁闷，晴好天气则使人心情开朗；有环境因素，如工作场所脏、乱，粉尘烟雾迷漫，易使人产生厌烦、忧虑等负面情绪。

在生产劳动中，保持职工良好的心境，避免情绪的大起大落是非常重要的。心境与生产效率、安全生产有很大关系。心理学家曾在一家工厂中观察到，在良好的心境下，工人的工作效率提高了 0.4%～4.2%；而在不良的心境

下，工作效率降低了 2.5%~18%，而且事故率明显增加。这是因为工人在心境不佳时进行作业，认识过程和意志行动水平低下，因而反应迟钝，神情恍惚，注意力不集中，除了工作效率下降外，还极易出现操作错误和事故。

因此，创造一个宽松的社会环境，努力培养和激发积极的心境，学会做自己心境的主人，经常保持良好的心境，对安全工作至关重要。

2. 激情

激情是一种强烈的、爆发式的、为时短暂的情绪状态，如狂喜、暴怒、绝望、恐惧等。积极的激情能鼓舞人们积极进取，为正义、真理而奋斗，为维护个人或集体荣誉而不懈努力，因而对安全是一种有利因素。但在消极的激情下，认识范围缩小，控制力减弱，理智的分析判断能力下降，不能约束自己，不能正确评价自己行为的意义和后果。或趾高气扬，不可一世，老子天下第一；或破罐破摔，铤而走险，丧失理智，忘乎所以，冒险蛮干。负面激情不仅会严重影响人的心身健康，而且也是安全生产的大敌，导致事故的温床。因此，无论是在生产过程还是在日常生活中都应竭力避免，否则会带来严重后果。

例如，某测井中队的一起人身伤亡事故就和激情的消极影响有关。农历腊月 28 日晚，员工们正准备回家过年，由于生产急需，上级通知他们立即出发去会战前线执行一口边缘探井的测试任务。到了井场，大家匆忙动手，摆车、支滑轮架、装仪器、下缆绳，准备快干快完，这样好连夜往回返，不耽误回家过年。仪器下井途中，曾有轻微遇阻现象，但没有引起员工的警惕和重视。上提仪器时，起初各岗位人员还比较认真。但当提到一半高度仍较顺利后，大家都松懈了，纷纷离岗做收工前的各项准备，井口无人监视异常情况。此时，井下仪器突然遇卡，高速提升的钢丝缆绳猛拉测试车，使车身猛退，结果将正在擦车的驾驶员压死。在这一事例中，人们的情绪几起几伏，先是在准备回家时突然来了任务（对立意向冲突），带着情绪上岗工作；在工作中开头很顺利，大家立即兴奋起来，认为胜利在握，很快就可以打道回府，因而提前收拾工具、擦车，全队忘乎所以，丧失了警惕；突然车身猛退，驾驶员惨死，一阵狂喜变成了一场悲剧。可见，忘乎所以祸事多。在生产劳动中应该提倡热烈而镇定的情绪，紧张而有秩序的工作。

在通常情况下，合理释放、艺术升华、适当转移注意力、运用心理换位、加强自我修养与学会制怒等，都能够在一定程度上缓和、调节或控制激情的消极影响。

3. 应激

应激是由出乎意料的紧张状况所引起的情绪状态，是人对意外的环境刺激所作出的适应性反应。例如，飞机在飞行中，发动机突然发生故障，驾驶员紧急与地面联系着陆；正常行驶的汽车意外地遇到故障时，驾驶员紧急刹车；战士排除定时炸弹时的紧张而又小心的行为等。

在应激状态下，操作者的身心会发生一系列的变化。这种变化是应激引起的效应，称为"紧张"。职业性紧张（occupational stress）是指人们在工作岗位上受到各种职业性心理社会因素的影响而导致的紧张状态。它不仅与职业、个人、家庭有关，而且更取决于所处的工作环境和社会环境，其导致的后果不仅涉及人的行为和心身健康，而且与安全生产密切相关。因此，如何做好紧张心理调节是至关重要的。

可以通过创造良好的工作环境、提高职工应付紧张的素质、开展职业心理咨询以缓解和消除职业性紧张对职工的不利影响，如职工参与管理，正确地应用激励机制，为职工创造一个有利于发挥自身潜力的企业心理环境。又如企业定期开展不同类型的竞赛活动，开展有益的文娱活动和体育活动，陶冶职工的情感，培养积极的情绪。这些均有利于缓冲紧张的作用。当然，要避免过度的紧张，比较主动的办法是从个体自身做起。平时提高操作技能，注意积累经验，增强适应能力；培养自己的稳定情绪、坚定意志和自制力；进行预演性训练；学习一些控制情绪的方法，如自我说服、自我激励、自我放松等。通过这些方法的训练，可以提高自己的心理承受能力，减缓或消除心理的过度紧张。

2.4.3 情感与安全

情感是同人的社会性需要相联系的主观体验，是人类所特有的心理现象之一。人类高级的社会性情感主要有道德感、理智感和美感。本部分主要讨论与安全关系较大的几种情感。

1. 道德感与安全

道德感是根据一定的社会道德规范和标准，评价自己和他人的思想、意图及行为时产生的内心体验。当自己和他人的言论和行为符合社会道德规范和标准，就会产生肯定性情感体验，如自豪、幸福、敬佩、欣慰、热爱等；否则就会产生否定性情感体验，如不安、羞愧、内疚、憎恨等。道德感按其内容分为自尊感、荣誉感、义务感、责任感、友谊感、集体主义、爱国主义、人道主义等。责任感对安全的影响极大，很多事故的发生与责任心不强有关。

责任感是一个人所体验的自己对社会或他人所负的道德责任的情感。责任感的产生及其强弱，取决于对责任的认识。这包括两方面的内容：其一是对责任本身的认识与认同，如责任范围、责任内容是否明确，制约着责任感的产生。责任不明，职责不清，不知道哪些事该管，哪些事不该管，不可能产生强烈的责任感。其二是对责任意义的认识或预期。责任本身的意义越重大，对责任意义的认识越深刻，对责任的情感体验也就越强烈。

一些人上班脱岗、值班时睡觉，领导者对下属疏于管理、监督，对工作拖沓、推诿，作业时冒险蛮干、不遵守操作规程等等，都是责任心不强的表现，极易导致事故发生。例如，2006 年 2 月 15 日，吉林市中百商厦发生特大火灾，造成 54 人死亡、70 余人受伤，经济损失难以估量，对社会的负面影响更是难以用数字来形容。而导致这场特大火灾的直接和间接原因是什么呢？事后查明原因有三：一是火灾是由中百商厦雇员于洪新在仓库吸烟所引发；二是在此之前，中百商厦未能及时整改火灾隐患，消防安全措施也没有得到落实；三是火灾发生当天，值班人员又擅自离岗，致使民众未能及时疏散，最终酿成了悲剧。而这三方面无一不涉及职工责任心问题。可见工作责任心不强，往往是肇事的根源。相反，具有高度责任心，可以防患于未然，减少和避免事故发生。例如，2006 年 3 月 21 日早上，铁法煤矿某制氧车间生产三班班长李伟在充装时发现一出租气瓶瓶头上没有车间标志环，于是把该瓶推到打压间，向负责车间气瓶检查的刘军说明情况。刘军马上对该气瓶进行检查，没有发现质检科打压印记，经过两个人仔细辨认，发现这是一个氨气瓶，他们马上把情况向车间领导汇报。经发瓶人员回忆，这个气瓶是一个个体户送来的，车间马上通知这个个体户把氨气瓶拉走。氨气瓶在外形上与氧气瓶无差别，但氨气工作压力只有 3MPa；而氧气的工作压力是 14.7MPa，是氨气充装压力的 4.9 倍，如果充装工人不认真负责，稍一疏忽，把氨气瓶当作氧气瓶来充装，无疑会发生气瓶爆炸，后果不堪设想。由于充装工人的高度警觉和责任心，才避免了一次气瓶爆炸事故的发生。

2. 理智感与安全

理智感是一个人在智力活动中由认识和追求真理的需要是否得到满足而引起的情感体验。人在认识过程中，当有新的发现时会产生愉快或喜悦的情感；在突然遇到与某种规律相矛盾的事实时会产生疑惑或惊讶的情感；在不能作出判断、犹豫不决时会产生疑虑的情感；在下了判断而又感到论据不足时会产生不安的情感。所有这些情感都属于理智感。

一个人理智感较强，体现为求知欲旺盛、热爱真理、服从科学。这对安全生产是一种积极的有利情感。在现代工厂企业，甚至各行各业，由于科学技术的飞速发展，出现了许多新的机器、设备、仪器和工艺手段。要熟悉、掌握和驾驭它们，单靠传统的经验、技能已无济于事，必须善于学习，不断更新自己的知识储备，加强现代科学理论的修养。而要做到这一点，强烈的求知欲望是必不可少的。凡事不讲科学，仅仅满足于一知半解，固守从老师傅那里得到的陈旧经验，甚至以"大老粗"为荣，遇事冒险蛮干，不懂装懂，认为只要胆大就行，这些都是缺乏理智感的表现。抱着这样的情感从事生产活动，既不能适应现时代对一个新生产力代表者的要求，不能充分发挥高新技术装置的潜能，同时也容易在操作中出错，成为进行安全生产的威胁。

3. 美感与安全

美感是人对能激起或满足自己美的需要的一种情感体验。美感是根据一定的审美标准评价事物时所产生的情感体验。美感的体验有两个特点：①具有愉悦的体验；②带有倾向性的主观体验。因此，对美的事物往往百看不厌，百听不烦。对美的强烈追求，往往也成为人的生活中的一种动力。

但不同的人，对美的理解是不同的。有的人以对工作负责、技术精熟，因而受到同事敬佩、领导表扬、社会尊重为美，当他们自己做到这些后，心里会感到美滋滋的；有的人则以外表漂亮、打扮入时，会吃会玩为美。前者是一种高尚的、内在的美；后者是一种表面的、庸俗的美。前者对生产中的安全是一种有利因素，因为它可以激励人们树立起较强的工作责任感和对技术精益求精的奋发向上的精神；后者则有可能使人沉湎于琐碎细小的日常生活，消磨人的意志，增强人的虚荣心。例如，一些工厂的青年工人不恰当地追求服饰美，认为穿劳动服是丑化自己，不是扔到一边，就是加以改造，使之失去了劳动保护的作用。一些女工甚至带着戒指、首饰等上岗操作机器，给安全带来隐患；一些男青工喜欢留长发，在工作时不愿戴工作安全帽。如此等等，除了其他原因之外，主要是虚荣的爱美之心在作怪，因此树立正确的审美观，克服美感对安全带来的消极影响，是进行安全意识教育的一项重要内容。

2.5 意志、注意与安全

2.5.1 意志与安全

2.5.1.1 意志的涵义及作用

1. 意志的涵义

意志(will)是个体自觉地确定目的，调节、支配自己的行动，克服困难以实现预定目的的心理过程。

2. 意志的作用

意志是人类特有的心理现象，是人类意识能动性的集中表现。有无意志是人和动物的最本质的区别之一。在所有物种中，只有人才能在从事活动之前，将活动结果作为活动目的存在于头脑之中，并以此来指导自己的行动。虽然动物也能够作用于环境，但是有些动物看似"有目的"的行为，并不能达到自觉意识的水平。意志表现在，人为了满足自己的需要，预先设定一定的目的，有计划地组织自己的行动来实现这一目的。因此，意志活动就是人有意识、有目的、有计划地改造客观现实的活动。

2. 5. 1. 2　意志行动

意志行动是指与自觉确定目的、主动支配调节个体活动、努力克服困难相联系的行动。

意志与意志行动既相对独立,又密切联系。意志体现于意志行动之中,是意志行动的主观方面,没有意志行动就没有意志;反过来,意志行动受意志支配,即意志行动必须包含意志,没有意志就没有意志行动。

2. 5. 1. 3　意志品质

人的意志有强弱是不同的。构成人的意志的某些比较稳定的方面,就是人的意志品质。一个人的意志品质有好有差,好的意志品质通常被人们称为坚强的意志,或意志坚强;差的意志品质则通常被称为意志薄弱。坚强的意志品质主要是指意志的自制性、果断性、恒毅性和坚定性较强,而意志薄弱主要是指意志的这些品质较差。

1. 自制性

意志的自制性或自律性品质是一种自我约束的品质。有自制性的人善于克制自己的思想、情绪、情感、习惯、行为、举止,能恰当地把它们控制在一定的“度”的范围内,抑制与行动目的不相容的动机,不为其他无关的刺激所引诱、所动摇。

意志的自制性品质对安全生产有重要影响。为了预防事故,保证安全,每个企业部门都有相应的劳动纪律和安全规章制度,需要人们自觉地加以遵守。而任何纪律本质上都是对人们的某些行为的约束。只有具有良好的意志自制力才能自觉地按照规章制度办事,积极主动地去执行已经作出的决定。因此这对现代化大生产中的工人来说是一种必备的心理素质。在现实生活中人们不难发现,许多事故是出在违章操作上。尽管造成违章的原因是多方面的,但其中不容忽视的原因之一是某些人将必要的规章制度看作是“领导专门对付工人的”,从心理上不愿遵守,因而在行动上放纵自己,“我想怎么干就怎么干”,到头来一害他人,二害自己。可见,要想保障安全,就要遵章守纪,而要遵章守纪,就必须加强意志自制性品质的培养。

2. 果断性

意志的果断性即通常所说的拿得起、放得下,它突出地反映在一个人作决定、下判断的情况时。果断性集中反映着一个人作决定的速度,但迅速决断不意味着草率决定,鲁莽从事,轻举妄动。前者是指在迅速比较了各种外界刺激和信息之后作出决断,其思想、行动的迅速定向是理智思考的结果;而后者则是在信息缺乏甚至是信息有错误时,不加分析地作出选择和决定,它往往出现在感情冲动时采取的一种非理智的选择和决定。

意志的果断性对紧急、重大事件的处理具有重大意义。在生产中,有些事故的发生是有先兆的。能否在事故发生前的一刹那，自觉采取果断措施排除险情，和操作者的意志关系很大。所谓"车行千里，出事几米"。如果能在情况紧急时，及时采取果断措施，就能够避免事故发生。相反则可能会延误时机，造成严重后果。例如某钢厂出钢时，天车抱闸失灵，钢包下溜，钢水外溢，遇水发生爆炸，造成多人受伤。如果天车司机在发现天车抱闸失灵后采取果断措施（如打反转），控制钢包下溜，将钢包安放于平稳之处，或发出信号通知地面人员迅速离开，这次事故就有可能避免。又如，在重庆开县特大井喷事故中，国务院专家组在鉴定报告中分析认为，从22∶03井口失控至23∶20井场泥浆泵停泵，时间至少在1h 17min以上，这说明天然气的浓度还未达到天然气空气混合比和硫化氢空气混合比的爆炸极限，组织放喷点火应该有充足的时间，点火也不致危及井场安全。但是，在这段时间内，钻井队队长虽然组织了井队人员抢险，但未及时组织放喷点火，也未在撤离后安排专人监视井口喷火情况，检测井场有害气体浓度，致使无法及时确定放喷点火时间，更未向上级请示放喷点火。点火的最佳时机因此而错过。

   3. 恒毅性

   意志的恒毅性也称坚韧性、坚持性。通常所说的坚持不懈、坚毅不拔、有恒心、有毅力、有耐力等，就是指恒毅性好的意志品质。与此相反的虎头蛇尾、半途而废、见异思迁、浅尝辄止、缺乏耐力等则指的是恒毅性差的意志品质。顽强的毅力和顽固是有区别的。顽固是不顾变化了的情况，固执己见。顽强的毅力则是在意识到变化了的情况下仍坚持既定目标，务求实现。前者是一种消极的心理品质，后者是一种积极的心理品质。

   恒毅性对于克服工作、生产中的困难，减少事故危害程度等是一种可贵的意志品质。俗话说，最后的胜利常常产生于"再坚持一下"的努力之中。"再坚持一下"的努力就是意志恒毅性的品质。这种品质在遇到紧急情况时是特别必要的。例如，2002年3月27日，在河南省宜阳县锦阳二矿打工的杨显斌被困矿井下21天后，奇迹般生还。3月7日下午锦阳二矿突发透水事故，和杨同班的7名工友不幸遇难。粗通水性的杨显斌在水涌来时，随水爬上一处平台，当时水已淹到脖子处，所幸的是水再没有上涨。他凭着坚强的毅力坚持着……断断续续地用所戴矿灯查看周围险情，饥饿时就喝身边的水，呼吸不畅时他就慢慢放掉人力车轮胎内的空气吸上一口，水位下降时他随着水流的方向，用手扒煤，艰难地走了70多米。终于他听到抽水的声音，被人发现，于3月27日下午5时30分获救。谈及井下21天的生死历程，杨显斌说，他是靠喝水和强烈的求生欲望战胜死亡的。在这一事例中可以看出，正是他坚强的毅力，才创造了这一生命的奇迹。

4. 坚定性

意志的坚定性是指对自己选定或认同的行动目的、奋斗目标坚定不移、矢志不渝，努力去实现的一种品质。意志的坚定性品质的树立取决于对行动目标的认识，认识愈深刻，行动也就愈自觉。认识到目标的意义愈重大、影响愈深远（对自己、对集体、对企业、对社会、对国家……），选定目标也愈坚决，坚持目标的意志努力也就愈强烈。此外，意志的坚定性还和一个人的理想、信念等有关。

坚定的意志品质对安全生产的影响很大。这是因为，安全生产是以熟练的操作技能为基本前提的。而技能不同于本能，它不是人先天就具备的，而是后天学得的。要使操作技能达到熟练的程度，不经过意志的努力是难以想象的。许多人之所以不能使自己的操作技能达到炉火纯青的地步，而仅仅满足于能应付、过得去，除了其他原因外，很重要的就是缺乏意志的坚定性，不舍得花力气。此外，人要对本来感到厌烦的工作或职业建立起兴趣，并能维持这种兴趣，也要有坚定的意志品质。

2.5.2　注意与安全

2.5.2.1　注意的涵义

注意是和意识紧密联系的一种心理现象，但它既不同于意识，也不同于对某一事物反映的感知、思维等认知过程。注意是心理活动或意识在某一时刻所处的状态，表现为对一定对象的指向和集中。注意具有两个最明显的特性：指向性和集中性。

注意的指向性是指，人在每一瞬间，他的心理活动或意识总是选择了某个对象，而忽略其他对象。注意的集中性是指，当心理活动或意识指向某个对象时，就会在这个对象上集中起来，从而抑制与此不相关的对象，保证认识活动得以顺利开展。注意指向的范围与集中的程度存在着相反关系。注意指向的范围越大，其集中性就越差；指向范围越小，集中性就越好。

2.5.2.2　注意的种类

根据注意产生有无目的性及维持时所需意志努力程度的不同，可把注意分为无意注意、有意注意和随意后注意。

1. 无意注意

无意注意是一种事先没有预定目的、也不需要意志努力的注意。例如，同学们在图书馆看书时，"砰"地一声响，许多人会不约而同地朝发出声音的地方看去，这就是无意注意。无意注意的引起是没有明确的目的，维持它也不需要意志努力。因此，无意注意是一种消极的、被动的注意。

2. 有意注意

有意注意是指有预定目的，需要一定意志努力的注意。在课堂上，学生全神贯注地听教师讲课就是有意注意。有意注意是注意的高级形态，它由活动目的引导，由人的意识控制，是积极的、主动的注意。有意注意还要排斥各种干扰，克报种种困难，因此需要较大的意志努力。从种系发生和个体发展的角度看，有意注意出现得晚。儿童很小时就出现了无意注意，但是一直到儿童期，有意注意才蓬勃发展起来。

3. 随意后注意

随意后注意是注意的特殊形式，它既具有无意注意不需要意志努力的特征，又具有有意注意的与目的任务相联系的特征。例如，一个刚开始学习心理学的人，为理解心理学知识，需要花费很大努力，这是有意注意；随着学习的推进，他对心理学知识产生了浓厚兴趣，不再像以往那样在学习时花费很大的意志努力了，此时就进入了随意后注意阶段。随意后注意是在随意注意基础上并在随意注意之后产生的，它是一种更为高级的注意形态，具有高度的稳定性，是人类从事创造活动的必要条件。

2.5.2.3 注意的品质

1. 注意的范围

注意的范围又叫注意的广度，是指一瞬间人能清晰把握的对象的数量。这就是说，注意的范围是短暂的时间内，如听一下、看一眼时，人们能清晰知觉的对象的数目。

2. 注意的分配

要想同时进行两种以上的活动，恰当地分配注意力，就要具备以下条件。

1）须有一种活动达到熟练和自动化的程度。

在同时进行几种活动时，至少有一种活动达到熟练化和自动化的水平，才能进行注意的分配。因为熟练的活动无需有意注意，就可把注意集中在陌生的活动上，当几种活动都不熟练时，很难分配注意力，活动效果差。如对"左手画方、右手画圆"的任务，普通人若不经长时间练习是难以完成的，要么两手画成同一个图形，要么两个都画不像，出现顾此失彼的现象。

2）同时进行的几种活动须有一定的联系。

彼此紧密相联的活动，经一定的训练可以形成动作系统，无需特别用心就能按一定程序顺利进行。例如司机驾驶汽车的复杂动作，通过训练后形成一定的反应系统，就可以不费力气地完成各种驾驶动作，并且把注意分配到其他与驾驶有关的事情上。

3. 注意的转移

注意的转移是依据新的任务，有意识地、主动地把注意从一个对象转移另一个对象上。在日常学习、工作和生活中，随着活动任务的变化，人们的注意力总在不断进行转移。例如，前两节课听一门功课，后两节课又听另一门功课，根据新的任务把注意从一门功课转移到另一门功课上，这就是注意的转移。

注意的转移与注意的分散不同、注意的转移是有意识地、主动地把有意注意从一个对象转到另一个对象，而注意的分散是无意识地、被动地从一个对象转到另一个对象。

注意转移的测量指标，可以用从一种活动过渡到另一种活动所花费的时间，也可以用单位时间内工作的转换次数和工作的正确性。影响注意转移的程度和难易的因素有两方面。

2.5.2.4　注意与安全

在生产过程中发生的事故中，由人的失误引起的事故占较大比例，而不注意又是其中的重要原因。据研究引起不注意的原因有以下几方面。

（1）强烈的无关刺激的干扰。当外界的无关刺激达到一定强度，会引起作业者的无意注意，使注意对象转移而造成事故。但当外界没有刺激或刺激陈旧时，大脑又会难以维持较高的意识水平，反而降低意识水平和转移注意对象。

（2）注意对象设计欠佳。长期的工作，使作业者对控制器、显示器以及被控制系统的操作、运动关系形成了习惯定型，若改变习惯定型，需要通过培训和锻炼建立新的习惯定型。但遇到紧急情况时仍然会反应缓慢，出现操作错误。

（3）注意的起伏。注意的起伏是指人对注意客体不可能长时间保持高意识状态，而按照间歇地加强或减弱规律变化。因此越是高度紧张需要意识集中的作业，其持续时间也不宜长，因低意识期间容易导致事故。

（4）意识水平下降导致注意力分散。注意力分散是指作业者的意识没有有效地集中在应注意的对象上。这是一种低意识水平的现象。环境条件不良，引起机体不适；机械设备与人的心理不相符，引起人的反感；身体条件欠佳、疲劳；过于专心于某一事物，以致对周围发生的事情不作反应。上述原因均可引起意识水平下降，导致注意力分散。

在事故分析中常把原因归结为操作者马虎，不注意等。所以，在防止事故的方法上常常采用提醒作业人员注意安全、小心谨慎，或召开班前会、班后会、事故分析会提醒工人注意安全。这些无疑都是必要的，但远远不够。在生产中也可见到这种情况，领导者在一次事故发生后，唯恐再发生事故，于是亲自下生产岗位检查督促，大会讲，小会提，兢兢业业，小心谨慎，但是事故偏偏接连发生，真所谓祸不单行，令人无法捉摸。例如1984年，某矿截至 4 月初连续发生 4 起死亡事故。领导机关召集所属各矿安全事故分析会，查找事故原因，改进安全状况；就在会议结束那一天，偏偏又发生一起死亡事故。

上述事例说明事故的发生有其客观的必然性，是不以人良好的主观愿望为转移的。人若总是聚精会神地工作，当然可以防止由于不注意而产生的失误。但试验研究证明，这是不可能的。谁都不能自始至终地集中注意力。除玩忽职守者外，不注意不是故意的。不注意是人的意识活动的一种状态，是意识状态的结果，不是原因。因此，提倡注意安全虽然是必要的，但是还不够。单纯依靠提醒工作人员注意安全作为抓好安全工作的主要杠杆是不科学的。对于"不注意"这种自然生理现象，应从生理学和心理学角度加以解释。

综上所述，人从生理上、心理上不可能始终集中注意力于一点；不注意的发生是必然的生理和心理现象，不可避免，不注意就存在于注意之中；自动化程度越高，监视仪表等工作人员越容易发生不注意。

2.5.2.5 预防不注意产生差错的措施

（1）建立冗余系统，为确保操作安全，在重要岗位上，多设 1~2 个人平行监视仪表的工作。

（2）为防止下意识状态下失误，在重要操作之前，如电路接通或断开、阀门开放等采用"指示唱呼"，对操作内容确认后再动作。

（3）改进仪器、仪表的设计，使其对人产生非单调刺激或悦耳、多样的信号，避免误解。

2.6 个性与安全

2.6.1 个性概述

个性（individuality）是一个人区别于他人的、稳定的、独特的、整体的特性。严格地讲，个性与人格有所区别。人格是具有不同素质基础的人，在不尽相同的社会环境中所形成的意识倾向性和比较稳定的个性心理特征的总和，是对人的总的描述，既能表现这个人，又力图解释这个人的行为，说明他的心理倾向。个性看重描述特点，使一个人有别于他人，是指人格的差异性。

个性心理结构是由意识倾向性、个性心理特征和自我调控系统三部分构成。

（1）意识倾向性是人进行活动的基本动力，也是个性结构中最活跃的因素。主要包括需要、动机、兴趣、理想、信念和世界观等。

（2）个性心理特征是心理活动过程中表现出来的比较稳定的成分，包括能力、气质和性格，其中性格是个性心理特征的核心。

（3）自我调控系统。自我是有目的、有意识主体，自我和自我意识的内涵相同。自我意识（self-consciocisness）是指个体对自己作为客体存在的各方面的意识，是自我调控系统的核心。自我调控系统包括紧密联系的自我认知、自我体验和自我控制三部分，共同对个性中的各种心理成分进行调节和控制，保证个性的和谐、完整和统一。

2.6.2 人格与安全

1. 人格概念

人格是各种心理特性的总和，也是各种心理特性的一个相对稳定的组织结构，在不同的时间和地点，他都影响着一个人的思想、情感和行为，使它具有区别于他人的、独特的心理品质。

2. 人格的结构

广义的人格结构观认为，人格包括两个方面，一是人格倾向性，包括需要、动机、兴趣、理想、信念、价值观和世界观等；二是人格心理特征，包括能力、气质和性格等。狭义的人格结构观认为，人格结构由气质、性格、认知风格和自我调控等心理现象构成。一般认为，人格主要由性格和气质组成。

（1）性格。性格是个人对现实的稳定的态度和习惯化了的行为方式。性格贯穿在一个人的全部活动中，人格的重要的组成部分，它是人格中涉及社会评价的那一部分，可以说，性格是人格的社会属性的体现。人对现实的稳定态度和行为方式，受到道德品质和世界观的影响。因此人的性格有优劣好坏之分。

（2）气质。气质是指人的心理活动的动力特征。这主要表现在心理过程的强度、速度、稳定性、灵活性及指向性上。人们情绪体验的强弱，意志努力的大小，知觉或思维的快慢，注意集中时间的长短，注意转移的难易，以及心理活动是倾向于外部事物还是倾向于自身内部等等，都是气质的表现。一般人所说的"脾气"就是气质的通俗说法。

3. 人格与安全

人格是重要的心理特征，在工作、学习和生活中有重要作用。在生产过程中，注重安全人格的培养，增强遵章守纪的主动性，对安全生产将能起到事半功倍的效果。

（1）气质在安全生产中的作用。人的气质特征越是在突发性的和危急的情况下越是能充分和清晰地表现出来，并本能地支配人的行动。因此，同其他心理特征相比，在处理事故这个环节上，人的气质起着相当重要的作用。事故出现后，为了能及时作出反应，迅速采取有效措施，有关人员应具有这样一些心理品质：能及时体察异常情况的出现面对突发情况和危急情况能沉着冷静，控制力强；应变能力强，能独立作出决定并迅速采取行动等。这些心理品质大都属于人的气质特征。

据最新的交通心理学研究显示，人的心理状态对交通安全隐患的影响非常重要，不同气质类型驾驶员交通事故发生率不同，胆汁质的人被认为是"马路第一杀手"。大庆某采油场一工程车驾驶员做过性格测试，测定其为胆汁质性格的人，该驾驶员一次开车去两小时车程以外的作业山区，出车前因为孩子的问题而发脾气，便将挂挡挂满开快车，途中与一辆农用四轮车相撞而发生事故。在易发生交通事故的调查中，多血质的人排第二。多血质人的情绪比较容易受到压力的影响，不利于安全驾驶。此外，多血质的人比较粗心，时常疏忽对设备的定期检查，也给行车安全造成隐患。抑郁质的人思想比较狭窄，不易受外界刺激的影响，做事刻板、不灵活，积极性低。他们在驾车中容易疲劳。北京曾有一名女性公交车驾驶员，在奖金发放上遇到些问题，在开车途中因反复考虑这件事而疏忽了交通安全而造成事故发生，死伤20多人。粘液质的人认为是交通事故发生几率最少的群体。但是他们自信心不足，在遇到突然抉择时容易犹豫不决。某驾驶员在一次出车时，遇到一个突然冲出路面的小孩，由于不能及时作出抉择，车子刮到了对方的身体，所幸车速缓慢，没有造成重伤。但是却令这位驾驶员对驾车形成了恐惧感，一开车便呼吸急促、血压上升。

在预防事故发生方面，也应注意对气质特性的扬长避短。比如，具有较多胆汁质和多血质特征的人应注意克服自己工作时不耐心，情绪或兴趣容易变化等毛病；发扬自己热情高，精力旺盛，行动迅速，适应能力强等长处，对工作认真负责，避免操作失误，并注意及时察觉异常情况的发生。粘液质的人应在保持自己严谨细致、坚忍不拔的特点的同时，注意避免流于瞻前顾后，应变力差。抑郁型的人应在保持自己细致敏锐的观察力的同时，防止神经过敏。

（2）特殊职业对气质的要求。某些特殊职业，如大型动力系统的调度员、机动车及飞机驾驶员、矿井救护员等，具有一定的冒险性和危险性，工作过程中不确定和不可控的干扰因素多，从业人员负有重大责任。要经受高度的身心紧张。这类特殊的职业要求从业人员冷静、理智、胆大心细、应变力强、自控力强、精力充沛，对人的气质提出了特定要求。从事这类职业，保证安全是贯彻始终的工作原则和目的。因为这类职业关系着从业人员及更多人的生命安全，关系着大量国家财产的安全。在这种情况下，气质特性影响着一个人是否适合从事该种职业。因此在选择这类职业的工作人员时，必须测定他们的气质类型，把是否具有该种职业所要求的特定气质特征作为人员取舍的根据之一。

飞机驾驶员就是一种特殊职业,飞行员的培训和淘汰都是很严格的。有人对空军某部的部分战斗机飞行员和因不适应飞行工作而由飞行员改为地面工作的参谋人员的气质类型做了调查。结果显示,战斗机飞行员中,多血质占45.31%,胆汁质占19.80%,胆汁质与多血质混合型占15.13%,多血质与粘液质混合型占5.81%,胆汁质-多血质-粘液质三种混合型占2.32%,前三项气质类型占了88.37%,没发现一名抑郁质。而地面参谋人员中,粘液质占29.90%,抑郁质占28.74%,粘液质与抑郁质混合型占23%,三项合计占总人数81.64%。说明在这些参谋人员中,神经系统不灵活或弱型的占主要成分。这表明,强型、平衡而灵活的神经类型是适应于空中飞行的特点的,因此要求飞行员的气质特征更多地倾向于多血质,这与调查结果相吻合。反之,具有较多的粘液质和抑郁质倾向的人不适合从事飞行工作,这也与调查结果相吻合。

2.6.3 能力与安全

2.6.3.1 能力概述

心理学上把顺利完成某种活动所必须具备的那些心理特征,称为能力。能力反映着人活动的水平。

能力总是和人的活动联系在一起的,只有从活动中,能看出人所具有的各种能力。能力是保证活动取得成功的基本条件,但不是唯一的条件。活动的过程和结果往往还与人的其他个性特点以及知识、环境、物质条件等有关。但在其他条件相同的情况下,能力强的人比能力弱的人更易取得成功。

2.6.3.2 能力的测量

能力测量是运用经过精心研究,设计出的各种标准化量表对人的能力进行定量分析,并用数值表示其水平的一种方式。能力测量按照所测能力的类别,可分为一般能力测量、特殊能力测量和创造力的测量。

2.6.3.3 能力与安全生产的关系

任何工作的顺利开展都要求人具有一定的能力。人在能力上的差异不但影响着工作效率,而且也是能否搞好安全生产的重要制约因素。

1. 特殊职业对能力的要求

特殊职业的从业人员要从事冒险和危险性及负有重大责任的活动,因此这类职业不但要求从业人员有着较高的专业技能,而且要具有较强的特殊能力。选择这类职业的从业人员,必须考虑能力问题。

选择特殊职业的从业人员应该进行能力测验,以确定是否具有该职业所要求的特殊能力及水平。实践证明,经过能力测验,辨别出能力强者和能力弱者,对弱者重新进行职业培训或淘汰,可以更有效地保证特殊职业的生产安全，减少事故发生。

交通肇事是现代社会的一大公害。有研究表明，大部分的汽车交通事故都是由汽车驾驶员直接引起的。有些汽车驾驶员曾不止一次地在驾车途中造成险情。而有的人则在这个岗位上工作得很好。

汽车驾驶员是一项有一定危险性和负有重要责任的职业。这一职业要求从业人员具有良好的性格品质和稳定的情绪状态以及驾驶能力。在研究大量实例之后，人们发现，易出事故的驾驶员和优秀的驾驶员在性格、情绪和驾驶能力等方面存在差别。为了确定一个人是否适合从事汽车驾驶这项工作，不少国家都采用了能力测验的办法。日本新泻大学的心理学家在 20 世纪 60 年代曾研制出具有两种驾驶能力测验的仪器速度期望反应测验器和辨别反应测验器。日本北部的一家公共汽车公司在 1960 年开始使用这两种仪器。在 1960 年，这家公司的驾驶员造成事故 264 起。从那时以后，这家公司在雇用新的驾驶员时一直应用这一测验，对测验合格者予以雇用，对不合格者或可疑者予以淘汰或重新培训。到 1969 年，事故减少到 84 起。

2. 普通职业对能力的要求

为保证安全生产，普通职业对于特殊能力也有一定的要求。

在生产实际中存在着这样的现象：有的工人像"闹着玩似地"就可以完成别人数个工作日才能完成的任务，而也有些工人，虽然工作诚恳努力，却费了好大劲才可以完成一个工作日的任务。类似这样的例子在每个企业都可以找到。这种工作成绩的差别是职业技能不同造成的。

人的能力上的差别，还可以在操作动作方面表现出来。在从事普通职业时，人之间在特殊能力上普遍存在着明显的差异。这种差异不但导致劳动生产率的不同，而且在安全生产方面，它也发挥着重要作用。

首先，最容易理解的是，能力的不同导致人体力消耗的不同，工作效率高的人无用动作要少得多。他们善于保持体力，不易感到疲劳。而疲劳正是事故之温床。

其次，从情绪上看，能力强的人在工作上有信心，精神乐观；而能力差的人则会因不称职而感到苦恼，情绪低落。

第三，从操作行为上看，能力强的人工作起来从容不迫，注意分配均衡，动作规范；而能力差的人则易紧张，手忙脚乱，拿东忘西，顾头顾不了尾，易产生操作失误。

由于存在能力的个体差异，劳动组织中如何合理安排作业。人尽其才，发挥人的潜力，是管理者应该重视的。

（1）人的能力与岗位职责要求相匹配。领导者在职工工作安排上应该因人而异，使人尽其才，去发挥和调动每个人的优势能力，避开非优势能力，使职工的能力和体力与岗位要求相匹配。这样可以调动工人的劳动积极性,提高生产率,保证生产中的安全。

（2）发现和挖掘职工潜能。管理者不但要善于使用人才,还要善于发现人才和挖掘职工的潜能,这样可以充分调动人的积极性和创造性,使工人工作热情高,心情舒畅,心理得到满足,不但可避免人才浪费,而且有利于安全生产。

（3）通过培训提高人的能力。培训和实践可以增强人的能力。因此,应对职工开展与岗位要求一致的培训和实践,通过培训和实践提高职工能力。

（4）团队合作时,人事安排应注意人员能力的相互弥补,团队的能力系统应是全面的,对作业效率和作业安全具有重要作用。

复习思考题

1. 应激状态对安全作业是有利还是不利? 请举例说明。

2. 如何利用家庭情感搞好安全管理工作?

3. 2001 年某市一名作战参谋在扑救一次地下商场的火灾中,为了抢救被大火围困的工人而献身。该同志在离出口 20m 左右处发觉自己支撑不住了,立即告诉身边的一位班长:"你赶快出去,我不行了。"那名班长返回时,他也在往回爬。由于他首先意识到自己不行了,在这种心理的支配下,慌不择路,爬到了距出口 10m 左右的一个房间内,爬了半圈都是墙,而无出口,此时他在心理上彻底崩溃了,死亡随之来临。当人们找到他时,面罩已经摘下,两手前伸,表现明显的绝望状态。试运用有关意志品质的原理解释该同志牺牲的心理学原因,并讨论人在危险状况下应如何保持良好的心态。

4. 与事故有关的不良心理特征有哪些?

5. 安全管理人员应具备什么样的性格类型,为什么?

6. 如何培养适于安全生产的职业人格?

第 3 章

操作行为与安全

工作场所中，个体的知、情、意以及人格特点对安全生产的影响都是以其操作行为的安全性为中介的，即作业者最终表现出的操作行为决定了作业的安全后果。因此，对操作行为的研究更有利于揭示安全行为的内在原因，以便更好地控制不安全行为。

3.1 操作行为概述

3.1.1 操作行为界定

操作行为是指个体通过肢体的一系列外部动作而作用于物质客体的随意行为。操作看起来仅是在较短时间内的一个行为片断，但也有其完整的内在心理过程。其本质反映了人机系统中操作者与操作对象的相互作用过程。

操作行为的第一个特点是行为的意识性。所谓随意行为，即有意识的行为，因此，操作行为首先是有目的、受意识和计划支配的行为。人的操作行为主要有两种目的：一是改变物质的物性，即运用物理或化学手段经过一段时间，使物质的物性发生改变。例如，制药厂将不同原料经生化处理后，生成新的药品；炼钢厂将精选铁矿加工成达到一定质量要求的钢材。二是改变物质的空间位置。如矿山开采过程中将地下资源开采运输到地面；飞行员将航天器驾驶到目的地，或在空中改变飞行姿态。

操作行为的第二个特点是行为的系统性。操作行为是在由操作者与操作对象构成的操作行为系统或称人机系统中完成的。按照人在人机系统中的作用，人机系统可分为手控式人机系统、机控式人机系统和自动化人机系统。手控式人机系统以人力作为动力源，机器直接受人力驱动而工作，操作对象如传统的锯、磨、手摇钻机等；机控式人机系统以电能、化学能等作为动力，操作对象为以机械能、电能、化学能为动力的各种机器。自动化的人机系统主要是在人工智能技术为基础的计算机系统出现后产生的。计算机系统就像为常规机械安装了大脑，在被设置了一定的程序后，可以自动完成信息接收、加工和执行的任务。无论在哪一种人机系统中，人的操作行为的完成都有赖于构成系统的各方面的特性。

　　操作行为的第三个特点是操作行为的心理动作过程。操作过程就是操作者使操作对象按自己既定的目标活动的过程。在这个过程中，操作者首先要判断操作对象当前状态与目标状态的偏差，作出如何操作的决定，然后通过肢体运动操作控制器向机器输入信息，使机器按照事先设定的程序作出反应，完成对控制对象的操作。机器通过显示器输出物的状态的变化，成为人的感觉器官所接收的信息进入大脑，进行新的循环。因此，要完成一个操作系列，需要人的感觉输入系统、运动输出系统和机器的输入、输出设备连续地协同工作，不断调整肢体的运动以实现对操作对象的改变，或在操作过程中通过输入信息的反馈，及时修正目标，最终使操作对象的当前状态与操作者头脑当中的理想状态相吻合，从而完成一次操作。

　　人机系统中的操作行为过程可以用图 3-1 表示。

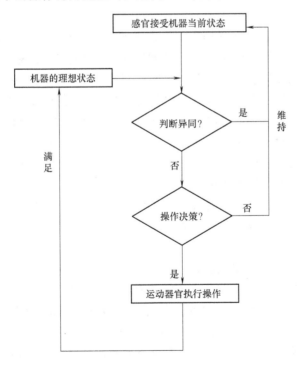

图 3-1　人机系统操作行为过程

3.1.2 人工操作与机器操作

在生产中，从人到产品之间通常存在机器这样一个中间环节，人对机器进行操作，而机器又对控制对象进行操作，因此，可以相对划分出人工操作与机器操作两种操作方式。

1. 人与机器能力的差异

尽管机器是人的智慧的结晶，但并不意味着人永远能战胜机器。1997 年，IBM 公司的超级大型计算机"深蓝"战胜了世界棋王卡斯帕罗夫，在世界范围内引起震动，让人们看到机器不仅具有人的体力所不能及的长处，在"智力"上也不甘示弱。人工操作与机器操作相比，不足之处主要表现在以下几个方面。

（1）耐受性。机器的耐受性可以通过改良机器的材料和结构而得到提高，而人的生理则一般无法按照环境要求发生改变。因此，机器的承重不但可以比人的承重高出几千、几万倍，而且可以在严寒、酷热、高压、缺氧、辐射等环境中持续工作。相反，人如果在恶劣的环境中工作，或连续不休息地工作，不仅会造成生理上的伤害，而且会因此影响到人的思维、情绪等心理功能的正常发挥。

（2）运算能力。人在操作中，常常需要进行心理运算，对获得的信息进行加工，而在程序性的运算中，人的能力往往不如机器。这种差别主要是由容量、速度方面的差异造成的。首先，在信息提取方面，人的记忆能力是有限的。如，瞬时记忆受人的感官特性的影响，很多信息甚至没有被感觉到就已消失，短时记忆的容量基本局限在 7±2 个组块的范围内，长时记忆也常常出现遗忘的情况。而对机器来说，不存在这些记忆类型的不同，只要是存储在计算机中的信息都可以得到快速、准确的提取，不会受时间因素的影响；其次，在预见性方面，人对结果的预见与个体经验有很大关系，而且在计算结果时，人在短时间内能够计算出的结果通常是有限的，因此在判断上会出现失误。而计算机对结果的分析是将所得信息在其数据库中进行对照，从而判断可能的结果，有选择性地作出反应，因此，其决策过程快速而有效。这可能就是卡斯帕罗夫输给"深蓝"的主要原因。

（3）感受性。人的感受性受感觉器官特性的影响。自然界中的某些现象通过人的感觉器官是无法直接感受到的，如超声波、微波、辐射、浓度非常低的有毒物质等，而对机器来说，侦察这些信息则非常灵敏。人与机器感受性的差异还表现在差别感受方面，如人对物重差别的感受，在原物为 300g 的前提下，人可以感受到原物 1/53 的变化，而精密天平可以称出 10^{-3}g 甚至 10^{-4}g 的质量差别。此外，人还会因多种因素影响到感受的准确性，如人的身体状况、外部干扰、心理暗示等,机器的感受性则比较稳定。

虽然以上几个方面从一定角度反映出人的能力远不如机器,但机器终究是需要人设计、制造和操作的,人有着机器不能及的功能,其中人的最大的优势在于具有主观能动性和学习能力。人的主观能动性使人可以适应环境的变化,以打破常规的方式解决意外的问题。人的学习能力使人具有无限的潜能,不断总结经验,分析思考,创造出新的知识和技能,包括创造出更新的机器。而机器的能力则完全依赖于人在设计时所赋予它的功能,不能处理程序以外的问题,也不能自动生成新的功能。

2. 人在人机系统中的地位

人的能力和机器的能力有显著的差别,现实中有人倚重人的能力,有人则倚重机器的能力,构成了不同的人机系统观。

以机器为中心的人机系统观来自对机器所具备、但人类不可能具有的能力的应用。例如,机器可以在恶劣甚至有毒物质的环境下工作,可以快速准确地处理大量信息,而且这一能力随着科学技术的提高还可以进一步提高。在自动化设备之前,机控设备以机械的动作代替人力操作,用机械的自动力量代替人的体力劳动;随着电子和信息技术的发展,特别是随着计算机的出现和广泛应用,被代替的不仅是人的体力劳动,人的脑力劳动也在很大程度上被机器代替或需要机器来辅助。因此,机器的使用,特别是自动化的生产设备在不断挑战着人在生产中的地位。

由于机器的强大功能,人在人机系统中的地位曾一度被降至最低,所谓"见物不见人":设计者强调机器的功能而忽视人的心理需要和人-机之间的适配性;经营者强调提高工作效率,要求工人适应机器,而无视人的能力和机器的能力的差别,机器的使用看起来使人的体力得到了节省,劳动负荷表面上减轻了,但高速运转的机器却更严重地消耗着人的反应能力和耐久力,单调的工作也更容易引起疲劳。

与机器为中心的人机系统观相反,另外一种观点认为,在人机系统中,人是劳动的主体,机器是服务于人的劳动工具,是受人支配使用的。机器的设计首先应该考虑使用者的生理和心理需要,即机器的宜人性,并能将人的功能和机器的功能充分结合起来,使机器能参与思维决策,而人的运动器官也与机器合作实现行为层的合作,真正实现人机一体化。此外,产品设计不仅要考虑机器与人的生理功能和一般信息加工能力的匹配,使其操作省力、简便、准确,为操作者提高工作效率提供安全舒适的工作环境,还要考虑更多高级的心理需要。

随着科学技术的进步,人在生产中的很多任务都可以由机器来完成。例如,无人驾驶的飞机可以应用于侦查、战斗等军事领域,未来还有可能广泛应用于气象监测、人工降雨、大地测量、海岸巡逻、森林防火、交通管理等众多领域。但无论如何神勇的无人驾驶飞机，最终都要受到无线遥控设备或自备程序控制系统的操纵，而这些设备或控制系统都需要人来开发，其运行情况需要人来检测。因此，在操作行为中，人仍然是行为的主体，是行为发起和完成的主导者。机器的应用价值不仅在于提高了生产的效率，更在于将人从繁琐、危险的操作中解放出来，创造更高的价值。

3.1.3 人机功能分配与人机结合

1. 人机功能分配与人机结合的基本思想

人与机器的合作基于彼此能力的互补，在实际生产中，应根据人和机器各自的能力特点，以及生产中各个环节的特点，对人和机器进行合理分工，使人与机器都能充分发挥各自的能力，实现人与机器的最佳匹配。总体来说，具有高强度、高精度、速度快、单调重复、需要在恶劣环境中完成等特点的工作可以尽量由机器完成，方案设计、判断决策、应对意外、排除故障等需要智力加工的工作则应安排人来完成。

很显然，人和机器之间不可能截然分开，机器需要人来操作，人通过机器完成生产目标，任何操作行为都是在人与机器相互作用中完成的。因此，实现人机结合，需要双管齐下。一方面，在机器设计中，必须充分考虑人的因素，毕竟人的能力是有限的，对机器的适应性也是有限的。机器的性能也只有在与人的生理和心理能力相协调的情况下，才能真正成为人的有力助手。另一方面，必须考虑机器的特性，选择能更有效发挥机器性能的操作者，并对其进行培训教育，使其掌握机器性能，熟练操作，实现机器效能的最大化。对前者的研究是工程设计学、工程心理学关注的主要内容，后者则是人事心理学、组织行为学的研究内容。

2. 机器设计中对人机结合的考虑

在不同类型的人机系统中，机器的特性不同，对人机结合的影响也是不同的。

在手控式人机系统中，整个系统的效率取决于人对机具施力的方式和施力的大小，而人施力的大小和方式与机具的形状、材料等有密切关系。设计不符合人体工程学的器具将人为地增加劳动负荷，对人体造成损伤；在机控式人机系统中，人的体力消耗相对降低，但对人心理功能的要求提高了，机器的高速运转对人的信息加工能力提出挑战，机器设计如果只考虑机器的效率和功能，则导致人处于疲于应付的状态，增加出错的可能性；而在自动化人机系统中，人的主要职责是输入指令、监视机器运转情况，操作者大部分时间处于无事可做却责任重大的状态，容易造成心理上的疲劳，唤醒程度持续下降，而导致对信号的失察，成为事故的隐患。

综合不同人机系统中机器特点对人机结合的影响，在设计机器时，应遵循以下三个基本的原则：①机器控制器操作起来要方便、省力，要求付出的体力必须保持在人体生理上可以承受的限度内，身体的运动应符合自然的运动规律，付出的体力应与人体的活动状况相适应，必要时可采用技术性的辅助手段；②显示仪表的选择、设计和布置应与人的视觉、听觉和触觉等察觉能力相适应，并避免使人长时间处于处理简单重复信息、大量精确运算的状态；③增加人机互动中人的控制感，避免使人产生成为机器附庸的感觉。

工业生产中必须坚持机器服务于人的原则。唐纳德·A·诺曼（Norman A D）在其《情感化设计》一书中充分地阐明了这个观点。他明确地概括出设计和设计目标的三个层次，分别为：本能层（visceral）、行为层（behavior）和反思层（reflective）。所谓本能层，是指产品首先是作用于人的感官系统的，因此，设计的产品首先要给人的感官系统带来愉悦感；所谓行为层，是指用户必须学习掌握技能，并使用技能去解决问题，行为层的设计可以使操作者在使用产品的过程中产生成就感；反思层是指由于前两个层次的作用，而在用户内心中产生的更深度的情感、意识、理解、个人经历、文化背景等种种交织在一起所造成的影响，这种深层的社会心理文化影响有助于建立起产品和用户之间的长期纽带，甚至影响到用户的自我认同（self-identity）。上述三个层次都关注到了人在使用产品或操作机器时的情感需要和情感反应。

3.2　操作中的无意差错与影响因素

3.2.1　人为失误简述

1. 人为失误的严重性

人机系统中，人为失误是指操作人员不能按规定的精度、时间和顺序完成规定的操作，从而导致机器、设备和系统损坏或运行过程中断。也可以说是由于操作人员的错误决策和行为，导致系统出现故障、效率降低或性能受损。人为失误是许多人机系统发生事故的重要原因。

尽管不能说只要人按照人机系统的要求正常操作，就一定不会发生事故，但在机器正常的条件下，人为因素导致事故发生却是屡见不鲜。在民航飞机失事中，有73%~80%是由于人为失误所致。人无论出于何种原因出现操作错误，都会成为安全的隐患，而后果一旦形成，则是无法弥补的。通常，在工业生产、交通驾驶中，人们有一种印象，操作错误会导致机器出现故障，或发生意外，造成包括操作者在内的人员伤亡。而在服务领域，人们往往关注操作失误给服务对象带来的损害，却对操作者自身的损害容易忽视。事实上，在服务领域，操作者的错误操作对自身安全的危害也是很大的。例如，医疗操作的差错，不仅可能给治疗对象造成治疗的失败或形成损害，还可能对操作者自身产生损害，最主要的伤害是感染。据我国医院监控资料统计，医护人员的总感染率为5%~18%，其中大部分是由于消毒不严而引起的。

从理论上分析人为失误的严重性还在于人的差错几乎是不可避免的。按照墨菲定律，可能发生的事情将一定发生。在人机系统中，与机器相比，人的行为容易受到各种主客观因素的影响，使差错更容易发生。

人的失误首先受到来自内部因素的影响。客观因素主要是人的系统性误差。与机器相比，人的信息处理能力、肢体运动轨迹的精度都是有限的。因此，在实际的操作中，操作精度的偏差成为操作差错中人的系统性误差。工作性质和工作条件不同，操作的差错率也是不同的，要求操作精度越高，差错的可能性就越高。主观因素引起差错的概率就更高了，思想麻痹、违章操作几乎是事故发生的必然原因。

人的失误还会受到外部环境的影响而引发。如果环境条件不好、设计不良，不仅容易引起操作者的生理上的不适感，还会引起操作者心理上的分心、不快、紧张等现象。环境中的社会因素对人的影响就更不易测量和控制，如家庭矛盾、经济困难、单位奖惩的不公、与同事关系的紧张都会影响人的情绪和工作态度，使人在工作中出现偏差。

因为引发人为失误的原因是客观存在的，人的差错就几乎成为不可避免的。但是，不能把这种人为差错理解为必然发生的。掌握差错发生的原因，对症下药，就能将人的差错控制在最低的范围内。

2. 人为失误的基本类型

判断操作失误通常是将人的操作行为和特定的标准进行比较，是否符合标准是衡量有无差错行为的标尺。在工业生产中，安全生产条例或规章就是操作行为的标准，违反规程的行为就是有差错的行为，即"三违"中的"违章作业"。

按照作为与否，人的失误可分为不作为造成的差错和作为造成的差错两种。不作为差错就是该做而没有做，如在出现突然断电的情况下应断掉电闸而不断，导致再次来电时形成线路短路，引起机器损坏或失火。作为差错是指不该做而做了，如在乘罐笼升井时不该拥挤而拥挤，造成人员坠落。

按照行为的随意性，人的失误可分为无意差错和有意差错。无意差错是当事人没有意识到的差错，也就是差错行为是在没有意识到的情况下发生的。无意差错包括操作差错行为发生后，当事人有觉察的行为和当事人没有觉察的行为。有意差错是指操作者意识到自己的差错行为，明知故犯。有意差错又可分为对自己的差错结果有积极评价而坚持不当操作的行为和明知自己的行为不会有积极结果而坚持不当操作的行为。如在技术革新过程中，不按照原有操作规程进行，以探索新的操作方式的有效性；再如急救车、消防车为了抢救生命而超速行驶，都属于为了一种积极结果而有意选择错误操作的行为。在这种情况下，操作者认为违章操作所能实现的目标，其价值远远大于遵章守纪的价值。而驾驶员为了个人便利逆向行驶，矿工为早些出井而争抢罐笼等，则属于那种明知错误且行为后果不具有社会赞许性的有意差错行为。

操作行为中人的错误具体表现有：

（1）姿势紊乱。如果在操作过程中弯曲的姿势持续太久，人就会自然地要求舒展，在站起时就会头晕眼花、摇摇晃晃，这些身体的活动都可能导致无意触及到机器的某些位置，使人体受到伤害，或改变机器的运行状态，出现错误。

（2）动作紊乱。主要表现有由于过于紧张等原因出现身体发僵，用力过猛，速度过快，不合节奏等动作方面的困难。

（3）动作次序上的紊乱。动作次序出现紊乱可能是由于动作过于单调重复，或时间和状况过于紧迫，造成次序紊乱；还有可能是因为中止操作后，插入其他行为或事件，造成已完成动作的遗忘。

（4）操作器具错误，如操作对象选择错误，操作方向错误等。

3.2.2　操作者的注意与无意差错

注意是人对信息加工对象的指向和集中，是其他心理过程进行的基础，注意出现问题必然使其他心理功能受到影响。人的工作效率与操作安全在很大程度上取决于人的注意状态。

1. 注意选择与无意差错

操作者在操作机器时接收到的信息是繁芜复杂的，其中有些是操作需要的信息，有些则是与操作无关的信息。操作者既不可能，也没必要对所有信息加以处理，就必须对信息进行选择，使所选择的信息是进一步加工所必需的，这就是人们常说的"注意到"。

操作者的认知会对注意选择产生影响。一方面，操作者对操作对象的了解程度会影响操作中的注意选择。例如，如果在操作之前缺乏必要的操作知识或操作经验，对所需注意的信息及信息出现的可能情况都不明确，在实际操作中就不知道在什么情况下需要注意什么信息，于是导致该注意的不注意，不该注意的却投入心理能量去注意，错误信息的选择或必需信息的遗漏会导致操作错误。另一方面，操作者对信号取样结果奖惩后果的判断也会影响注意选择的有效性。例如，当操作者清楚地知道正确识别信号和遗漏信号的奖惩结果后，就会选择一定的注意策略，从而提高注意选择的有效程度。当然，这也会给注意选择带来负面影响。如果报告有信号就会得到奖励，或漏报目标就要受到惩罚，操作者就会放宽判断信号的标准，导致虚报概率的增加，即将噪声报告为信号；如果虚报信号会受到惩罚，操作者就会提高判断信号的标准，导致漏报概率的增加。

注意对象的特点及注意的通道也会影响注意选择。通常来讲，处于视野中央的、明亮的、响亮的、新颖醒目的、动态的或具有其他突出特点的刺激，符合人的定向反应的要求，一般容易引起人的注意，而与此相反的一些刺激，则不易被注意到。在注意的通道方面，如果在视觉信号加工过程中，突然出现听觉通道和触觉通道的信息，那么后者更容易被注意到；如果视觉信号和听觉信号以同样的频率反映在人的期待模型里，视觉信号会有一定的优势。

2. 注意分配与无意差错

在实际工作和生活中，人们常常需要兼顾几方面同时进行的事情。例如，打字员需要一边阅读文本资料，一边敲击键盘；操纵机器的工人需要一边观察仪表，一边进行控制和调节作业。这些同时进行的工作，需要操作者对来自两种情景或两种以上不同信息通道的信息进行加工，这首先需要人具有注意分配的能力，就是在同一时间，把注意分配到一个以上的对象上，如果注意分配不当，也会引起信息的遗漏或操作的慌乱，出现差错。

北齐文学家刘昼曾经说："一手画方，一手画圆……而不能者。由心不两用，则手不并用也。"但实际上，注意也不是完全不能分配的，但会受到一些因素的制约。

从刺激特性层面上讲，注意分配的实现会受到刺激的空间位置、相似程度、刺激的强度和内容等因素的影响。通常来讲，影响注意集中的因素也会影响注意分配，但影响的方向相反。例如，同时出现的信号如果处于相邻的位置时容易被同时注意到，相反，如果一个处在注意中心，另一个处在注意边缘，那么，处于注意中心的刺激更容易被注意到；强度相同的刺激容易同时得到注意，如果两个刺激强度相差悬殊，那么较弱的刺激就难以得到注意资源的分配。

从操作的行为层面上讲，操作动作的熟悉程度是一个重要的影响因素。同时进行的几种活动中，必须每一种活动都是相当熟悉的，其中一种是自动化了的或部分自动化了的。这样，操作者就可以将注意指向不太熟悉的活动上。同时进行的几种操作如果建立联系，形成了某种反应系统，也有助于注意分配。这些都可以通过一定的训练来实现。

3. 注意的保持与无意差错

人的注意可以集中在某一对象上，保持一段时间，以保证一个需要时间过程的心理任务能够完成，但这种持续性不是无限的，会出现与注意集中相反的现象——注意分散。如果一个操作任务完成了，发生了注意分散，对操作来说是无关大碍的。但如果一个操作任务没有完成时出现了注意分散，对安全操作就会造成影响。

注意的保持与注意对象的特点有很大关系。如果注意的对象是单调的、静止的，注意就难以稳定，如果注意的对象是复杂的、变化的、活动的，注意就相对容易保持。

在现代人机系统中，机器设备日趋自动化，人在自动化人机系统中的主要职责是对机器进行监控，而监控任务通常来说是单调静止的，这就与人注意保持的条件形成冲突。布劳德本特（Broadbent）1971 年的一项研究认为，单调作业中出现警戒水平的下降，是因为长时间的监视作业导致疲劳，从而导致注意力下降，感受阈限增高。巴拉舒尔曼（Parasuraman）1979 年通过一项研究进一步分析认为，长时间的监视作业造成的感受性降低主要是由于监视作业中需要将监视所得信息与记忆中的标准进行比较，以判断机器的运行状况，从而造成记忆负担过重；如果在呈现信号的同时，呈现作业标准，就不会出现感受性下降。

在注意的选择、分配及保持与无意差错的关系中，有一个共同的影响因素，就是操作者的觉醒水平。注意与觉醒状态联系密切，没有觉醒就没有注意。同时，在注意作用下，大脑通过接受各种感觉器官传入的刺激，如视、听、触觉及其他刺激，又可以调节觉醒水平。但是，当脑干中上升激活系统或它与大脑其他部位相联系的结构不能正常工作时，感觉器官接收到的刺激就不能再正常地影响脑的觉醒状态和警觉水平了，从而发生意识障碍。觉醒水平与注意功能的正常发挥有直接的关系，但并不是觉醒水平越高，注意功能发挥就越高。如果一个人的觉醒水平过低，出现意识混浊，就无法集中注意力，对来自环境中的各种信息无法作出正确的感知和分析，无法进行逻辑推理，在处理信息时会发生困难，并伴随情绪上的焦急与激动。如果一个人的觉醒水平过高，即意识过度兴奋，就会出现情绪紧张、注意力高度集中，注意力转移出现困难，导致行为僵化，对操作也是不利的。因此，就觉醒水平与操作行为的关系而言，存在倒"U"形关系，即中等水平的觉醒对操作效率是最有利的，如图3-2 所示。

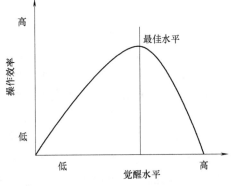

图 3-2　觉醒水平与操作效率的关系

3.2.3 操作技能与无意差错

1. 操作技能的作用

操作技能是指通过学习而形成的合乎法则的操作活动方式。操作技能有水平高低之分，高水平的操作技能可以提高肢体正确运动的概率，而低水平的操作技能则会导致肢体运动不当，是操作中无意差错的原因之一。

低水平的操作技能对安全操作的威胁表现在以下几方面。

（1）反应时间长会增加误操作的可能。操作的准确性和操作的速度之间在一定范围内是相互矛盾的，增加反应时可以改善操作的准确性。但在实际操作中，有时需要作出快速反应，当操作任务存在时间限制时，过长的反应时间反映出操作者在操作技能上的不熟练，导致操作者最后手忙脚乱，出现差错。彭楚翘等人在2000年比较了事故多发驾驶员与安全驾驶员的反应，发现事故多发组货车驾驶员的视觉、听觉简单反应时间比安全组货车驾驶员长，但差异不显著；事故多发组货车驾驶员的视觉、听觉选择反应时间与决策时间都比安全组货车驾驶员长，且差异显著。类似的结果也出现在飞机驾驶员身上。从图3-3可以看到不同操作技能的飞机驾驶员在自动驾驶系统发生故障时，从观察到飞机出现故障到解除故障所需的时间。

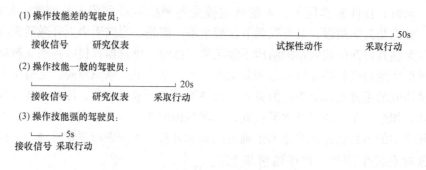

图3-3　不同操作技能水平的飞机驾驶员排除故障所需反应时间

可以看到，操作技能熟练的驾驶员能在极短的时间内发现故障，排除故障，而操作技能差的飞机驾驶员则需要更多的时间来观察、试探。不能争取时间解决问题，这对高速飞行的飞机来说，是非常危险的。由于操作不熟练，还有可能决策错误，最终出现操作上的失误。

（2）肌肉控制能力差会增加操作误差。在对操作目标进行小范围移动时，往往出现调节过度；水平面的内外手臂运动的错误明显多于垂直面的上下手臂运动和水平面的左右手臂运动的。这些操作都需要精确控制手与臂的运动，依靠手与臂运动的稳定性。在这类运动中，出现的错误主要是由于手臂颤动引起的。如果手与臂的运动有支点的话，运动会更准确，这个支点一般是肘或手掌的根部。

（3）随机控制能力与无意差错。在实际的操作中，经常需要在缺乏视觉线索的情况下作出反应。如移动靶射击，操作员在注视屏幕的情况下通过键盘输入信息或指令，都属于随机控制。这种操作主要依靠对运动轨迹的记忆和动觉反馈来定位。很多人都有体会，在视觉帮助的情况下，键盘输入的准确性很高，而在盲打时，必须依靠手指经过练习掌握的运动轨迹来进行，或者通过前一个键盘击打动作准确性的反馈（如屏幕上显示出的录入信息）来确定下一个动作的位置，错误率相对会高些。随机控制定位的准确性除动作的熟练程度外，操作对象所处的空间位置也很重要。研究结果显示，仅凭本体感觉，伸手达到前方和低于肩高的位置的准确性比达到边侧和肩高以上的位置要高。

2. 操作技能的形成过程

无论要提高哪一种操作技能，练习是必不可少的。在学习一种新技能的初期，练习者首先要做些认知准备，了解和认识操作的基本要求，做一些初步的尝试，在头脑中形成动作心象。通过进一步的练习，将头脑中的动作心象外化为实际的动作，注意掌握局部动作，动作之间缓慢交替，逐渐形成整体的协同动作。最后，各个动作之间联合成有机的整体，更加协调，能根据情况的变化，灵活、迅速、准确地完成动作。

判断操作者是否熟练掌握操作技能可以从这些方面进行考察：

（1）意识的参与程度。在技能形成初期，内部言语起着重要的调节作用，各种动作都受意识的控制，否则，动作就会出现停顿或错误。而在熟练期，整个动作系统已经自动化，不再需要有意注意的参与。

（2）线索的利用情况。技能形成初期，学习者只能对很明显的线索发生反应，不能觉察自己动作的全部。技能熟练后，能根据很少的线索进行动作，并产生一系列反应。

（3）行为的控制方法。技能形成初期，学习者主要依靠外反馈，特别是视觉反馈来控制行为，而技能熟练者，主要依靠头脑中形成的运动程序的记忆图式来控制运动。

（4）动觉反馈作用的发挥。在熟练期，动觉反馈为运动程序提供信息，操作者依靠动觉反馈信息对运动程序进行调节。

（5）运动模式的协调程度。在技能形成初期，人的动作之间是不协调的，而在熟练期，人形成了协调化的运动模式，包括手眼协调、左右手协调、局部动作间的协调。

3. 操作技能的测量

熟练的操作技能表现在控制精确，肢体协调，反应定向正确，反应时间短，能对随机出现的目标进行控制，手臂活动速度快，臂手稳定，手腕手指灵活，腕指速度快。一些特定的程序可以对以上操作技能进行测量。如，用二铍互击来测定手臂活动速度，用移动靶射击来测定随机控制等。

3.2.4 应激与无意差错

在工作中，常常会有一些令人紧张的事情发生：环境中存在令人不适的噪声、寒热等，上级总是会安排一些超出自己能力的任务，家庭或亲友中也会有这样那样的事情让人焦头烂额。在心理学中，把这一现象称为"应激"，即外部因素影响下的一种体内不平衡状态。加拿大内分泌学家塞里（H. Selye）认为，这些事情不仅让人感到紧张、产生压力感，还会使人的生理机能受到影响，如出现血压升高、呼吸加快、头痛、失眠等。心理和生理的变化，使人在对应激作出反应时，在注意集中、认知判断和行为动作中都有可能出现偏差，而这些偏差，在应激状态下，操作者是没有觉察的。

1. 应激反应

应激源的存在会导致出现生理上的一系列的应激反应。塞里将其称为一般适应综合征。塞里认为应激反应可以划分为三个阶段（见图3-4）。第一个阶段是应激物的出现引起人的警戒反应。对意外或危险信号的警戒反应是人体一种正常的适应性防御。意识被高度激活，肾上腺素分泌增加，肌肉从松弛变得紧张，心跳加快，呼吸急促，整个身体处于蓄势待发的状态。第二个阶段是抵抗阶段。在这个阶段，全身被动员起来对应激源作出反应。表面看来，人体恢复正常，表现出正常的功能，甚至对有的人来说，应激阶段所表现出来的能力是正常情况下的几倍，如一个平时手不能提、肩不能挑的人，在发生如失火一类的紧急状况下，会突然表现得非常神勇，扛起身边的人或物冲出火场，上下楼健步如飞。但也有人在应激情况下，意识被高度激活，

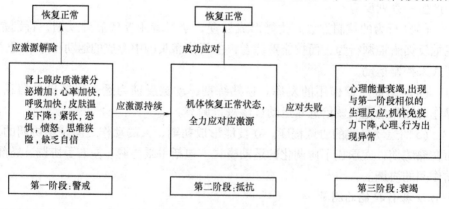

图 3-4　人体应激反应过程

以致注意转移困难，行为僵化，看上去面孔扭曲，"呆若木鸡"，肌肉产生痉挛，操作动作变形，力量松懈，表现出与"梦魇"一样的反应。第三个阶段是衰竭阶段。随着应激源的持续存在与心理、生理能量的消耗，机体出现衰竭的表现，机体免疫力下降，甚至出现行为和心理的异常。从觉醒水平与行为水平的关系来看，中等程度的觉醒水平对行为有效性来讲是最适宜的。而在应激状态下，无论是应激的哪个阶段，意识要么被高度激活，要么处于混沌状态，人都无法对自己的行为进行有效的监控，无意差错的发生的概率高于正常状态下无意差错的概率。

2. 工作中的应激源

应激源就是引起应激反应的刺激。根据不同的划分标准，工作中的应激源可以划分为不同的类型。

从应激物的来源，可以将应激源分为外在应激源和内在应激源。工作环境中的外在应激源是劳动者自身因素以外的刺激，包括：①工作所处的物质环境，比如，工作场所过高或过低的温度，环境中可能泄漏的有毒、有害物质，工作环境发生重大变化等。②工作中发生的社会事件，如事故或工友的伤亡，与工作有关的奖惩、升迁或降职等，与同事、领导之间的冲突等。内在应激源是来自劳动者自身的刺激，包括心理上的冲突、担忧和焦虑等。比如，上级意外安排的任务和个人的计划发生冲突，是舍弃个人计划执行上级安排的任务，还是向上级说明情况，处理个人事务？再比如，工作中引入新的流程或设备，对一些年龄较大或学习新的任务感到困难的人，无疑是一种压力。

应激物的划分还可以从应激物的强度大小来划分。例如赖斯（P. L. Rice）认为，应激源并不都是强度很大、突然发生的事件。一些令人不堪重负的重大事件被称为应激巨砾，如突发的事故，家庭的重大变故等。此外，还有一些小事情不断发生，使人的烦恼一天天累积，最终也会使人崩溃，这就是所谓"压垮骆驼的最后一根稻草"。例如，与同事的摩擦、钱物的丢失，甚至一餐不可口的饭菜，如果这些事情不断发生，也会使人疲于应付，并对自己的生活产生"糟糕极了"的想法，陷入悲观、颓废中，在工作中常常出现心不在焉、易怒、不合作等现象，也是无意差错的根源。

客观存在的应激源是否一定会引起应激反应？这取决于某些中介变量的作用。按照 R. S. Lazarus 拉扎鲁斯的理论，人对客观存在的刺激的认知评价是应激源和应激反应之间的中介因素。首先，个体要对事件的危害性进行评价，判断应激源对个体造成的可能的挑战、威胁或损害，然后，再对自己应对应激源的能力和资源进行评估，如果个体认为自己有能力解决应激源可能带来的问题，应激反应就不存在，或应激强度会降低。

3.2.5 人机界面的设计与无意差错

操作行为发生在人与机器的相互作用的过程中，因此，机器设计中存在的问题也是操作中无意差错的一个重要原因。机器设计中存在的问题对操作中无意差错的影响主要体现在人机界面设计方面。人机界面就是操作者与操作对象直接发生作用的领域。一般来说，人机界面的重要途径是显示器和控制器。

1. 显示器的设计与无意差错

显示器显示机器的运行状态，对操作者来说，是信息输入的途径。操作者通过显示器获得操作的基本数据，然后对机器实施操作、控制。因此，对显示器设计的基本要求是尽可能准确无误地传递信息，并便于操作者对信息进行加工。

人获取外部信息，大约有80%的信息是通过视觉通道获得的。所以，工作和生活中的显示器大多数采用视觉显示器，这里也以视觉显示器为例加以说明。要便于对视觉显示器传递的信息进行加工，减少失误，视觉显示器的设计和安置应该注意以下几方面：

（1）视觉显示器的安置应考虑人的最佳视野。人的视野如图3-5所示，水平方向8°和垂直方向6°内为中心视野，在这个范围内，辨认细节的视敏度很高。利用眼球转动可以注视水平和垂直方向18°～30°范围内的物体，当头部和眼球都转动时，监视范围可扩展到220°左右。但是，如果把显示器安置在头部斜后方，谁又会去查看它上面的信息呢？此外，在选择显示器的安装环境时，还应考虑显示器的亮度与周围的照明情况。

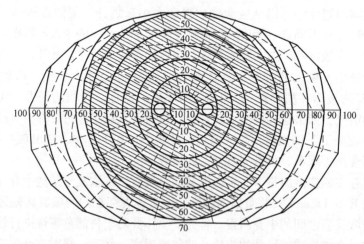

图3-5　左右眼视野及双眼视野

（2）显示器上的显示物应该以容易被注意和理解的方式呈现，不超过人的加工能力的限制。为此，显示物的呈现首先应该突出醒目。运动的、色彩明快的、与背景的对比突出的内容便于使操作者从众多环境刺激中提取出有价值的信息进行加工；其次，显示物的呈现方式应该明晰易懂。形象直观的信息容易理解，而复杂、抽象的代码需要更多的加工时间，并且容易在信息抽取和理解过程中出现差错，导致下一步的操作控制出现差错。结构化的内容对信息理解分析也是有帮助的。

（3）显示精度应与人对信息加工的能力相吻合，既不能因为精度过低影响信息的准确性，也不能因为精度过高增加人对信息处理的心理负荷，从而影响信息接受的速度和准确性。

还有，显示器的形状、大小等也是影响信息接受的因素。如研究表明人对圆形显示器上数字读取的准确性要高于对方形显示器数据的读取。这些对显示器设计方面的考虑，无一不是从人视觉系统的特点和功能方面考虑的。当然，如果考虑到人更为高级的心理需要，在条件允许的情况下，显示器可以设计得更有美感、更为个性化，激发人工作的积极情感，提高人工作的动机，从而减少工作上的失误。

2. 控制器的设计与无意差错

控制器是监控者对机器和各种系统加以指挥和控制的工具，是操作者对机器施加影响的直接作用点，也是操作者将信息传递给机器的工具。因此，控制器的设计不仅影响着操作者行为的有效性，还影响着机器能否继续正常运转。

要减少操作中的失误，首先需要对控制器进行编码，以确保操作者在需要的时候可以很方便地找到要操作的对象。控制器的识别主要依靠触觉来辨认，因此，控制器的编码要考虑触觉的一些特性。比如，控制器的形状不宜过分复杂，并且尽可能与操作功能相联系，便于记忆与寻找；控制器的表纹应使操作者不易将不同的控制器混淆。控制器的设计还应考虑以下一些因素：控制器的形状大小应与人体运动特性相匹配，符合生物力学原理，达到节省人力、提高工作效率的目的，否则会人为地增加工作负荷，带来疲劳和失误。控制器的操纵方向的设计应与预期的功能方向一致，可以减少操作者的反应时间和不必要的差错。为避免意外的发生，控制器的设计一般还应考虑防止机器的偶发起动。有反馈的控制器比没有反馈的控制器可以帮助操作者及时纠正错误反应。

控制器在工作场所中位置的安放和排列也会影响操作的准确性和安全性。控制器安放的位置应符合人体尺寸和生物力学的要求。如用双手操纵的控制器应配置在操作者座位的正中剖面上，左右方向偏差不超过40cm；坐姿操作时，双手操纵的手轮或转向把柄的转动平面应与水平呈40°~90°角，并和座椅的对称面垂直。在控制器的排列上，通常来讲，重要的、使用频繁的控制器应被优先置在最佳位置；功能相似的控制器排列在一起，控制器的排列顺序应该与操作行为发生的前后顺序一致。另外，控制器之间的距离应适当。间距过宽，造成肢体不必要的运动，增加体力消耗；间距过窄，会增加偶发起动的可能性，导致意外事故的发生。间距的确定也要考虑人体测量尺寸。

总体来说，要避免操作中的无意差错，应该做好三方面的事情。第一，机器的设计要考虑人的适应性。第二，根据操作的性质和要求选择合适的操作者。例如，对肢体运动要求高的操作行为，可以选择运动能力高的人，他们在操作技能的学习方面比运动能力低的人有先天的优势。第三，制定操作规程并按照操作规程对操作人员进行培训。通过人员培训和日常的安全文化宣传，使操作人员了解和掌握操作标准和规程，在操作者头脑中树立操作的理想状态，避免因无知而出现差错。更进一步的工作是对操作者的操作技能进行训练。技能的训练可以是在工作的开始阶段，也可以是在对工作熟悉以后，技能培训可以使在职人员的知识和技术都得到及时更新，以适应机器不断变化的特性。第一方面的工作是工程设计学和工程心理学比较关注的内容，后两方面的工作则是人事与组织行为的研究内容。

3.3 有意违章的心理分析

工业生产中的"三违"包括违章作业、违章指挥和违反劳动纪律。违章作业通常是由外部因素或一些操作者的无意因素造成的，而违章指挥和违反劳动纪律除认知上的缺失或认知错误外，更多的是有意的违章。由于违章者明确地知道自己的行为是违反规定的，是不被允许或可能受到惩罚的，因此有意违章者为避免受到不期望的惩罚，在有外部监察的情况下会隐藏自己的违章行为，使有意违章具有隐蔽性，难以发现也就难以纠正。而无意违章者因为并不知道自己的行为中的差错，也就不存在隐蔽的问题，因此容易被发现，容易得到纠正。尽管无意违章和有意违章造成的事故严重性可能是相同的，但在对组织安全文化的危害上，有意违章比无意违章更严重。

有意违章者明确地知道违章对自身和他人安全的危害，也知道违章面临的惩罚。那么，有意违章者行为的动力又是什么？可以说，行为是心理的外化，任何行为都可以找到其心理依据。有意违章者的心理依据可以从以下几方面分析。

3.3.1 认知因素

1. 违章者对违章效价的期望

维克多·弗鲁姆(Victor H. Vroom)提出的期望理论认为，一种行为倾向的强度取决于个体对这种行为可能带来的后果的期望强度以及这种结果对行为者的吸引力。期望理论通常用来帮助管理者建立有效的激励机制，管理者要了解个人努力、个人绩效、组织奖励和个人目标之间的关系。期望理论也可以用来解释有意违章。

只有在努力、绩效、奖励等各变量间存在某种关系时，期望理论才会产生作用。就有意违章而言，违章者首先体验到了违章行为与某种积极的操作结果间存在因果关系。违章行为有时候并不一定导致作业受损，有些违章作业因为减少了某些程序，使单位时间的产量增加，或增加了工作时间，使产品总量增加，这些都表现为作业成绩提高。虽然这样的做法存在安全的隐患，如减少检验程序，不能保证产品的合格率，或者增加工作时间会造成人员疲劳，使人的可靠性降低，出现操作失误。但并不是每次都会发生这样的结果，相反可能是生产出合格的产品，产量增加。其次，有意违章者对行为结果与组织奖励之间的关系有某种认知是其有意违章的依据。如果组织追求的目标或奖励的制度没有对生产过程进行严格的限制，而只是根据生产结果进行奖励，那么违章者就有充分的理由相信，这些违章行为所带来的劳动结果更有可能得到组织的奖励，或者说，要想更多地得到组织的奖励，一个很有效的办法就是违章作业。有时奖励也可能是来自内部的，例如，提前完成任务可以提前下班，而这一天是大家都非常希望能早下班回家的一天。最后，奖励能满足个体的一些目标。无论是内部的奖励还是外部的奖励，都可以满足违章者的个人目标，如获得奖金或表扬、早些回家与家人相聚或参加工作以外的活动。当这样一个链条形成后，就会使有意违章的行为得到强化。

2. 违章者对小概率事件的乐观判断

违章者在认知上除了对违章结果可能带来的积极后果的期望外，还存在一种侥幸的心理，侥幸心理来自对违章引发事故或遭致惩罚概率的判断。很多人违章是因为他们发现违章并不一定会出事故，也并不一定会被发现而导致惩罚，因此，违章者对违章的后果抱一种乐观的估计，内心在想："人家这么做都没事，难道就那么巧会发生在我身上？"或者"以前都没事，现在也不会有事"。这些都是对小概率事件不会发生的乐观估计。

事故的伤害确实是一个小概率事件。海因里希（Heinrich）对 55 万余件同类事故的统计资料显示，死亡和重伤事故、轻伤事故、无伤害事故三者发生的比例约为 $1:29:300$。这就是说违章并不一定引发事故。相反，遵守安全规程会使工作时间增加，或工作不舒服、不方便。因此，操作者在没有外界监督的情况下，自愿顺从地遵守安全生产规程的比例就会下降。

但是，只有不可能事件是不可能发生的，即便是小概率事件，也是存在发生的可能性。正如人们在期望某件事情发生时，总是抱着一线希望一样，人们在避免某件事情发生时，却不能阻止可能发生的事情终究发生的脚步，特别是每增加一次不安全操作，就会使事故发生的可能性增加一分。事故一旦造成损害，对受害者来说，就是百分之百的事情，而在别人眼里，仍然是那个小概率事件中的"倒霉蛋"。

3.3.2　个性因素

事故倾向理论认为，某些人具有事故倾向，无论在什么岗位上工作，某些人的事故发生率总是高于其他人，这意味着有些人违反规章，是因为他们的个性因素使然。

容易导致事故发生的常见个性特点有惰性、试验性、好强性。

（1）惰性是一种节能的心理。人的惰性有时是有积极意义的。人经常想："做这种事，要能不让我这么费劲就好了。"于是，人发明了各种工具，节约了自己的体力和脑力，改变了生活方式，推动了文明进程。但是，这种惰性是以一种积极态度来对待自己希望能避免的事情，即通过改变来解决出现的问题。而造成违章的惰性，则是以消极的态度来逃避或敷衍不希望发生的事情。例如，某煤矿分层工作面在交班时没有严格履行交接班制度，在存在哑炮的情况下，交班人员为尽早下班没有排除隐患，也没有明确告知接班者隐患位置，而接班人员明知有隐患存在却没有花时间认真检查和处理，对隐患置之不理，结果在对一煤层打眼时，电钻直接打在了哑炮上，导致一人当场死亡。更常见的情形是，为图方便，工具或材料随意取放，不按要求归位，操作时，不按规定使用辅助设备，直接蛮干。

（2）试验性是一种好奇、尝试的心理。尝试心理和好奇心理是相关的，在好奇心或其他原因的推动下，人会试着去做一些没有做过的事情，甚至是一些通常人们认为不可以做的事。在生产中，那些技术革新能手无一不具备这样的心理品质，但他们同时还具备理智的思考。相反，如果好奇和尝试表现的环境不当，就会成为安全的威胁。好奇心强的人，在环境出现新刺激的情况下，很难仍然专注于当前的操作；尝试心理强的人，在不熟悉的情况下也敢于动手，且越是在危险的情境下，越想尝试，就是人们通常说的冒险心理。如果事前没有足够的了解，对行为的后果没有一定的预见性，对可能发生的事故没有应急预案，操作中没有专门设备的保障，那么，冒险就是在拿生命开玩笑，对进步没有意义。

（3）好强性是人们对自己社会地位的一种维护心理。好强的心理可以推动一个人不断地学习，不甘人后。但过分地与人争强好胜，就失去了竞争的本质，成为斗气，不利于安全操作。首先，当争强好胜者自己的能力与实际要求不相符时，就会使操作的安全性失去保障。其次，好强者往往以外部评价作为自我评价的标准，而不是以规章来约束自己的行为，容易受人挑唆，做出有违安全的行动。第三，好强的人为了表现自己与众不同，往往做一些"明知山有虎，偏向虎山行"的举动，以向人炫耀。这些行为通常是存在危险的，因此，好强的人在炫耀的过程中，也向危险更靠近了。如某建筑公司在某工地摔死的青年工人，其生前就不止一次在四楼顶"女儿墙"睡过觉，其实他并非真的能睡得着，不过是为了向别人显示自己的胆量。出事那天，受逞能心理的支配，他又在没有任何保护措施的情况下，在 30m 高空处的 13cm 的横梁上行走，不慎坠落而死。

3.3.3　操作习惯

　　一些看似无意的违章行为，在其形成过程中也是经过意识判断的，如操作习惯。操作习惯是在实践中因长期坚持而固定化或程式化了的一种操作行为方式。

　　正确的操作习惯是严格按照操作规程，经过长期练习而形成的。而不正确的操作习惯，其形成初期的违章操作可能是有意的，也可能是无意的，如果操作者通过操作行为结果得到一个正强化，即操作结果给他带来他所希望的结果，那么他就会有意识地保留这样一种违章行为，随着违章行为的反复出现，就可能形成一种习惯性违章。

　　习惯的力量是强大的。习惯的一个特点是顽固性，习惯的形成既非一日之寒，习惯的解除也就不可能做到朝闻夕改。首先，习惯了的操作经过数量上的积累，在肢体运动上已经达到了自动化的阶段，是一种固定的行为模式，在实际的操作时，几乎不需要意识的参与，习惯性违章几乎与无意违章相似，不能被违章者觉察；其次，习惯性的运动程序还会影响新的运动技能的形成。人的技能学习存在一种迁移现象，已有的经验会影响当前的学习，在学习新技能的时候，原有的熟练动作对新动作的影响更强，因此，习惯性的违章对学习新的正确动作存在负迁移影响，妨碍正确操作行为的养成。此外，习惯的势力还会对人的情绪情感产生影响。大多数人会对符合习惯的事情持支持态度，而对新生的、不习惯的事情持怀疑或否定的态度。比如，就当前计算机输入系统键盘的设计来看，其字母排列从功效学的角度讲，并不是最科学合理的，但如果将当前的键盘进行重新设计，全球会有数亿人面临新的操作图式，配置新设计键盘的计算机将得到强烈的抵制，因此，尽管这个问题在 20 世纪 80 年代就被提出，但到现在，人们使用的仍然是不能让十指充分发挥作用的键盘。

3.3.4　群体因素

　　有意违章有时不是个人行为，而是一种群体行为。或者说，一个人有意违章是和他所处的群体的一些特点有关的。群体对一个人有意违章的影响表现在以下方面。

1. 群体行为的榜样作用

社会学习理论认为，一种行为可以通过观察来学习。观察包括观察他人所表现的行为及其结果。对行为的观察是对行为方式的一种了解，对行为后果的观察则提供了对行为进行价值判断的依据。比如，一个本来很谨慎、很守规则的人，总是按时到岗，但他在进入一个新的环境后发现，这里的人总是迟到，并且迟到的人数很多，而且迟到的人并没有得到任何的惩罚或批评，显然，他的按时到岗没有任何价值，于是，在经过观察和判断后，他也决定以后不必那么早到。这个事例表明，通过观察，一个人可以知道某种行为是怎样进行的。但是否把这种行为概念表现为实际动作，还需要一个中间环节，即行为的强化物。他人行为的后果就是一种强化物。当然，如果这种行为得不到自我的强化，也是有可能只获得而不表现的。

群体行为除提供模仿的榜样外，还为个体提供了一种直接学习的环境。在某种情况下，原本不违章的个体可能和群体中的其他群体一起进行了违章作业，如果这次违章作业并没有带来不好的后果，这种违章的直接经验就会得到强化、保留。

2. 群体中的社会心理对有意违章的影响

个体除了模仿群体中其他个体的违章行为，还可能受到群体心理的影响，主要表现为群体中的从众压力。

作为群体中的一个成员，每个人都有归属感，希望被群体接受，为此，就要按群体的规则做事，违反群体规则的行为或个体，会感受到来自群体的巨大压力，从而改变自己的态度和行为，以便与群体保持一致，被群体认同，这就是从众。

从众可以发生在没有任何利益关系的群体中。在所罗门·阿希（Salomon Asch）的试验中，群体中的从众现象表现得很充分。试验要求被试判断卡片 A 上三条线段中哪一条与另一张卡片 B 上的线段等长。实际上，卡片 A 上只有一条线段与卡片 B 上的线段等长，且卡片 A 上三条线段长度差别明显。通常条件下，被试判断错误的概率小于 1%。但是由于参加试验的 8 名被试中，只有一名是不知情的被试，其他 7 名都受主试的安排，故意说出错误的答案，不知情的被试被有意安排在最后回答。结果表明，在多次试验中，大约有 35%的被试选择了与群体中其他成员一致的回答，即存在明显错误的回答。

在有利害关系的群体中，个体对群体压力的体验会更为真实。梅奥（George E. Mayo）在霍桑工厂研究时发现，由于雇员的产量与他们的薪酬有紧密的关系，如果雇员产量提高，雇主会增加他们的薪酬，但同时，雇主会提高对他们产量的要求，从而变相地增加了工作量，降低了薪酬的增长率。因此，雇员们达成一种默契，将日产量维持在一个比较稳定的水平，如果其中一个成员在工作速度上超过或低于小组中其他成员的工作速度，都会影响整个小组的薪酬。当他的速度过快时，雇主会以他为标准，要求其他雇员增加产量；如果他的速度过慢，其他雇员为了维持薪酬水平，就不得不帮他完成任务。因此，对与小组内部不成文的约定的产量不一致的成员，小组中的其他成员会采用群体内部纪律对其实施制裁，如嘲笑、讽刺、排斥等，并要求其不得向雇主告密。

对违章行为来说也是如此。如果群体中大部分成员违章，那么个别按照操作规程工作的人就会面临群体压力。如被嘲笑为胆小鬼而在群体中地位低下，或被认为讨好上级或有告密的嫌疑而被群体疏远。这些都是群体中的不良心理对个体行为的消极影响。

3.3.5　管理因素

如果一个组织中屡屡出现有意违章现象，就必须考虑组织管理因素在员工违章行为中的作用。某种管理可能是无效的，甚至会激起员工的不满，员工有意违章可能是对组织不满的一种表达。

安全生产是每一个组织的常规工作中不可或缺的部分，但是，不是所有的组织都有深入人心的安全理念。安全观念虽然是一种思想，但要使安全观念成为每一个组织成员行动的指导思想，组织首先要有科学的管理思想，并采取一系列有效的管理行动来推进这一思想的实现，而不能仅将其视为一项宣传任务，喊喊口号或贴贴标语。为此，组织不仅应当将安全看作组织的生产目标，还应将安全看作员工应有的权利，并保障员工享有对自己这一权利的知情权和监督权，使员工从被动地遵守安全规程，转变为主动地要求安全。组织所制定的安全生产条例不应当仅是体现在文字上的一种组织理想，还应当是细致到可操作、可观察、可管理的实际行为说明；组织不仅应当设立负责安全生产的领导和专门机构，还应当赋于这些领导和专门机构落实安全管理的权力。

组织对安全的重视及推动安全生产采取的方式直接影响着员工安全作业的自觉性及对安全管理的态度。从消极预防的角度看，组织安全观念的有效推行，首先可以减少员工思想上的麻痹。员工对安全的麻痹心理除与组织对安全的重视程度有关外，还与组织安全管理的方式有关。重成绩不重过程的安全奖励制度使员工相信只要自己不出事就可以得到奖励，那些操作经验丰富的人，就会过分相信自己的经验而不是操作规程，对自己违反规章制度的行为不以为然。安全监督制度中的漏洞也是有意违章的一个因素。比如，如果安全检查安排在固定的时间，且时间间隔很长，就会给员工以形式主义的印象，检查之前充分准备，检查过后一切照旧，安全在人们的头脑中仍然是一个停留在口头上的、虚无的概念，而不是行为中随时存在的、可以直接观察和体验的真实事件。

组织安全观念的有效推行，还可以减少员工对安全管理的逆反和对抗。逆反心理是一种无视社会规范和管理制度的对抗性心理状态，表现在行为上就是对安全管理和监督的对抗行为。对抗行为有两种表现形式：一种是显性对抗，如对安全检查人员的工作不配合，安全检查人员指出其错误后不改正，甚至与检查人员发生冲突。另外一种对抗是隐性对抗，即通常说的阳奉阴违。当检查人员指出其错误时，立即表示改正，事后仍我行我素，有些人还在事后对检查人员打击报复。这里所说的对抗，都是在正常的安全监督制度下，被检查者的不当反应。有时，员工的不配合或冲突是由于检查制度本身存在不合理之处所致，因此，受查处的员工感受到不公，或对此不满。比如，在有的组织中，安全检查不能一视同仁。待人严，待己宽。对与自己相熟的人，睁一只眼闭一只眼，对与自己关系疏远的人，则事无巨细，都要一一记录，从而引起不满。领导干部违章，不查不纠；一般群众违章，一查到底。在一般群体中，具有领导地位的人通常享有较大的自由，不一定受群体规范的约束，但如果想通过群体的力量约束个人的行为，领导活动的自由权需不妨害群体目标的实现时，群体规范的作用才能发生作用，否则，群体就失去成员对归属于它的心理需要，其规范也就起不到约束成员行为的作用。

3.3.6 环境设计的原因

员工的有意违章与工作环境设计或工作流程中存在的问题也存在一定的关系。环境设计中存在的问题主要是因为在设计时没有考虑人的因素，导致人在工作时处于不便或不利的条件，操作者为了操作的便利或保障个人的利益，而采取了违章的行为方式。

如果环境设计没有考虑到人的操作的便利性，就可能诱发人的惰性对违章作业的影响。比如，在一个材料堆放散乱的现场，乱堆乱放可能被归因于员工的懒惰或安全意识不强，因为存放处离工人的操作空间并不远。但仔细观察，你可能发现真正原因并非如此。比如，在一个材料存取处，按照规定，材料按照编号对应放在一个五层的架子上。在实际的操作中，经常用到的材料编号为5，也就是最下边的那层架子上，工人在取放材料的时候必须一次次弯腰下蹲，非常不便。为了方便，他们就将取出的材料随手放置，工作结束后，再将材料按编号归位。这里，显然存在一个设计上的明显的不合理之处，如果将材料的放置位置重新排列，就可以避免这样的违章行为发生。

如果环境的设计没有考虑到人的基本生理需要，也会引发工人的违章作业。如在寒冷的环境下工作的员工，为了保持身体的热量，避免手指僵硬，发生动作变形、操作失误的问题，就可能将工作场所中的通风设备或逃生通道堵塞，导致工作环境中有害气体聚集或发生意外灾害性事件的可能性增加，人的安全或健康受到威胁。

从另一个角度讲，由于环境设计不当而导致有意违章至少反映了另外两方面的问题。一方面，反映了组织对员工安全需求的不关心，对员工工作中长期存在的不便利条件不能及时发现。另一方面，也反映了组织中存在的沟通问题。员工在遇到工作中的不利因素后，没有与管理部门沟通的意识，或者缺乏相应的沟通渠道，抑或沟通是无效的。在这种情况下，员工把安全看作管理部门的事，当然谈不上主动创造安全工作环境的问题。其实，只要对纳物箱进行简单的改造，把常用的材料放在最便于拿到和放回的位置，这个问题就可以解决，也就不会产生员工采用消极懈怠的偷懒办法，将材料随手放置的现象了。

现实中，影响有意违章和无意违章的因素不是截然区分的。分析违章的类型及影响因素，其目的在于找到问题的根本原因，寻求针对性的解决方案。比如，同样的情境下的违章，对有些人来讲，是有意的，而对有些人来讲，则是无意的。在帮助违章者纠正违章错误时，如果不考虑各自原因的特殊性，采用"一刀切"的办法，就不会给个体行为的变化产生实质的影响，不仅起不到纠正的作用，还使违章者得出管理者对安全不重视或缺乏管理能力的结论，增强其不利于安全操作的心理状态，对进一步的安全工作非常不利。

复习思考题

1. 如何看待人在人机系统中的地位？
2. 举例说明不同类型的操作行为差错。
3. 人的无意差错的个体因素和环境因素有哪些？
4. 如何减少人在工作中的有意差错？

第 4 章

工作环境与安全

工作环境对劳动者来说，不仅是工作赖以完成的条件，也是他们重要的生活空间。从环境构成来看，工作环境可以分为自然环境和社会环境。工作中的自然环境主要指工作场所中的温度、湿度、风速、照明、色彩、噪声、振动和压力等物理因素，工作中的社会环境因素主要指工作场所中由人构成的环境因素，如工作场所中的人际关系、群体、组织等。

工作环境对劳动者的影响是多方面的。从影响的范围来看，工作环境不仅制约着劳动者的工作质量，还会波及劳动者在工作中的精神状态。从影响的层次来看，自然环境的影响是多层次的，既可以直接影响劳动者的生理状态和心理状态，也可以通过对生理状态的影响改变劳动者的心理状态，而劳动者的身心状态与他们工作中的安全状态密切关联。社会环境对劳动者的影响主要是对劳动者心理状态的影响，以对工作态度的影响尤为明显，如满意感、对工作的投入和承诺等，工作态度是影响员工在安全管理方面自愿顺从的重要原因。本章重点介绍工作自然环境中最基本的组成成分——微气候和噪声对安全行为的影响及工作负荷问题。社会环境与安全的关系将在组织行为与安全、群体行为与安全两章中加以探讨。

4.1 微气候与安全

微气候是指特定范围的空间中温度、湿度和气流速度等气候因素的组合。特定的空间可大可小，大的空间如楼宇、草原，小的空间如办公室、工厂车间、驾驶室，更小的空间如服装与人体接触面所造成的服装微气候。微气候环境条件对人的生理功能、健康和劳动能力都有重要影响。

4.1.1 微气候与人体温度

1. 微气候的度量

特定环境中的微气候主要受环境中的温度、湿度和风速三方面的因素共同影响，对这三方面因素的不同组合方式，构成对微气候的不同度量方式。常用到的包括有效温度、牛津指数、湿-黑球温度和计算温度。

（1）有效温度（ET）。有效温度是在自然对流（风速小于 0.1m/s）和 100% 相对湿度条件下的温度值。在这个条件下，有效温度与实际温度相同。以此为参照，系统地改变风速和相对湿度，人们对环境温度的感受会与环境当中的实际温度不同，记录人们对不同温度、湿度和风速组合下对环境温度的感受，绘制成图，就成为有效温度图。实际测量当中，人们就可以根据温度、湿度和风速三个指标从有效温度图中查得相应的有效温度。

根据有效温度的定义和测量，可以推断，人们感受到相同温度的环境，其温度、湿度和风速并不一定都是一样的，这三方面的因素通过不同的组合，可以使人产生相同的有效温度感。以有效温度为 17.7℃ 为例，它可以在表 4-1 中所列各种条件组合下获得。

表 4-1　三种条件下的有效温度

有效温度/℃	相对湿度（%）	摄氏温度/℃	风速/（m/s）
	100	17.7	0.1
17.7	70	22.4	0.5
	20	25	2.5

有效温度实际是建立在评价者主观评价基础上的测量尺度，具有一定的不稳定性，对环境要求不一样的劳动者，同样的环境条件下，对环境温度的估计有很大差别。另外，在寒冷和自然条件下，人们对有效温度的判断比较一致，而在温暖条件下，人们对有效温度的估计差异明显。

（2）牛津指数（WD）。牛津指数是湿球和干球温度的加权值。

$$WD = 0.85W + 0.15D$$

WD 的单位为℃，W 为湿球温度数（℃），D 为干球温度数（℃）。湿球温度由湿球温度计测量，干球温度则是由干球温度计（即普通的酒精温度计或水银温度计）上测出的温度。干、湿球湿度之差可作为相对湿度的估算值。牛津指数是测量不同气候条件下耐受限度的良好指标。

（3）湿-黑球温度（WBGT）。湿-黑球温度综合考虑了干球温度、相对湿度、平均辐射温度和风速四个环境因素值，是表示人体接触生产环境热负荷的一个经验指数。美国职业安全与健康协会（OSHA）用该指标作为室内热舒适标准的指标。

室外作业，辐射温度不等于空气温度时，WBGT 按照下式计算：

$$WBGT = 0.7WB + 0.2GT + 0.1DT$$

WB 为自然风速中的湿球温度（℃）；GT 为黑球湿度（℃）；DT 为干球温

度（℃）。

当风速 >2.5m/s 时，WB 等于 W（湿球温度），风速 <2.5m/s 时，WB 用下式计算：

$$WB = 0.9W + 0.1DT$$

室内作业时，辐射温度接近空气温度时，$WBGT$ 值按照下式计算：

$$WBGT = 0.7WB + 0.3GT$$

（4）计算温度。计算温度是评价热环境的综合性指标。计算公式为：

$$T_0 = A \cdot DT + (1 - A)GT$$

T_0 为计算温度，DT 为干球温度，GT 为黑球温度。A 随风速大小取常数，风速 >0.2m/s 时，A 为 0.5；风速为 0.2~0.6m/s 时，A 为 0.6；风速为 0.6~1.0m/s 时，A 为 0.7。

矿井中的微气候比较复杂，如果不加人工控制，一般会使人产生不适感。井下工作环境中，最适宜于人们劳动的温度是 15~20℃。金属和化学矿山安全规程规定井下采掘地点温度一般不超过 27℃；《煤矿安全规程》规定采掘工作面的空气温度不得超过 26℃，机电硐室的空气温度不得超过 30℃。矿井空气的湿度一般指相对湿度。相对湿度的大小直接影响水分蒸发的快慢，影响到人体的出汗蒸发和对流散热。人体最适宜的相对湿度一般为 50%~60%，而井下的相对湿度较大，一般在 90% 左右，不利于散热。风速除对人体散热有着明显影响外，还对矿井有毒有害气体积聚、粉尘飞扬有影响。但风速过高或过低都会引起人的不良生理反应。矿井中一般采用自然通风和机械通风两种通风系统控制风流，不但可以为井下工作人员提供适宜的，与井下温度、湿度匹配良好的气候条件和足够呼吸用的新鲜空气，还可以冲淡和排除有害气体及浮游矿尘。

2. 人体温度

体温是环境微气候效应的体现，由于人体核心温度和体表温度存在差别，通常用这两个因素的加权值之和表示人体平均温度，即：

$$T_{平均} = 0.65T_{核心} + 0.35T_{皮肤}$$

式中，$T_{皮肤} = \sum K_i T_i$，是加权平均皮肤温度，K 值为体表各测试部位的权重值，T 值为各测试部位测得的温度值。

为保障人的生理功能的正常，人体体内热环境必须维持在一个较适宜的水平，超过或低于这个水平，都会对人的机体功能甚至生命构成威胁（见表4-2）。人体内部功能与温度不同于表层的功能与温度。人体的核心层是人体新陈代谢进行的部位，人体核心部分温度大约为 37℃，新陈代谢产生的热量通过表层皮肤散发到环境中，人体皮肤表面温度大致在 20~37℃ 范围内。当人体核心温度在 37℃、体表温度在 34℃ 左右时，所需的生理热调节努力最小，人体感觉最舒适。

表 4-2　不同体温下的人体症状和主观感受

体温/℃	症　状
41~44	死亡
41~42	热射病，由于温度迅速升高而虚脱
39~40	大量出汗，血量减少，血液循环障碍
37	正常
35	大脑活动过程受阻，发抖
34	倒摄遗忘
32	稍有反应，但全部过程极为缓慢
30	意识丧失
27~25	肌肉反射与瞳孔光反射消失，心脏停止跳动，死亡

皮肤温度/℃	主 观 感 受
45±2	剧烈疼痛
35 以上	热
31.5~34.5	舒适
30~31	凉
28~29	寒颤性冷
低于 27	极冷

手温/℃	脚温/℃	主 观 感 受
20	23	冷
18		极冷
13		疼痛
2	2	剧烈疼痛

3. 人体温度调节

人是恒温动物，因此，保持体温恒定是人个体生存的基本条件之一。体温调节就是通过调整人的生理机制或外部条件来改变人与外界的热交换，使体内所产生的热量及从外界所得热能和向外界散发的热量保持平衡。

（1）热交换方式。人体的热能主要来自食物，环境中的热能来源则较多，阳光照射产生热量，机械运转会产生热量，生产环境中的各种熔炉、开放的火焰、熔化的金属等都是环境中的热源。当人体热能与环境中的热能不平衡时，就会发生热交换。人体与外部环境进行热交换主要通过热传导、对流、热蒸发和热辐射进行。

传导是人与环境中的物体直接接触时发生的热量交换。对流是借助空气或水的流动而产生的热交换，工作环境中通常是空气与人进行对流热交换，空气流动从较热的人体表面带走热量，或者将热传递给较冷的人体表面。热蒸发是人体通过汗腺活动向环境进行热散发的过程，汗腺的活动有时是可觉察的，有时则是不可觉察的。一个人一天一夜所发生的不显性出汗为 500 ~ 700ml，而剧烈运动或在高温环境中工作的人，每小时可排汗 1000 ~ 3000ml，对体温调节作用很大。热辐射是热源以电磁波形式向外传热的热交换方式。热辐射的方向取决于热交换双方的相对温度，当人体温度高于环境温度时，人体向外界辐射热量；反之，人体就会吸收环境的热辐射。

（2）体温调节方式。人体自身主要通过体内蓄热、血液循环、汗腺分泌和肌肉抖动来调节体温。当外界环境温度发生变化时，皮肤外周血管相应地收缩或舒张，以减少或增加外周血流量，起到保存或释放热量的作用。在高温环境中，通过汗腺活动出汗蒸发散热，在冷环境中，人体借助寒颤或自发性活动以提高代谢率产生热量，剧烈的寒颤产生的热量可以增加到安静状态时的 4 ~ 5 倍。因此，人对冷、热环境都是有一定的适应性的，但对低温的适应能力不如对高温的适应能力强。

除生理调节外，人类还可以采取一定的行为手段来调节体温。最简单的行为如增减衣着、晒太阳或避光等。

4.1.2 高温环境的影响

1. 高温环境的特点

1997 年，由原国家劳动部提出的新的高温作业分级采用了 WBGT 指数方法，代替了 1984 年提出的以温差评价热环境的方法，对高温作业定义及其分级进行了重新定义。高温作业就是在生产劳动过程中，其工作地点 WBGT ≥ 25℃。高温作业分级综合考虑了工作地点 WBGT 指数和员工接触高温作业时间的长短，将高温作业分为 4 级，级别越高表示热强度越大，见表 4-3。

表 4-3　高温作业分级

接触高温作业时间/min	WBGT 指数/℃								
	25 ~ 26	25 ~ 28	29 ~ 30	31 ~ 32	33 ~ 34	35 ~ 36	37 ~ 38	39 ~ 40	41 ~ 42	≥43
≤120	I	I	I	I	II	II	II	II	III	III
121 ~ 240	I	I	II	II	III	III	IV	IV		
241 ~ 360	II	II	III	III	IV	IV				
≥361	IV	IV								

高温作业包括在高温、强热辐射环境中的作业，高温、高湿环境中的作业和夏天露天作业。高温、强热辐射环境中的特点是气温高、热辐射强度大，而

相对湿度较低，形成干热环境，如冶金工业的炼焦、炼铁、轧钢等车间，机械制造工业的铸造、锻造、热处理等车间。高温、高湿环境的特点是生产过程中产生大量的水蒸气，或生产过程要求保持较高的湿度，因此气温高、湿度大，如印染、缫丝、造纸等工业中液体加热或蒸煮过程，车间气温可达到35℃以上，相对湿度常达到90%以上；潮湿的深矿井内气温可达到30℃以上，相对湿度达到95%以上。这些环境中如果通风不良就会形成高温、高湿和低气流的不良气象条件，亦即湿热环境。夏季露天作业主要是受到较强的热辐射，且持续时间可能较高温车间作业时间长，造成高温环境，如夏季的农田劳动及建筑、搬运等行业的露天作业。

还有一些特殊的高温作业环境。如在航天器返回地球阶段，在飞船重返大气层时，高速飞行的返回舱与大气摩擦，会产生几千摄氏度的高温，尽管返回舱采用了高效防热材料，仍无法避免一定程度的温度上升，宇航员仍然要经受高温的考验。

2. 高温环境对人体的影响

在高温环境中，为维持体温恒定，人体会进行一系列自我调节，减轻热负荷，但如果热负荷超过正常范围，人体就会出现一些生理病理变化。图 4-1 反

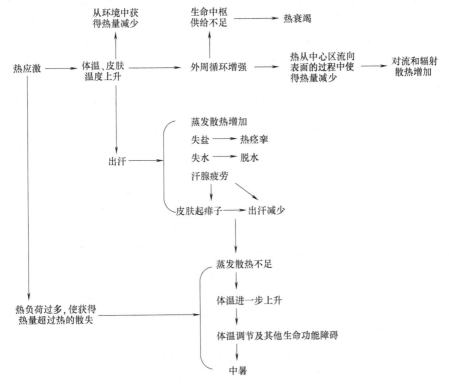

图 4-1　人体热应激反应

映了人体在热环境中的应激反应过程。

概括起来,热应激造成的生理损伤表现在以下几方面:体温调节产生障碍,水盐代谢紊乱,循环系统负荷增加,消化系统疾病增多,神经系统兴奋性降低,肾脏负担加重。

3. 高温环境对人心理和行为的影响

高温环境下,由于热环境下体表血管扩张,血液循环量增加,导致大脑中枢相对缺血,使人出现注意力分散、反应速度降低、记忆力减退、思维迟钝等认知问题。

在热环境中,由于对体能和心理能量的消耗,人的操作行为也会受到显著影响。热环境对操作行为的影响还受到作业种类、热暴露时间、操作者的个性品质等因素的影响。体力劳动中,热环境下(40℃,相对湿度60%),劳动者的操作效率为中等气温(20℃,相对湿度60%)下操作效率的19%,为低气温(0℃,相对湿度80%)的12%。脑力劳动中,有效温度由21℃增加到31℃时,作业绩效明显下降,而且作业越难,绩效下降越明显。就作业持续时间而言,在26.7℃时,人可以坚持工作近5h,在32.2℃时,人可以坚持工作1.5h,在37.8℃时,人只能坚持工作不到1h。对电报接收员在高温环境下工作差错的研究表明,被试在有效温度27.5℃及27.5℃以上时,每小时的平均误差比较小,超过35℃时,误差率急剧上升,而且在第3个小时比第1个小时要高得多。

4. 高温环境下的防护

就环境而言,环境中温度过高、湿度过大、风速小、劳动强度过大、劳动时间过长等都是高温环境对人体的不利影响,但个体因素也是出现严重的热应激后果的原因之一,如过度疲劳、睡眠不足、体弱、肥胖、尚未产生热适应等都易诱发中暑。因此。对高温作业危害的防护要注意以下几方面。

(1)对工作环境合理布局,使热源尽量远离工人操作位置,同时加强隔热措施和通风降温措施,如开窗、使用风扇等能产生空气流通的设施。

(2)人职匹配方面,对所有从事高温工作的员工进行体格检查,选择热适应能力强的员工从事热负荷大的工作,且应有体质合格的后备人员。

(3)保健措施方面,一方面,要为高温环境中工作的员工提供凉快的休息场所。休息场所应就近设在工作岗位附近,短暂但频繁的工休转换对高温工作人员比较有益。另一方面,要及时为高温工作人员提供合理饮料及补充营养。水分补充必须能够等量地补充通过汗液蒸发的水分。人们经常是在自己感觉到口渴时才补水,但这样做往往不能使所需水分得到充分补充。高温环境中的工作人员应当每15~20min就喝水140~200mL。另外,水的温度应适于即时饮用。

（4）服装防护

适当的服装可以抑制人体和周围环境间的热交换。但如果服装妨碍了汗液的蒸发，其隔热效果就会减弱，因此，在热环境中采用服装降温主要是用于干热的环境。另外，是否使用绝缘衣、手套或红外线防护服，应视环境特点而言。在极热的环境下，可以穿着自带热量调节功能的服装。

4.1.3　低温环境的影响

1. 低温环境的特点

根据国家技术监督局颁布的低温作业环境标准，低温作业是指在生产劳动过程中，工作地点平均气温≤5℃的作业。按照该标准对低温作业的分级，级别越高，环境中的冷强度越大（见表 4-4）。

表 4-4　低温作业分级

低温作业时间率（%）	温度范围/℃					
	≤5 ~ 0	<0 ~ -5	< -5 ~ -10	< -10 ~ -15	< -15 ~ -20	< -20
≤25	I	I	I	II	II	III
>25 ~ 50	I	I	II	II	III	III
>50 ~ 75	I	II	II	III	III	IV
≥75	II	II	III	III	IV	IV

注：凡低温作业地点空气平均相对湿度≥80%的工种在本标准上提高一级。

室外低温作业环境主要是由自然环境本身的特点决定的。我国东北、华北及西北部分地区属于寒区，一年中寒期长、积雪深、气温低。在这些地区从事露天作业，就是处在低温作业环境中。低温作业包括的工种如道路施工、房屋建筑、电厂或通信设备的线路维修人员，警察，消防员，急救人员，作战人员，交通驾驶员等。另外，在冬季或寒冷地区发生暴风雪、船舶遇难、飞机迫降等意外事故，也会面临低温作业。

室内低温作业环境是由作业任务要求造成的环境特点或在寒冷季节没有提供采暖条件的室内环境。如储存肉类的冷库，这类低温作业是没有季节性的。

2. 低温环境对人体的影响

低温是一种不良气象条件。在低温环境中，机体散热加快，引起身体各系统一系列生理变化，可以造成局部性或全身性损伤，如冻伤或冻僵，甚至引起死亡。图 4-2 表示了人在低温作业下的冷应激反应。

环境温度过低，暴露时间过长，就会导致机体的病理变化，出现低体温、冻伤、非冻结性冷损伤，甚至死亡。手指、脚趾、耳朵、鼻子等部位由于没有肌肉保护，不产生热量，因此最不耐冻。特别是手和脚由于比其他部位更有可能与冷环境直接接触，会更快地产生冷的感觉。低体温是最严重的冷损伤，由于在极冷的环境中，人体自身产生的热量不能补偿外界环境对人体热量的吸收，人体热量大量散失，人体核心温度迅速降低，暴露在外的身体部位产生疼痛感是体温降低的初步体现。随着体温的继续下降或暴露在低温环境中的时间的延续，冷的感觉和疼痛的感觉开始逐渐消失，如果受伤者感觉不到疼痛，严重的冷损伤会在受伤者没有觉察的情况下发生。体温降至33℃以下后，出现肌肉无力和嗜睡现象，即低体温现象。低体温的症状还包括间歇性的颤抖，意识丧失，瞳孔扩散。当人体体温达到28℃时，会出现昏迷，心脏活动大概在20℃时停止，大脑活动在17℃时停止。

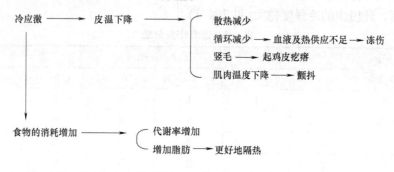

图4-2 人体冷应激反应

3. 低温环境对作业行为的影响

在低温环境中工作会导致工作效率下降和事故率的上升。寒冷环境中，手指的敏感性和灵活性降低，在连续的低温环境中，处于肌体较深部位的肌肉也会出现乏力、僵硬等现象，大脑的觉醒水平降低，使体力劳动和脑力劳动的绩效都受到影响。

4. 低温环境下的防护

（1）恰当的设备。在低于冰点的温度下工作，设备材料的选择很重要。如金属的把手和扶手必须用导热性能低的材料加以覆盖，以减少热的传导，器械最好是不需要裸露手部来进行操作的。另外，低温作业条件下需要有一定的防寒遮蔽条件，如帐篷、船舱、休息室等，提供体温恢复的条件。

（2）服装防寒。衣着是人类维持热平衡的重要手段。寒冷环境中，合适的衣着不仅能御寒保暖，还可以使人产生舒适感，提高工效。

防寒衣服的选择要适应工作环境中的温度、风速等条件，活动的水平和持续时间以及工作设计等因素。工作环境及工作本身的特点会影响到人体热量的产生和丧失，防寒衣物设计不当会使出汗增加，贴身的衣物变湿，衣物的保暖性急剧降低，增加了受冷的危险。对防寒服的要求包括：衣服应该是多层的，各层之间的空间不仅对冷空气有很好的预防，还可以方便劳动者根据情况增减服装厚度；里层应有助于对冷空气的绝缘，保持干燥；聚丙烯材质的网状内衣能比普通衣物更好地排汗等。除衣服外，根据工作需要，防寒衣物还应包括靴子、袜子、脸部和眼部防寒物。

（3）环境监测。美国政府工业卫生协会对低温作业环境温度监测的要求是，低于16℃的工作场所都必须有恰当的温度监测仪器，密切监测温度的变化。低于冰点的工作场所，必须每4h记录一次环境温度；室内环境中，只要空气流动速度超过2m/s，就需要每4h监测一次；低于冰点的室外环境，空气温度和风速都要监测。

（4）人事选择。通过人事选择，可以将对低温敏感程度高的人筛选出来，而选择那些相对耐寒的个体从事低温环境中的作业。一般来讲，在低温环境中，女性比男性更有可能受到伤害。这是因为女性的中心温度变化比男性较慢，她们很难通过活动或颤抖产生热量来维持体温；另外，女性肢体末端变冷的速度比男性要快。健康状况也是人事选择时必须考虑的因素。如，有心血管等血液循环疾病的人、有特殊药物使用需求的人、有过冻伤经历的人不适宜进入低温作业环境。

（5）员工教育。通过培训和教育，使低温环境中的作业人员坚持正确的着装习惯和安全操作习惯，了解冷损伤的一些基本症状和急救知识，是避免低温环境对人体产生伤害的一种措施。另外，在低温环境中要避免单独作业，工友之间要相互提醒并警惕对方出现低体温的初期症状。

（6）预防温度突变的不良影响。高温和低温环境的突然转变，也会使人产生不适。

炎热的夏天，人们常常依赖空调设备降温，有空调的场所和没有空调的场所热环境的变化，易造成人体内平衡调节系统功能紊乱，使汗腺功能受阻，在进入热环境后由于皮肤表面毛孔闭合，影响排汗散热，出现夏季感冒。

人们都有这样的生活常识，在外面受冻后回到家中，不宜直接在火炉上烤暖或用热水浸泡，因为冷热环境的突然交替，人体血管不能猛然承受过大的温差刺激，出现暂时性调节功能紊乱，致使部分血液穿透血管壁和毛细血管壁，造成出血。血管脆性增加的体弱者和老年人更易发生上述情况。

4.2 噪声对安全行为的影响

人类通过听觉器官接收信息是人类生存和沟通的重要手段，但噪声是对人类有害的声音刺激，人们将噪声和废气、污水并称为"工业三害"。当然，噪声也不仅存在于工业生产中，人声喧闹、交通工具运行发出的声音都可以称为噪声。从物理学的角度，噪声是指频率和振幅杂乱、断续、无规则的声震荡，是与和谐音相对立的；从心理学的角度，噪声是指一切干扰人的工作、学习和休息的，令人烦躁的声音。因此，一些声音是否成为噪声受个体主观感受的影响，如机车发动机的声音，对驾驶员来讲，是判断机器运转状态的信号，而对无关的人来讲，无疑是噪声。无论是物理学定义的噪声，还是心理学定义的噪声，都会对人的生理、心理和行为产生一些消极影响，噪声控制是现代工业生产和城市环境建设需要考虑的重要内容。

4.2.1 噪声的分类及评价

1. 噪声的类型

按照噪声产生的背景，可以将噪声分为工业噪声、建筑施工噪声、交通运输噪声和社会生活噪声四大类。

按照发声机理，噪声可分为机械噪声、空气动力性噪声和电磁噪声。机械噪声是由于运动件之间以及运动件与固定件之间周期性变化的机械运动而产生的，包括固体振动、金属摩擦、构件碰撞、不平衡旋转零件撞击等情况下产生的噪声。空气动力性噪声是因气体流动时的压力、速度波动产生的，如喷气式飞机、风机叶片旋转产生的噪声。电磁噪声是因电磁作用引起振动产生的，如变压器等发出的噪声。在同一种环境背景中，人们接收到的噪声可能是各种噪声的组合。

根据噪声持续时间的久暂，可以将噪声分为连续噪声和脉冲噪声。脉冲噪声是持续作用时间小于1s的噪声。

2. 噪声的评价

噪声有其物理度量，主要包括反映噪声强弱的声压、声强以及表征噪声频率特性的频谱分布，常用到的是对声压的度量。声压是声波通过传播媒介时产生的压强，实际使用时常用声压级来反映声压，声压级用声音的声压与人耳听觉阈之比的常用对数乘以 20 来计算，其单位为分贝(dB)。

但用物理度量测量的噪声不能完全反映人对噪声的主观感受。因此，对噪声的评价还可以从噪声对人的生理、心理的影响出发，以人的主观感受为依据进行评价，将噪声的客观度量和人的主观感受联系起来。常用的主观评价有以下几种。

（1）响度和响度级。响度级反映了人对不同频率的声音响度的感受，单位是宋(sone)。在无回声室内，以 1000Hz 的纯音为基准音，如果被试认为比较音与基准音一样响，那么比较音的响度级在数值上就等于那个基准音的声压级。响度与正常人对声音的主观响度感觉(响度级)成正比，是对声音响度的主观感受。

（2）声级和等效声级。声级是模拟人耳听觉在不同频率上的不同感受性，将声音在声级计等噪声测量仪器上通过滤波器（计权网络）频率计权后得到噪声的声压级，单位是分贝（dB）。常用的滤波器有 A、B、C、D 四种，A 声级能较好地反映人对噪声的主观感受，有较大的普遍性。等效声级是对非稳态噪声的测量，等效连续声级是对一个时间段内噪声的测量，昼夜等效声级则考虑了噪声在夜间对人的影响较白天为重的特点，对夜间噪声要进行增加 10dB 的加权处理。

图 4-3 是一些典型声音的 A 声级。

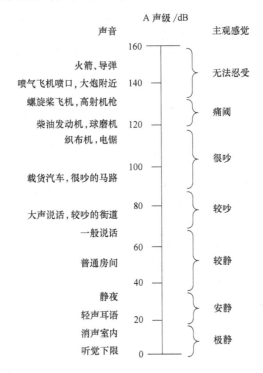

图 4-3　典型声音的 A 声级

表 4-5 列出了国家环保总局对城市环境噪声的分级标准。

表 4-5　城市环境等效声级 Leq 分级标准　　（单位：dB（A））

类　别	昼　间	夜　间	类　别	昼　间	夜　间
I	55	45	Ⅲ	65	55
Ⅱ	60	50	Ⅳ	70	55

标准规定，Ⅰ类标准适用于以居住、文教机关为主的区域；Ⅱ类标准适用于居住、商业、工业混杂区及商业中心区；Ⅲ类标准适用于工业区；Ⅳ类标准

适用于交通干线道路两侧区域。

夜间频繁突发的噪声(如排气噪声),其峰值不准超过标准值 10dB(A),夜间偶然突发的噪声(如短促鸣笛声),其峰值不准超过标准值 15dB(A)。

(3)噪声评价数。噪声评价数,又称噪声评价曲线(NR),表示不同声压级、不同频率的噪声对人造成的听力损失、语言干扰和烦恼的程度。噪声评价数既可以作为评价已存在噪声问题的一种方法,也可以帮助使用者根据设计要求确定可接受的背景噪声。确定噪声评价数的方法是:先测量各个倍频带声压级,再把倍频带噪声谱叠加在 NR 曲线上,以频谱与 NR 曲线相切的最高 NR 曲线编号,代表该噪声的噪声评价数,如图 4-4 所示。

(4)语言干扰级。语言干扰级(SIL)用来评价噪声对语言会话的影响。以中频率为 500、1000、2000 和 4000Hz 的 4 个倍频带噪声声压级的算术平均值作为语言干扰级。图 4-5 反映了语言干扰级对不同交谈距离效果的影响。

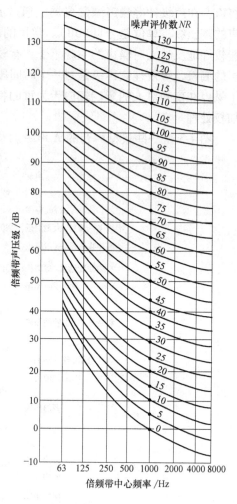

图 4-4　噪声评价曲线

4.2.2　噪声对生理的影响

噪声对人生理的影响主要表现为听力损伤、神经系统和心血管系统异常、睡眠障碍等。

1. 听力损伤

人的听觉器官先天不具有闭合的能力,同时人的听觉又存在一定的阈限,低于听觉阈限的声音刺激,人无法接收;超过听觉阈限的声音刺激,又会对人的听觉器官造成损害。噪声会引起听力的部分下降,直至导致噪声性耳聋。根据中华人民共和国职业卫生标准对听力损伤的分级,凡高频(3000Hz、4000Hz、

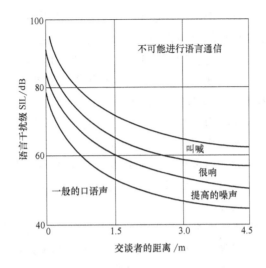

图 4-5　交谈的语言声级与交谈效果的关系

6000Hz）任一频率听力下降 ≥30dB，为听力损伤，其中，下降 26 ~ 40dB 为轻度听力损伤，下降 41 ~ 55dB 为中度听力损伤，下降 56 ~ 70dB 为重度听力损伤，下降 71 ~ 90dB 为噪声性耳聋。较长时间暴露于高强度、高频率噪声环境是导致听力损伤和噪声性耳聋的主要原因。舰艇轮机兵、坦克驾驶员、飞机场地勤人员、常戴耳机的电话员及无线工作者、铆工、锻工、纺织工等，噪声性耳聋的发病率较高。

2. 噪声对听力的影响

噪声对听力的影响包括持续噪声和非持续噪声对听力的损伤。

一定强度的持续性噪声，通常认为是 85dB 以上的噪声环境，会造成耳蜗毛细胞代谢耗尽，对听力产生显著的影响。这种影响可分为暂时性听力阈移和永久性听力阈移。在 80 ~ 105dB（A）的噪声环境中暴露 8h 以内都会引起暂时性听力阈移，且在脱离噪声环境后 2min 的暂时性阈移随噪声水平的增加线性增加。暂时性听力阈移累积会导致永久性听力阈移，早期表现为听觉疲劳，离开噪声环境后可以逐渐恢复，随着接触噪声环境时间的增加，听力损伤逐渐难以恢复，最终导致感音神经性耳聋。

暂时性听力阈移可在噪声暴露几小时或几天后逐渐恢复，永久性听力阈移则不能恢复。因此，在进行听力损伤测定时，要求在受试者脱离噪声环境12 ~ 48h 作为测定听力的筛选时间。对筛选测听所得结果已达听力损伤及噪声性耳聋水平者，应进行复查，复查时间定为脱离噪声环境后一周。

非持续性噪声包括间歇噪声、冲击噪声和敲打声等脉冲噪声。非持续性噪声对听力的损伤主要取决于噪声的强度。短时间内或瞬时强度达到120dB（A）

的噪声，会造成内耳耳蜗毛细胞功能的严重损坏，使听力完全丧失，形成暴露性耳聋。非持续噪声持续的时间也与听力损伤有关。在噪声强度不是太强的情况下，噪声暴露24h内，持续噪声引起的暂时性听力阈移要略高于间歇噪声，但在暴露后24h，这两种噪声形成的听力阈移恢复大致相同。

3. 噪声对神经系统、心血管的影响

噪声除了会对人的听力产生影响外，还会对神经系统及心血管系统产生明显的影响。在强噪声连续作用下，中枢神经系统的兴奋和抑制过程失调，影响大脑皮层综合分析功能，出现神经衰弱症状，主要表现为耳鸣、失眠、头晕、头痛、乏力、记忆力减退等。而且，神经衰弱症候群的检出率随着接噪强度增加而增加，呈明显的剂量-反应关系。

关于噪声与高血压的关系，目前的研究存在不一致的结论。基本结论是强噪声与高血压有显著关联，且接噪工人的高血压检出率随累计接触噪声剂量的增加而增加；不超标的噪声与高血压的关联不显著。在有些情况下，高血压的表现随接触噪声时间的增加而减弱。有研究发现，火电厂作业人员在初始接触噪声时，人体产生保护性反应，表现为交感神经兴奋，心率和脉搏加快，血压升高；但是随着噪声作用时间的延长，出现心率和脉搏减缓、心输出量减少，收缩压下降。这一现象说明了人体对噪声的适应过程。

以上关于噪声与神经系统、心血管系统疾病的关系都是假定噪声与这些生理病理方面存在直接的关系，也有人认为，噪声对神经系统和心血管系统的影响是通过噪声引起的心理烦恼产生的，如果噪声本身不存在社会心理意义，噪声引起的自主神经系统反应并不一定有害。

4.2.3 噪声对心理和行为的影响

噪声的不利影响还包括噪声引起的厌烦情绪，降低认知能力，降低工作绩效，增加攻击行为等心理和行为变化。

1. 对心理烦扰的影响

噪声与心理烦扰的关系受到很多因素的调节，如个体当前的活动水平、心理状态以及噪声特点等。如噪声在人睡眠休息时比工作时更容易引起人的烦恼，强度较大、频率较高、持续时间较长以及声源位置不固定的噪声也容易增加人的烦恼。

2. 对行为绩效的影响

噪声对作业绩效的影响与作业性质有较大关系。需要高度集中注意力的智力活动受噪声干扰较大，如在信号作业中，噪声会影响到通信业务中对信息的接受和处理，表现为被试反应较快，但感受性下降，错误增加。有研究表明信噪比低于10dB时，才能确保通信不受干扰。对儿童认知活动的研究表明，教室里的噪声会影响学生的认知成绩，暴露在高强度的航空噪声中的儿童，阅读和记忆能力会受到损害。噪声往往不影响作业的速度而影响作业的质量，导致差错增加，成为安全隐患。但是对简单的、日常的操作而言，噪声不仅不会对作业产生干扰，有时还起促进作用。

　　3. 噪声的非听觉因素

　　噪声对心理和行为的影响有时与噪声的强度、暴露时间关系不大，而与人对噪声的心理预期和噪声的内容等非听觉性因素有关。如人们对生活环境中的交通噪声的容忍程度要大于对音响、宠物噪声的容忍；关于办公室噪声的研究发现，只有 25% 和 19% 的人认为办公设施和电话噪声让人烦恼，而有 43% 的人认为人们之间交谈的噪声让人烦恼。

4.2.4　噪声控制

　　噪声在生活和工作中难以避免，但通过一定的管理和技术手段，可以控制噪声总量和强度，尽量减少噪声对人身心的损害，以及对作业安全性和效率的影响。

　　在管理方面，可以通过制定各行业允许的噪声强度，以及员工噪声暴露时间限制，来减少劳动者在强噪声条件下工作时间过长引起的听力损伤。国际标准化组织于 1975 年公布噪声容许标准 ISO 1999—1975（E），提出等效声级 $85 \sim 90dB（A）$ 作为噪声接触限值的选择。不同工作环境中，产生噪声的原因不同，噪声特点不同，对劳动者及周边环境的影响也不同，因此，从管理的角度应对不同行业制定不同的控制噪声的管理政策，并根据标准进行噪声监测。如澳大利亚政府对环卫、建筑、道路施工、公园施工、机车发动、机车或房屋警报发出的噪声，甚至新年派对、噪声测试，以及宗教仪式中使用到的鼓、钟、锣等乐器发出的噪声范围、时段和持续时间都作了详细的规定。对违反噪声管理政策的组织或个人，应有相应的处置。减少员工噪声暴露时间的另一个管理措施是对在噪声环境中工作的人员进行轮班。

　　通过技术手段，利用声波在传播过程中的衰弱、反射、折射、绕射和干涉等特性，利用噪声发生和传播中的声场，控制噪声的传播，削弱噪声的强度，将噪声的影响降到最低。尽管不同工艺流程中噪声特点不同，但防噪工作总体上可以从以下几方面入手：①采用能够吸收噪声的材料和结构，尽量吸收掉一些噪声能，降低噪声；②利用隔声板、隔声罩、隔声管道和消声器等坚实的材料或装置隔离噪声传播的通路，控制噪声；③对于振动较严重的噪声源，可采用弹簧、橡胶和气垫等元件减少振动力的传递或者在振动表面覆盖以阻尼材料，降低噪声辐射率。

　　对于噪声的接收者，可以采用一些防护装备来减少噪声的影响，如佩戴耳塞、耳罩等护耳器。

4.3 工作负荷与劳动者的安全

在进行生产劳动时，参与工作的每个人都要承担一定的工作量，工作负荷就是指人体在单位时间内承受的工作量，是劳动者工作条件的一个指标，与劳动者的健康、收益和工作态度相关，也是人机系统设计的重要依据。如果工作超过人的能力限度，出现超负荷情形，导致工作压力增加，作业效绩下降，事故或差错发生率增加；如在监视、监控作业中，如果信息呈现速度超出人的通道容量，就会出现漏报、误报或反应延迟等情况。长期如此，会损害劳动者的身心健康。如果工作负荷远低于人的能力，劳动者会因缺乏刺激而出现兴奋不足，降低工作效率，出现差错，还会因工作绩效不高影响劳动者的收益。

4.3.1 工作负荷的类型

工作负荷可分为体力工作负荷和心理工作负荷两类。

体力工作负荷指单位时间内人体承受的体力活动工作量，包括动态肌肉用力的工作负荷和静态肌肉用力的工作负荷。如果体力工作负荷过大，就很容易引起劳动者动作姿势的变形；由于精力消耗过大，容易过度疲劳，对环境中的突发情况难以作出及时正确的反应，导致工作的安全性下降，容易出现差错和事故。由于每个人的体力所能承受的劳动强度不同，所以相同强度的工作对不同体质的人来说体力负荷是不同的，这一点在进行人职匹配时应当考虑。

心理工作负荷是指单位时间内人体承受的心理活动工作量，主要反映在监视、监控、决策等不需要明显体力的工作职务中。心理工作负荷取决于工作的单调程度、工作速度、工作要求的精密度、工作要求决策的反应机敏程度、工作要求注意力的集中程度及持续时间、工作的后果。心理工作负荷较高的任务有飞行器驾驶、军事指挥、核能工厂的操作、医学麻醉、编写计算机程序、科学研究等。加拿大的一项调查表明超出1/4的经理人和医务人员感到自己不能承受工作负荷的压力。造成这种情况，个体能力并不是主要的原因，而在于这些工作除对能力的要求外，还要求个体付出大量的时间来完成工作，要在比别人更多的时间里从事更多超出自己能力范围的工作，其承受的心理压力之大是显然的。

4.3.2 工作负荷的效应

无论是体力工作负荷还是心理工作负荷，与个体能力不相匹配，就会使个体处于压力状态，对劳动者的身心和行为绩效产生影响。但由于产生负荷的原因不同，体力工作负荷和心理工作负荷对人的影响有不同的表现，人们对两者的测量方式也不同。

1. 体力工作负荷的效应及测量

体力工作负荷对人生理方面的影响是全方位的。随着工作负荷的增加，人体的氧运输系统活动水平会提高，出现呼吸加剧，血压升高，体内多种物质（如乳酸、蛋白质、代谢酶等）的含量发生变化，人体内环境的平衡遭受破坏，严重者使人体各系统功能出现衰竭。因此，对从事体力工作负荷高的员工进行工作负荷监测是职业安全与卫生工作的重要内容。

（1）生理效应的测量。体力工作负荷导致的生理效应主要从人的呼吸和血液系统的工作状态进行考察。考察的指标有工作阶段的吸氧量、肺通气量和心率，恢复阶段的氧债和恢复心率，以及肌肉活动产生的肌电。

1）吸氧量、肺通气量和心率。吸氧量是单位时间内人体所吸收的氧气数量；肺通气量是指单位时间内人体呼吸气体交换的次数；心率是单位时间内心跳的次数。这三个指标是相互联系的，且都与工作负荷大小关系密切。人体工作时需要消耗氧，体力工作负荷增大时，吸氧量就增大，所需要呼吸的次数就会增加，氧的运输又依靠以心脏为动力的血液循环来实现，吸氧量增加就需要心脏对血液的输出量和心率提高。实际工作中，心率的测量更容易实现，因此，在以上三个指标中，心率是最便捷、最常用的测量体力工作负荷的指标。在运动中，如果要达到一定的锻炼效果，每次运动心率就应达到一定的值，这个值一般计算方法为：$(220-年龄)\times60\%$，为了不损伤身体，最高心率不宜超过$(220-年龄)\times85\%$。当心率在这两个计算值之间时，人体代谢为有氧代谢，在此状态下，人体代谢物主要成分是水和二氧化碳，可以很容易地通过呼吸输出体外，对人体是无害的。

2）氧债和恢复心率。体力工作负荷高时，需要对氧债和恢复心率进行监测。氧债是指负荷停止后，氧气的吸入量不能立即恢复到安静水平，需要额外的氧来偿还体力负荷过程中亏缺的氧。氧债的大小等于恢复期内总吸氧量减去恢复期内的总安静吸氧量。当体力负荷强度较高时，氧需求量大，氧气供应欠缺，人体内的糖分来不及分解，而不得不依靠"无氧供能"，会出现无氧代谢。导致无氧代谢的运动通常是速度过快、爆发力过猛的运动。运动过后，会出现肌肉酸痛、呼吸急促等现象。氧债累积时间越长、程度越严重，对人体的危害就越大，甚者可能会导致人体内脏器官功能的衰竭。

负荷结束后，由于氧债的存在，心率也不可能立即恢复到安静心率，这时的心率称为恢复心率。心率恢复状况常用心率恢复率来表示。心率恢复率为负荷心率和恢复心率之差与负荷心率和安静心率之差的比值。随着体力工作负荷的增加，心率恢复率降低，随着恢复时间的延续，心率恢复率逐渐升高。运动后恢复到安静心率时间延长，表示运动所致疲劳程度增加。

3）肌电活动。工作负荷水平的变化还明显影响到人体肌肉的电活动。在静态肌肉工作负荷情况下，肌肉轻度用力会在肌电图上出现孤立的、有一定间隔和一定频率的单个运动单位电位，并且电位较低，为单纯相；肌肉中等用力时，肌电图上有些区域电位密集，不能分离出单个运动单位电位，而有些区域仍可见到单个运动单位电位，为混合相；当肌肉进行强烈收缩时，肌电图上不同频率和波幅的运动单位电位相互重叠，无法分辨单个电位，为干扰相。

（2）生化效应。高体力工作负荷持续时间较长，还会引起人体内部各种生化物质含量的变化，通过对这些生化物质的测量也可以反映工作负荷大小。例如，在无氧运动中，通过无氧代谢产生非乳酸能和乳酸能，为运动提供能量，并在血液中形成乳酸代谢物。在渐增负荷运动中，血乳酸浓度随运动负荷的增加而增加，当运动强度达到某一负荷时，血乳酸出现急剧增加，这个增加点（乳酸拐点）称为"乳酸阈"，反映了机体的代谢方式由有氧代谢为主过渡到无氧代谢为主。乳酸阈值越高，其有氧工作能力越强，在同样的渐增负荷运动中动用乳酸供能越晚，即在较高的运动负荷时，可以最大限度地利用有氧代谢而不过早地积累乳酸。个体在渐增负荷中乳酸拐点为"个体乳酸阈"，个体乳酸阈能客观和准确地反映机体有氧工作能力的高低。除乳酸外，随着工作负荷增加，会发生变化的生化物质还有尿液中的蛋白质含量和代谢酶的活性。

（3）心理效应的测量。在承受体力工作负荷过程中，劳动者会产生疲劳感，肌肉酸痛感，沉重感等各种主观感受，可以看作体力工作负荷导致的心理效应。

心理效应主要通过各种工作负荷的主观评定量表来测量。目前常用的重要量表有 G. 博格的"自我感知的劳累评价量表"。G. 博格量表分数从 6~20 变化，其中，"7"表示负荷"非常非常轻"，"9"为"非常轻"，"11"为"比较轻"，"13"为"有点重"，"15"为"重"，"17"为"非常重"，"19"为"非常非常重"。该量表要求操作者根据承受负荷的体验作一估计。有研究发现，G. 博格量表分数与操作者负荷呈线性关系，并与劳动者的心率、吸氧量、肌电指标有较高的相关，Borg 评分值还能将不同动作的负荷较好地区分开来。

与博格"自我感知的劳累评价量表"相似的主观评定量表还有"100mm线"评定量表，即给操作者呈现一条 100mm 的线段，两端分别标示负荷"非常非常轻"与"非常非常重"，要求操作者根据主观体验在线段上选择相应位置。

（4）行为效应。体力负荷超出劳动者能力范围，会使劳动者的生理和心理发生变化，使操作者的操作效率和准确性降低，无法按照标准完成操作动作，成为事故的隐患。但工作负荷并不一定引发事故，工作负荷与事故的关系需要通过大样本的调查才能得出可靠的结论。

（5）体力工作负荷限制。承受负荷过大的体力工作，会对劳动者的生理、心理和行为都产生消极影响，因此，需要对体力工作负荷进行限制，使人体负荷处于可接受范围。

一般情况下，人们把个体在正常环境下连续工作 8h 且不发生过度疲劳的最大工作负荷称为最大可接受工作负荷水平，也称劳动强度的卫生限度。最大可接受工作负荷水平常用能耗量来表示。

1983 年，原国家劳动部通过的体力劳动强度标准考虑了劳动时间和能量代谢两个指标，1997 年对该标准的修订就考虑了更多影响劳动负荷的因素。一是把作业时间和单项动作能量消耗统一考虑，较如实地反映工时较长、单项作业动作耗能较少的行业工种的全日体力劳动强度，同时亦兼顾到工时较短、单项作业动作耗能较多的行业工种的劳动强度；二是考虑了体力劳动的体态、姿势和方式，提出了体力作业方式系数；三是考虑到性别差异。

1997 年颁布的体力劳动强度标准规定，能量代谢率为某工种劳动日内各类活动和休息的能量消耗的平均值，单位为 $kJ/(min \cdot m^2)$；劳动时间率为工作日内纯劳动时间与工作日总时间的比，以百分率表示；体力劳动性别系数中相同体力强度中，男性系数为 1，女性系数为 1.3；体力劳动方式系数中，搬方式系数为 1，扛方式系数为 0.40，推/拉方式系数为 0.05。综合考虑以上因素得到体力劳动强度指数，用于区分体力劳动强度等级。指数越大表明体力劳动强度越高。Ⅳ级体力劳动强度最高，体力劳动强度指数 >25；Ⅰ级体力劳动强度最小，体力劳动强度指数≤15，见表 4-6。

表 4-6　体力劳动强度分级表

体力劳动强度级别	体力劳动强度指数	体力劳动强度级别	体力劳动强度指数
Ⅰ	≤15	Ⅲ	>20~25
Ⅱ	>15~20	Ⅳ	>25

2. 心理工作负荷效应的测量

心理工作负荷效应的测量是为了了解心理工作负荷的阈限，预测在特定环境下心理负荷工作能取得的成绩。心理工作负荷效应的测量方法包括生理测量（如心率、诱发电位），作业测量（如作业数量和质量），以及对工作负荷的主观感受测量（如对工作难度的主观评价）。

（1）生理测量。心理工作负荷引起的生理变化可以通过大脑诱发电位、瞳孔直径和心率变化来测量。大脑诱发电位是指在大脑受到特定刺激物作用时，在一般脑电图基础上出现的相对较大的电位波动，该电位波动的形式与刺激物的特性有密切关系。研究表明，随着主作业（听觉作业）难度增加，诱发电位的振幅出现系统下降。工作负荷对心率的影响主要表现在窦性心律不齐或心率变异下降，但平均心率不变化。此外，心理工作负荷的生理效应还可以从眼电、肌电、血压等方面测量。如研究发现，单纯对不规律音调的计数任务和伴以视觉监测的计数任务所引起的瞬时诱发电位 P300 的振幅相差显著。

（2）作业测量。作业测量是基于心理工作负荷的资源理论对心理工作负荷效应的测量。无论是单资源理论还是多资源理论，都认为工作要求超出资源供应限制是心理工作负荷的心理机制，随着操作难度增大，所需资源随之增大，剩余资源相应减少，心理工作负荷随之上升，导致操作绩效下降。因此，对心理工作负荷效应的作业测量就是考察进行多工作业时，各项作业的完成情况。

通过不断改变操作的难度，然后测量每一次操作的绩效，就可以测量工作负荷情况，这种测量方法称为主作业测量。由于工作难度和资源使用并不是同步变化的，因此主作业测量难以确定操作难度、工作负荷和工作绩效之间的关系。

作业测量的另一种方式是辅助作业测量，即在从事主作业时，同时进行另一项辅助作业，通过测定辅助作业的绩效来评定主作业中的工作负荷状况。如果辅助操作作业绩效良好，就可以推论主作业工作负荷较低。常用的辅助作业有：节奏性敲击作业，可用手指敲击时间间隔的变异来反映主作业的工作负荷；随机数呈现作业，随着主作业工作负荷的增加，被试提出的"随机数"的随机程度将下降。

（3）主观感受测量。主观感受测量可以反映个体对所经历的工作要求的感受。对个体在完成各种任务时付出的心智努力的了解和预测心理工作负荷在什么程度下会导致作业水平的严重下降，对心理负荷理论和管理实践都有重要价值。

各种有关心理工作负荷主观测量的基础都来自被试对任务难度的直接估计。前面介绍的博格的"自我感知的劳累评价量表"也可用于心理工作负荷的主观评价。另外，还有配对比较法。配对比较法是呈现给被试某一任务的所有可能的难度，并将这些难度配对，然后要求被试判断一对儿刺激中哪个更困难，这样可以得到某一个难度与其他所有难度相比的结果。但要求被试作大量判断妨碍了这一方法的使用。

最初应用于飞行员工作负荷的 Cooper-Harper 量表经修订后也用于其他工作负荷的测量。该量表根据操作者对工作中存在的困难的判断将心理工作负荷分为 10 个等级，量表具体操作流程及心理工作负荷分级如图 4-6 所示，等级越高，工作难度越高。

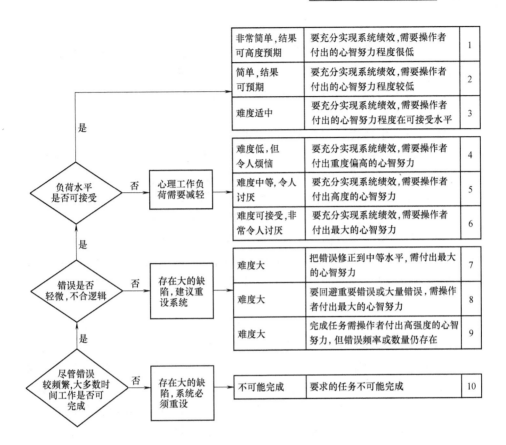

图 4-6　修订后的 Cooper-Harper 量表

SWAT 量表从时间负荷、心理努力负荷和压力负荷三个维度对劳动者自我感知的心理工作负荷进行测量，将心理工作负荷分为三个等级，见表 4-7。

表 4-7　SWAT 量表三维度

时间负荷	心理努力负荷	压力负荷
经常有空余时间，工作行为间的干扰或重叠很少	几乎不需要有意识的心理努力来集中注意；行为基本上是自动的	不存在混乱、危险、挫折或焦虑，容易适应
偶尔有空余时间。不同工作行为间有时会出现干扰或重叠	需要适中的有意识的心理努力或专注；因不确定性、不熟悉而产生的行为的复杂性适中；需要一定的注意集中	因混乱、挫折或焦虑导致的压力负荷适中。要令人满意地完成任务需要明显的补偿
几乎从无工作空闲。行为间总是出现干扰或重叠	需要广泛的心理努力和专注。行为非常复杂，需要全部注意集中	混乱、挫折或焦虑而导致的压力负荷程度高而强烈。需要极高的果断性和自我控制

3. 工作中的疲劳

（1）疲劳的表现与测定。无论是体力工作还是心理工作，如果强度过高，或持续时间过长，都会导致工作能力减弱，工作效率降低，错误率增加，这种现象就是工作中的疲劳现象。单调的工作由于缺乏足够的刺激，也会引起疲劳感。

疲劳可分为生理疲劳和心理疲劳，可以由体力负荷为主的工作引起，也可以由心理负荷为主的工作引起。疲劳是一种人体的自我防卫机制，是向人体发出的警报。通过自我感知的疲劳和他人观察到的疲劳，使人们可以对自己的工作能力进行判断，以确定是否停止工作、进行休息。生理疲劳和心理疲劳不是截然分开的，其反应也有很多相似之处。总体来说，在疲劳状态下，人体会出现以下感受和行为：无力感、注意失调、感觉失调（如视觉模糊、触觉不敏感、听不清）；动作紊乱、节奏失调、迟缓；记忆思维出现障碍（如遗忘一些常规性的知识或操作程序、理解力下降）；意志衰退（如果断性、耐性、自我控制力降低）；出现睡意。

疲劳的测定可以通过对生理变化、感知觉、反应时的测量获得。生理方面，疲劳会使能耗率、呼吸率、心率、皮电、脑诱发电位、肌电、乳酸、尿液中的蛋白质等发生变化。感知觉方面，可以通过反应时测量、皮肤敏感距离法等测定疲劳。这些都是相对客观指标的测量。他人对疲劳的观察可以从劳动者的面部、眼部、口及周围的肌肉活动进行判断，也可以从劳动者的言语、态度、姿势、动作方面的变化进行判断。自我主观判断就是要被试对自己感觉到的疲劳等级进行直接的评价。

（2）疲劳的产生。疲劳的产生与工作持续时间相关较高，随着工作的进行，疲劳逐渐产生并加重。疲劳一般出现在工作进行一段时间，最大能力发挥过后，直到由于过度疲劳停止工作，经过休息，人又开始从疲劳状态下恢复。

出现疲劳，与作业特性、工作环境及员工的个人特点都有关。就作业特性来看，容易引起疲劳的工作具备这样一些特点：能量消耗大，工作中要处理的种类多、变化大，要求的技术精度高，操作姿势特殊。作业时刻也是疲劳的重要原因。工作开始后 1.5～2h 是工作能力最大阶段，但此后，疲劳发生累积，随后的工作绩效受到影响；夜间作业比白天作业容易疲劳。另外，不良的工作环境，如照明、温度、湿度、噪声等因素，也会加快疲劳的产生。

（3）减少疲劳的方法。减少疲劳的核心是使工作负荷保持在适中的水平。

首先，要根据疲劳产生的规律合理安排休息。如在工作开始 1.5h 左右安排一次休息。这个阶段劳动者看起来精力旺盛，工作效率高，但也是人体达到最大工作能力的阶段。如果这个阶段不安排休息，就使此时已经出现的疲劳得不到缓解，成为下一阶段工作的不利条件。

其次，工作中不断变换姿势，避免肌肉群出现疲劳。特别是对工作中采取固定姿势的劳动者，这一点尤为重要。另外，通过座椅和工作台的合理设计也可以减少工作中肌肉的负荷。

第三，通过合理的工作设计减少疲劳。如将单调的工作重新进行工作设计，进行丰富化或扩大化，适当增加工作负荷，将唤醒水平保持在中等程度；体力负荷工作和心理负荷工作结合起来交替进行，可以使肌肉和神经交替休息，减少疲劳的程度。

第四，改善工作环境，减少环境因素对体能的消耗，特别是热环境对体能的消耗。

复习思考题

1. 有效温度、牛津指数、湿-黑球温度和计算温度是如何定义的？
2. 人的体温如何随环境温度的变化而变化？
3. 管理者如何预防高温作业和低温作业对人体及作业的损害？
4. 噪声有哪些类型？对人有哪些影响？
5. 体力工作负荷和心理工作负荷的主观测量方法有哪些？

第5章

激励与行为

5.1 激励概述

5.1.1 激励的概念

在管理心理学中,激励的含义主要是指持续激发人的动机,使人有一股内在的动力,朝向所期望的目标前进的心理活动过程。在激励这一心理过程中,在某种内部或外部刺激的影响下,人会始终处在兴奋状态。激励用于安全管理,就会调动职工的安全生产积极性。

激发人动机的心理过程的具体模式是:需要引起动机,动机激发行为,行为又指向一定的目标。这一模式表明:人的行为都是由动机支配的,而动机则是由需要引起的,人的行为都是在某种动机的策动下,为了达到某个目标的有目的的活动。

激励有如下几个特点:

(1) 有被激励的对象,即被激励的人或群体(如班组、车间、科室)。

(2) 激励是激发从事某种活动的内在的愿望和动机,而产生这种动机的原因是人的需要。

(3) 人被激励的动机的强弱不是固定不变的,而且激励水平与许多因素有关,例如,职工文化状况、个人价值观、企业目标吸引力、激励方式等。

(4) 这种积极性是人们直接看不见、摸不着的,只能从观察由这种积极性所推动而表现出来的行为和工作绩效上判断。

在现代化企业的安全管理中,激励是调动职工安全生产积极性的核心问题。这种积极性是指人们对安全问题的重视和努力程度,体现在实现安全生产的自觉性、主动性和创造性上。人们的安全生产积极性是对安全活动、安全职责的一种活跃、能动、自觉的心理状态。它以安全观和安全态度为个人生产作业行为的最高调节器,以处于积极活跃状态的安全需要和动机为核心因素,并且含有对安全工作意义的认识及对实现安全目标可能带来结果的判断，以及对保障生产安全的兴趣、情感和意志因素等。

5.1.2 激励的功能

激励是企业管理和安全管理的重要手段，其主要功能在于以下几个方面。

1. 提高工作绩效

激励水平对工作绩效有相当大的影响。心理学家奥格登（Thomas Ogden）从事的"警觉性试验"，就说明了激励对工作能力的影响。奥格登的试验是用一个可调节发光强度的光源，记录被测试者辨别光强度变化的感觉以测定其警觉性。试验中的被测试者分成 4 个小组。A 组为控制组，不施加任何激励；B 组是挑选组，告知被测试者"你们是经过挑选的，是具有很强的觉察能力的，现在要试验出哪一位觉察能力最强"；C 组为集体竞赛组，告知被测试者："你们这个组要同另一组比赛，看哪一个组成绩好"；D 组为奖惩组，每出现一次错误罚一角钱、无错误每次奖励 5 分钱。试验结果见表 5-1。

表 5-1 奥格登"警觉性试验"的结果

组　别	激 励 情 况	误 差 次 数	顺　序
A	不施加任何激励	24	4
B	精神激励（个人竞赛）	8	1
C	精神激励（集体竞赛）	14	3
D	物质激励（奖惩）	11	2

以上试验表明，经过激励的行为和未经过激励的行为存在着明显的差距。用精神激励法，其误差次数是未经激励小组的 1/3；用奖惩的物质激励，也使误差减少一半。这充分证明了激励的功能。

2. 激发人的潜能

企业通过激励，可以充分挖掘职工的工作潜力，发挥其工作能力。美国哈佛大学的心理学家詹姆士在对职工的激励研究中发现，若按工作时间计酬，职工的工作能力仅发挥出 20%~30%。但是，一旦他们的动机处于被充分激励的状态，其能力则可以发挥到 80%~90%。这说明，同样一个人在经过充分激励后所发挥的作用相当于激励前的 3~4 倍。可见，激励在激发人的潜能方面，具有显著的功能。

3. 激发人的工作热情与兴趣

激励具有激发人的工作热情与兴趣、解决工作态度和认识倾向问题的独特功能。在激励中，职工对本职工作产生强烈、深刻、积极的情感，并能以此为动力，集中自己的全部精力为达到预期目标而努力；激励还使人对工作产生浓厚而稳定的兴趣，使职工对工作产生高度的注意力、敏感性，形成对自身职业的喜爱，并且能够促使个人的技术和能力，在浓厚的职业兴趣基础上发展起来。

4. 调动和提高人工作的自觉性、主动性、创造性

实践表明，激励能提高人们接受和执行工作任务的自觉程度，能解决职工对工作价值的认识问题，能使职工感受到自己所从事工作的重要性与迫切性，进而更主动地、创造性地完成本职工作。

5.1.3 激励的过程

普通管理学基本原理表明，人的工作绩效取决于他的能力和激励水平（即积极性）的高低。用公式可表示为：

$$工作绩效 = f(能力，激励水平)$$

根据这个原理，执行工作任务的人员必须具备做该项工作所必需的能力。否则就不能胜任工作任务。这种能力包括：智力因素（例如分析、判断、综合能力，言语表达能力和文字表达能力等）和体力因素（例如身体的强壮度和灵敏度）。

但是不管人的能力有多强，如果积极性不高（激励水平低），终究还是做不出好的工作绩效来。因此，有必要研究与激励有关的心理活动过程是怎么进行的。这里重点讨论行为产生的原因、行为方向与行为控制、激励过程的基本模式这三个方面的问题。

1. 行为产生的原因

人的行为是由动机所推动，而人的动机又是由需要所引起的。

在心理学中，把能激发人的行动，并引起行动以满足某种需要的欲望、理想、信念等主观的心理因素叫动机。人的行为必然是由一定动机引起的，所以人们还常将引起个体行为、维持该行为并导向某一目标（即满足个人的某种需要）的过程称为动机。这种由动机引发、维持和导向的行为，被称为动机性行为。动机性行为是人类行为的基本特征之一。

动机具有原发性、内隐性和实践活动性三种特征，并由此有以下三种机能：

（1）始发机能，是人的行为发动的主动力与根本原因。

（2）调节、定向、选择机能，使行为朝向特定的方向。

（3）强化机能，使符合动机的行为加强，反之减弱。

动机与行为有着复杂的关系。类似的动机可产生不同的行为，例如，恐惧性动机可引起逃避行为，也可能导致攻击性行为。类似的行为也可能由不同动机引起，例如，职工安全生产积极性高涨可能受不同动机的影响，有的是对安全价值的正确认知，由成就感引起，有的是为了荣誉、奖金，由外激励引起的。动机的产生主要依赖两个条件：一是内在条件，即个人缺乏某种东西而引

起的需要(欲望),或身心失去平衡而产生的紧张状态或感到不舒服;二是外在条件,即指个人身外的刺激,如设备的运转状态、管理和操作的要求等。

内部条件与外在条件交互影响便形成行为的动机,由动机与活动结合而导向动机性行为。由此可知,动机性行为并非单纯由外界刺激而引起的机械的反应,而是内外条件交互影响的结果。安全管理者从职工所表现出来的行为中,分析、了解职工的内部需要,并采取有效措施来满足职工的需要,就能唤醒职工重视安全活动的心理状态,激发他们安全行为的动机,充分调动职工安全生产积极性。

2. 行为方向与行为控制

正常人的自主行为都是有目标的,这种目标就是行为的方向。从这个角度看可以认为行为是为消除人的欲望、紧张或不舒服而要达到目标的一种手段。当目标达到之后原有的需要和动机也就消失了,这时又会产生出新的需要和动机,为满足这种新的需要又会产生出新的行为。

在任何管理系统中,人的行为必须控制也是可以控制的。控制行为的必要性主要来自行为的多样性和其对实现组织目标的不同影响。控制的可能性主要来自需要和动机的多样性和可变性,以及管理者的权威和职责。通过行为表现与管理目标的偏差分析,及时反馈给行为者就可能控制其行为。

3. 激励过程的基本模式

激励过程指从人的需要开始,到实现目标和满足需要而结束的整个过程。研究证明,未满足的需要是激励过程的起点,需要的满足是激励过程的结束。根据心理学揭示的规律,人们将需要、动机、行为和目标这些因素衔接起来,构成激励过程的模式,以说明激励过程中各种因素的相互作用和内在联系。

激励过程主要有下列三种基本模式。

(1) 激励过程模式一。激励过程模式一的基本组成部分包括:①需要、愿望或期望;②行为;③目标;④反馈(见图5-1)。人们往往存在多种不同强度的需要、愿望或期望,这种没有满足的需要、愿望或期望会使他们产生一种感到不愉快的紧张;而某些特定的行为(为晋升进行科研、发表论文的准备)可以减少这种紧张感;如果实现目标了,可能会反馈到下一过程的需要、愿望或期望方面去。

图 5-1 激励过程模式一

(2) 激励过程模式二。激励过程模式二比较复杂,基本组成部分包括:

①需要；②动机；③行为；④目标。这个目标可分为实现与未实现两种，导致得到满足和受到挫折两种结果。但无论是得到满足还是受到挫折，对个体都会产生积极行为和消极两类行为。无论目标实现与否，个体都会对需要重新评估，影响下一步的行为(见图5-2)。

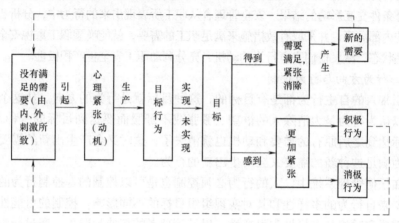

图 5-2　激励过程模式二

（3）激励过程模式三。激励过程模式三则是把需要、动机、目标和报酬观念结合起来的多阶段的激励模式。这一模式把激励过程分为七个阶段(见图5-3)。

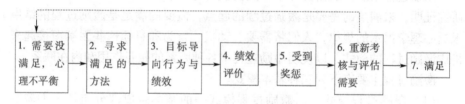

图 5-3　激励过程模式三

第一，由于需要没有得到满足，导致个体内心不平衡(心理紧张状态)。

第二，为了恢复心理和生理的平衡状态，个人积极寻求和选择满足这些需要的对策方法。

第三，按照制订的目标去行动，去实行所选择的战略并满足需要。个人的能力是在行为选择和实现行动之间必须考虑的因素，个人可能具备也可能不具备达到所选择目标的能力。

第四，对个人在实践目标方面的绩效进行评价。与满足个人工作中的自豪感为目标的绩效，一般由自己来评价；而满足经济上需要为目标的绩效，通常由别人来评价。

第五，根据绩效的评价决定给予奖励或惩罚。

第六，根据奖励或惩罚的结果重新考核和评价需要。

第七，如果需要得到满足，就会有平衡感或满足感；需要没有满足，激励过程还会重复，可能重新选择不同的行为目标。

以上三种基本模式虽各有不同之处，但激励过程的主要组成部分是基本相同的。都是从人的需要开始，到实现目标和满足需要告终。实际上，在现实生活中，激励过程一般没有那样清晰，而是比较复杂的和多变的。其原因如下：

（1）动机无法直接观察。虽然两位职工的文化程度、任务、年龄、工作能力和所处的外部环境等条件基本相同，但是两个人的工作效果（包括质量）可能会相差很大。因此只能根据他们两个所表现出来的行为，去推断他们工作的动机的强弱，工作积极性的高低。而不能直接观察到他们各自的动机。

（2）动机是可以经常改变的。激励过程的复杂性集中表现在动机的变化上。每时每刻，每个人都有各种不同的动机，这些动机不是固定不变的，而是随着主客观条件的变化而变化，彼此之间还可能会发生矛盾和冲突。

（3）主导动机各不相同。人有许多动机，但他们究竟选择哪种动机推动他们的行为也是不相同的。激励个体去努力工作的具体因素可能各不相同，有的人是为了得到更多的物质报酬；有的人是为了建立良好的人际关系；有的人是为了挑战性的工作，使工作更有意义。上述动机既可以是单一的，也可以是多种动机共同作用的。

值得注意的是，在现实生产和生活中，激励过程的一般模式绝不是如此清晰，而是比较复杂和多变的。这是因为：第一，动机只能推断，不能直接观察到；第二，激励过程一般模式的复杂性集中表现在动机的变化上，在任何时候，每个人都会有各种不同的动机（需要、愿望或期望），但是这些动机不是固定不变的，而是随着主客观条件的变化而变化的，彼此之间还会产生矛盾和冲突；第三，人有许多动机，而他们究竟选择哪种动机来推动他们的行为也是不相同的。例如，有的人努力工作就是为了得到更多的钱；有的人努力工作是为了建立一定的友情，建立良好的人群关系；有的人努力工作是为了得到挑战性的工作，使工作更有意义；还有人努力工作是在上述多种动机推动下进行的。应采用各种方法来激励职工，如分配给他们感兴趣的工作或参与管理，实行带刺激性的工资制度，严格监督等办法。总之，在客观上并不存在对什么人都适用的激励办法。

5.2　激励理论

5.2.1　激励理论及其分类

从人的心理特征和以此为基础的行为特征出发，通过对人的需要、动机、行为目标和激励目的的研究，反映激励过程作用规律的理论就是激励理论。激励理论可以为管理实践中激励措施的实施提供科学的指导。

自20世纪20～30年代以来，管理学家、心理学家和社会学家们就开始研究怎样激励人的问题，至今已提出了许多激励理论。对这些激励理论可以从不同的角度进行分类。比较流行的分类方法是把各种激励理论划分为内容型、行为改造型和过程型三大类。

内容型激励理论主要研究激发动机的因素。该理论从探讨激励的起点和基础出发，分析揭示人们的内在需要的内容与结构，以及内在需要如何推动行为。因为这类理论研究的内容均围绕需要而进行，所以又称之为需要理论。该类理论的主要代表有：马斯洛的"需要层次理论"、奥德弗的"ERG理论"、麦克利兰的"成就需要理论"和赫兹伯格的"双因素理论"等。

行为改造型激励理论是着重研究激励目的的理论。人们在满足需要的过程中，会产生积极行为或消极行为两种反应，行为改造理论正是重点研究如何改造和转化人的行为，变消极为积极的一种理论。这种理论主要有"挫折论"、"操作型条件反射论"和"归因论"等。

过程型激励理论侧重于研究动机形成和行为目标的选择以及行为的改变与修正。在该理论看来，激励在人的心理方面是个相当长的过程，只有在激励对象接受激励内容的情况下，激励过程才得以开始。他们认为，内容型激励理论的主要不足在于，缺乏对激励过程所达到的预期目标能否使激励对象得到满足。

5.2.2 内容型激励理论

内容型激励理论着重探讨激励人们积极性的主要因素，包括马斯洛的需要层次理论、赫兹伯格的双因素理论、麦克利兰的成就需要理论和奥德佛的ERG理论。

1. 马斯洛的需要层次论

马斯洛把人的需要从低级到高级分为五个层次：生理需要、安全需要、友爱和归属需要、尊重的需要和自我实现的需要。后来曾扩展为七个层次，增加了求知的需要和求美的需要两个层次。目前一般都采用五个层次的分类：生理需要；安全需要；社交需要；尊重需要和自我实现需要，如图5-4所示。

需要是客观事实存在，调动人的积极性很大程度上是要满足人的需要。因此马斯洛的需要层次理论对于管理工作具有一些积极的作用。

（1）满足不同层次的需要。管理者重要的任务就在于根据不同层次的需要，应找出一般激励因素和采用相应的组织措施。通过满足不同层次的需要，引导和控制人的行为去实现组织目标。

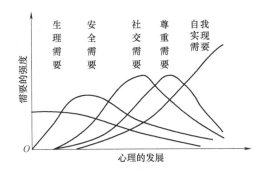

图 5-4 马斯洛的需要层次图

（2）满足不同人的需要除了遵循一般的需要规律外，还应该了解个体之间存在的差异性，不同个体在不同情况下的需要不同，并非完全地按顺序由低到高发展。例如，有些人对社交的需要比尊重的需要为重要些；有些人对某些生理需要也许要求多些。美国管理学家霍奇茨（Hodgetts）指出，在美国约 20%的人基本处于生理的和安全的需要层次，只有不到 1%的人处于尊重和自我实现这两个高层次需要；而大约 30%的人保留在第三层次——社交的需要上。

马斯洛需要层次理论对于管理工作的重要意义还表现在，当某层次需要基本上得到满足时，激励作用就不能保持下去，为了激励员工就必须转移到满足其另一个层次的需要。要了解员工想要满足的具体需要是什么？如果是生理需要，就要提供更多的工资福利；如果是尊重的需要，那么就应考虑对这些人所完成的工作给予更高的评价。随时注意员工积极性减弱的信号，经常对员工的心理需要进行调研，才能使各项管理措施更加有效。

2. 双因素理论

美国心理学家赫兹伯格（Herzberg）从人的内部因素，从工作本身的角度，研究调动员工积极性的问题。

（1）理论的基本内容。20 世纪 50 年代末，赫兹伯格等人在美国匹兹堡地区的一些工厂企业里，对会计师和工程师进行了一次大规模的调查研究。他们设计了许多问题，询问他们"什么时候你对工作特别满意"，"什么时候你对工作特别不满意"，"满意和不满意的原因是什么"等。通过对调查的资料分析后，他们发现使职工感到不满意的因素与使职工感到满意的因素是不同的，前者往往是由外界的工作环境引起的，后者通常是由工作本身产生的。赫兹伯格把调查结果进行排列（见图 5-5），按满意与不满意的因素进行综合分析，提出了"激励-保健因素"理论，简称双因素理论。

（2）在管理中的应用。要正确处理保健因素与激励因素的关系。赫兹伯格认为，满意与不满意是相互对立，这种传统的观点是不正确的，满意的对立

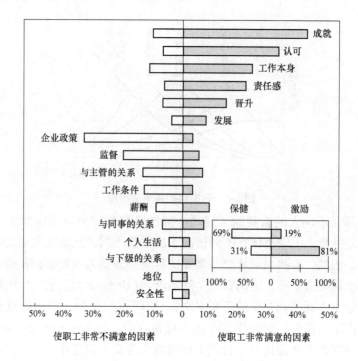

图 5-5 满意与不满意的比较

面不是不满意，而是没有满意，不满意的对立面不是满意，而是没有不满意
（见图 5-6）。保健因素只是起维持性的作用，处理得当可消除不满。要调动员
工的工作积极性，最主要的是要依靠发挥激励因素的作用，才能提高生产率。
但是，并非保健因素就不重要，保健因素和激励因素在调动职工积极性方面发
挥不同的作用，在管理中应注意以下几点。

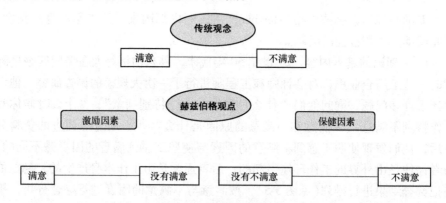

图 5-6 双因素理论模式

首先，不要忽视保健因素，但又不能过分注重保健因素。必须认识到满足
员工保健因素，只能防止不满情绪的产生，并没有激励的作用。赫兹伯格通过

研究还发现，保健因素的作用是一条递减曲线。当员工的报酬达到某种满意程度后，其作用就会下降，甚至适得其反。

其次，要善于将保健因素转化为激励因素。保健因素和激励因素不是一成不变，是可以转化的。例如，员工的工资、奖金，如果同其个人的工作绩效挂钩，就会产生激励作用，变为激励因素。如果两者没有联系，奖金发得再多，也产生不了激励作用。一旦减少或停发，还会造成员工的不满。因此，既要注意保健因素，以消除员工的不满，又要努力使保健因素转变为激励因素。

管理者如果希望能够持久而高效地激励职工的积极性，就必须注重工作本身对员工的激励作用。首先，要改进员工的工作内容和加强工作的丰富化，使员工能从工作中感到成就、责任和成长。其次，高层管理者应适当放权，进行目标管理，减少过程控制，扩大干部员工的自主权和工作范围，给予下属富有挑战性的工作任务，充分发挥他们的聪明才智。第三，及时对员工的成就给予肯定、表扬，使他们感到自己受重视和信任。

3. 成就需要理论

美国哈佛大学教授麦克利兰(Mcleland)，探讨人们在基本的生理需要满足以后高层次需要的问题，提出了他的成就需要理论。

(1) 理论的基本内容。麦克利兰把人的高级需要分为权力需要、合群需要和成就的需要，其中以成就为主导。

通过对成就需要的研究，麦克利兰发现高成就需要者与其他人的区别之处在于他们想把事情做得更好。他们寻求这样的环境：个人能够为解决问题承担责任；及时获得对自己绩效的反馈以便判断自己是否有改进；可以设置有中等挑战性的目标。高成就者不是赌徒，他们不喜欢靠运气获得成功，他们喜欢接受困难的挑战，能够承担成功或失败的个人责任，而不是将结果归于运气或其他人的行为。他们逃避那些他们认为非常容易或非常困难的任务，他们想要克服困难，但希望成功或失败是由于他们自己的行为所致。这意味着他们喜欢具有中等难度的任务。

(2) 在管理中的应用。成就需要理论对于管理工作具有积极的参考意义。对于具有高成就需要的管理者，可以分配给他们具有挑战性和一定风险的工作任务，以满足他们的成就需要，激发他们的工作积极性。相反，如果将毫无挑战性的工作分配给他们，则会挫伤他们的积极性。而对于低成就需要的管理者，则可以分配他们一些例行的工作任务。高成就需要并不是生而俱有的，而是在实践活动中培养起来的，所以组织应尽量创造有利条件，将他们培养和训练为具有高成就需要的人。

4. ERG 理论

美国耶鲁大学教授奥德弗(Alderfer)根据调查研究后于 1969 年提出了一种

新的需要层次理论。他把人的需要归纳为生存需要（existence needs）、相互关系需要（relatedness needs）和成长需要（growth needs）。由于这三种需要的英文名称第一大写字母分别是 E、R、G，因此被称为 ERG 理论。

（1）理论的基本内容。与马斯洛的需要层次理论不同，ERG 理论把人的基本需要定为生存、关系和成长的需要。ERG 理论的三种需要与马斯洛提出的五种需要的对应关系如下。

1）生存需要。这种需要是最基本的、维持人的生命存在的需要，包括衣、食、住、行以及工作单位为其得到这些因素而提供的手段，如报酬、福利和安全条件等，相当于马斯洛的需要层次论中的生理需要和安全需要。

2）相互关系需要即个体对社交、和谐人际关系及相互尊重的需要，这种需要在工作中和工作以外与其他人的接触和交往中得到满足。相当于马斯洛需要层次论中的社交需要和尊重需要。

3）成长需要。个人要求得到提高和发展，获得自尊、自信、自主及充分发挥自己能力的需要，这种需要通过发展个人的潜力和才能而得到满足。相当于马斯洛需要层次论中的尊重需要和自我实现需要。

（2）在管理中的应用。奥德弗的 ERG 理论修正了马斯洛理论的某些缺陷。首先，ERG 理论并不强调需要层次的顺序，某种需要会在一定时间发生作用，而当这种需要得到基本满足后，可能上升为更高级的需要，也可能没有这种上升趋势。其次，该理论指出，当较高级的需要受到挫折，未能得到满足时，会产生倒退现象，而不是像马斯洛所指出的那样，继续努力去追求。第三，该理论认为人的需要有的是生来就有的，而有的则是通过后天学习产生的。因而，国外不少学者认为，ERG 理论或许比马斯洛的需要层次理论更切合实际。

应用 ERG 理论，重点是要掌握个体需要的"满足前进"律和"受挫回归"律，以正确对待员工的个人需要，设法为员工提供能满足其高层次需要的环境和条件。如果忽视或压抑个体高层次的合理需要，就会使其退而追求低层次需要的进一步满足。

员工不同的需要会导致他们工作中的不同行为表现，从而决定了他们不同的工作结果，这些结果又与满足他们的需要有密切的关系。管理者想要控制下属的工作行为或工作表现，就要了解他们的真实的需要，并且通过控制工作结果（使之成为能满足下属需要的刺激物和报酬）来达到控制他们的工作行为。如果管理者不能控制那些对下属的需要起作用的工作结果，也就不能影响下属的工作行为。

5.2.3 过程型激励理论

内容型激励理论与过程型激励理论，侧重于从人的需要、理解和认识，从动机的形成过程等激励的心理活动的角度去探讨如何激发和调动人的积极性。强化理论注重研究个体外在的行为表现，强调人的行为结果对其后续行为的影响作用。

1. 强化理论

强化理论（reinforcement theory）也称操作性条件反射理论，是美国哈佛大学心理学教授斯金纳（Skinner）在巴甫洛夫的条件反射理论、华生的行为主义论和桑代克的尝试学习理论的基础上，提出的一种新行为主义理论。

（1）理论的基本内容。

1）强化的概念在条件反射形成以后，为了防止条件反射消退，必须不时伴随以无条件刺激物（食物），这就是强化（reinforcement）。

斯金纳把强化看成是增强某种反应、某种行为概率的手段，是保持行为和塑造行为必不可少的关键因素，而不是巴甫洛夫把强化看成是使条件反射避免消退和得以巩固的措施。随着不少学者对人的行为强化问题研究的深入，强化的概念也进一步发展。实际上，所谓强化是指随着人的行为之后发生的某种结果对该行为的反馈作用。那些能产生积极或令人满意结果的行为，以后会经常得到重复，即得到强化。反之，那些产生消极或令人不快结果的行为，以后重新产生的可能性很小，即没有得到强化。从这种意义上说，强化也是对人的行为进行激励的重要手段，强化理论也应属于激励理论之一。

强化过程包含有三种因素：第一个要素是刺激，即所给定的工作环境；第二要素是反应，也就是工作中表现出的行为和绩效；第三要素是后果，指奖惩等强化物。这三个要素的关系在心理学中被称为基本偶合，对于被强化者未来的行为模式有重要的影响作用。

2）强化的类型利用强化的手段改造行为，一般有四种方式：正强化（positive reinforcement）、负强化（negative reinforcement）、消退（extinction）、惩罚（punishment）。

3）强化的安排方式在某一行为发生之后，能否把握好强化的时机将直接影响到强化措施的效果。一般来说，给予的强化越及时，效果越好，采用合适的强化时机，在管理工作中会产生积极的作用。

连续型强化与间歇型强化。连续型强化是指每次发生的行为都受到强化。间歇型强化是指非连续的强化，即不是每次发生的行为都受到强化，而是在目标行为出现若干次后才给予一次强化。

间歇型强化一般有四种形式：固定间隔、固定比率、可变间隔和可变比率。

上述各种强化程序安排各有其优缺点，主要是根据组织的性质、人员的素质、经营管理的水平等因素的不同而采取不同的强化程度。实际上，也可综合使用不同的强化程序以达到相应的目的。

（2）在管理中的应用。期望理论是一种前瞻性的理论，是个体对行为目标（结果）偏好以及可能达到的概率估计决定了是否值得积极努力去争取。而强化理论则是一种回顾性的理论，是个体的行为是否产生结果以及结果的好坏决定着人们是否愿意继续发生先前的行为。前者是目标导向行为，后者是结果强化行为。使用强化理论应注意以下基本原则。

1）分步实现目标。不断强化行为强化理论认为，如果人的行为得到及时的奖励和肯定，该行为出现的频率就会增强。因此，管理者对职工的要求或制定的目标及奖励的标准应尽可能比较具体、客观、适宜。目标标准太低或过细，一点小事就奖励，不仅会感到庸俗烦琐，而且激励的作用也就减弱了。但如果目标定得太高或太空，不能及时反馈，职工的积极行为不能得到及时的强化，其积极性就会消退。就如目标设置理论所述，当目标较大时，应采取分步到位的方法，把复杂的目标行为过程，分解为许多小的阶段目标来完成，利用每步所取得的成功结果，强化职工实现总目标的积极性。

2）强化力度要适当。奖惩的数量大小要适当，要与员工的贡献或差错相适应，要让接受者感受到影响力。奖励的数量太少，会给员工提供相互比较的机会、容易产生不平感，也不能产生激励作用。但数量过大，不但成本高，也失去进退的余地。另外，强化物要投其所好，满足不同人的不同需要，提高其效价。

3）奖励要及时和多样性。当职工做出成绩以后，如果能给予及时的奖励，就可以使被强化者及时意识到强化与目标行为之间的联系，收到最佳激励效果。如果时过境迁再给予奖励，甚至受奖者都忘了奖从何来，其激励作用就会大大降低。另外，同一种刺激如果多次重复，其作用就会衰减。因此，管理者要善于更新奖励方法和方式，利用新颖奇特的刺激来提高激励效果。

4）奖惩结合，以奖为主。在对职工正面强化的同时，也要善于运用惩罚的手段削弱、改变、控制职工的不良行为。奖励给人的心理产生的是积极、愉快的影响，而惩罚带来的是不愉快的消极影响，因此在进行惩罚时应注意：①以下原则惩罚要合理及时；②惩罚要考虑行为的原因与动机，如对偶然特殊原因导致情绪低落、工作失误者，应从轻处罚；对屡教不改者，则应从重处罚；③对一般错误，应教育为主，从严处理、从宽惩罚，这能使职工感到内疚，避免产生抵触情绪或逃避心理；④惩罚方式要适当，对错误较小、影响不大的，宜采用个别的口头形式的惩罚，对重大错误且影响较大的，以公开的书面的方式为宜。例如，陕西华电蒲城发电有限责任公司为了控制职工违章行为，开展了"致违章者家属一封公开信"活动。凡违章者的家属都可及时收到这样的公开信，信中陈述了当事人的违章行为及其危害、国家和企业关于安全生产的方针和态度，从而唤起职工与家属对安全生产的强烈共鸣。可见，人性化的强化措施是安全生产以人为本理念的表现。

5）内外奖酬相结合。奖酬机制按与工作本身的联系，可分为外在性奖励（extrinsic reward）与内在性奖励（intrinsic reward）两种。外在性奖酬是环境给予的，与工作本身关系不大，如上下级关系、工作条件、薪金、地位、职务保障以及额外福利等，有些是人为的，需要成本，有些是自然的，不需要成本的。内在奖酬由工作本身赋予，是行为的更为自然的结果。例如，成就感、责任感、工作挑战性、职业发展机会等。内在性奖酬一般比外在性奖酬更为有效，它能激发员对工作本身的热情；而外在性奖酬可能会使人们将高绩效归因于外界刺激，从而降低对工作本身的兴趣。

2. 综合激励模式

前面几种激励理论，各自从不同的侧面探讨了调动职工积极性的方法，各有自己的道理与事实根据，应该说都是正确的和切实可行的，相互之间并不矛盾，可以相互补充，但是没有哪种理论能够适合各种不同的情况。激励是一个非常复杂的过程，有些学者试图探讨能够比较全面地把握激励的过程，提出了综合型激励模式。

（1）波特-劳勒综合激励模式。在弗鲁姆期望理论的基础上，波特和劳勒曾以工作绩效为核心，对与绩效有关联的许多因素，进行了一系列相关性研究，在此基础上提出了一种新的激励综合模式（见图5-7）。实线箭头表示因素间的因果关系，虚线箭头则是反馈回路。

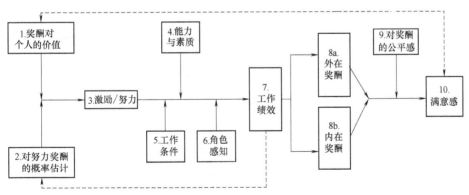

图 5-7　波特-劳勒综合激励模式

综合激励模式是以"工作绩效"为核心，而以"激励/努力-绩效-满意感"为轴线的。图左侧1、2、3方框实际上是一个期望理论的图式，模式突出了工作绩效导致工作满意感的因果关系。这正是该模式提出的主要假说。

尽管波特和劳勒的综合激励模式从期望理论发展而成的，以 VIE 理论为骨干，但却比它更全面。因为它吸收了需要层次理论、双因素理论、公平理论甚至强化理论的内容，因此比其他理论更全面和严谨，更具实用的指导意义。

在管理中，激励下属调动他们的积极性应注意几个环节。

1）制定合适的目标。所谓"合适"不仅指组织目标（一阶结果）经过职工的努力是能够达到的，即期望概率较大，而且职工对个人目标（二阶结果）感兴趣，目标（结果）的效价高，组织有能力兑现二阶的结果。

2）进行指导与培训要完成组织目标，除了职工本人积极努力外，组织还应对他们进行指导、培训、提高业务水平，增强他们的能力；为他们创造一定的条件和适宜的环境。耐心向他们讲清组织的意图，完成任务时可能遇到的困难及克服困难的思路，增强他们完成任务的信心，提高了他们的"努力-绩效"期望值，从而改进对他们的激励，形成良性循环。

3）及时转化结果在达到一阶结果后，要及时转化成二阶结果，这不仅是对下达任务时承诺的兑现，也是一种正强化，可以刺激职工的积极行为继续发生。在奖励时，要把内在性与外在性奖励很好地结合运用。

4）公平奖酬管理者在进行奖酬分配时，必须出于公心，严格按社会普遍接受的合理公平规范（目前主要是按劳分配原则）来进行。

（2）迪尔综合激励模式。美国组织行为学家迪尔（Dill）于 1981 年提出了又一个综合激励模式。它也是以 VIE 理论为基础，概括了内、外在激励因素，并采用了数学方程式的表达形式。

迪尔认为，人的总激励水平（M）应该是其内在性激励（$M_内$）与外在性激励（$M_外$）之和；内在性激励本身又可分过程导向的、由任务活动本身所激发的激励（$M_活$）和结果导向的、由任务完成时的成就所激发的激励（$M_成$）这两种成分，其关系可用以下数学形式表达：

$$M = M_内 + M_外 = (M_活 + M_成) + M_外$$

外在性激励中包含有一阶结果的期望（E_1）、二阶结果的期望（E_2）和奖酬效价（V）这三类变量，其表达式是：

$$M_外 = E_1 \sum_{i=1}^{n} E_{2i} V_i$$

可以用期望与效价这两类变量来表现 $M_活$ 与 $M_成$ 这两种内在性激励成分。$M_活$ 中所包含的期望与效价成分中，这种激励与外在性奖励无关，不包含有代表绩效导致外在奖励可能性估计的二阶结果期望值 E_2。同时，它也不涉及任务完成与否，所以也不含代表努力导致绩效可能性估计的一阶结果期望值 E_1。

实际上，它只含有单一的效价变量，即代表任务活动本身的吸引力与价值的 $V_活$。至于 $M_活$，它当然也具有代表任务完成时所取得的成就的吸引力与价值的效价变量 $V_成$，但由于它涉及任务的完成，所以也含有一阶结果期望值 E_1。

根据上述结果整理，迪尔综合激励模式就变成了以下的数学表达式：

$$M = V_活 + E_1 \left(V_成 + \sum_{i=1}^{n} E_{2i} V_i \right)$$

由此可见，总激励 M 水平中只包含了 3 类效价变量，即 $V_活$、$V_成$ 和 V_i，以及两类期望变量 E_1 和 E_{2i}。由于它们之间的关系不是相加就是相乘，所以总激励 M 是这五种变量的增函数。意味着要想提高总激励 M 的水平，应设法分别增大这些变量。

这个模式虽然是方程式的表达形式，但实际上并无定量分析与计算的功能，因为到目前为止还不能精确地量化这五种变量并对它们进行可靠的测量。与波特-劳勒模型一样，本综合激励模式也可以向管理者提供一套系统的、条理分明的分析路线和思维程序，以找出改进激励功能的有效策略。可以通过提高五个自变量，从而提高总激励 M 的水平。

5.2.4　行为改造型激励理论

5.2.4.1　期望理论

期望理论（expectancy theory）是美国心理学家弗鲁姆（Vroom）于 1964 年在《工作与激励》一书中提出来的。它是一种通过考查人们努力行为与其所获得的最终奖酬之间的因果关系，来说明激励过程并选择合适的行为目标以实现激励的理论。

（1）理论的基本内容。期望理论认为，一种行为倾向的强度，取决于个体对这种行为可能带来的结果的期望程度，以及这种结果对行为者具有的吸引力。即当职工认为努力会带来良好的绩效评估时，他就会受到激励进而付出更大的努力。良好的绩效评估会带来组织奖励，如奖金、加薪或晋升等。该理论将这些观点分解为效价、期望以及关联性，形成了一种可操作的过程模式。

1）基本公式为：

激励 = 效价 × 期望

激励（motivation）是指对个体行为动机的激发力度，也是人们为了达到预期目标而努力的程度。

效价（valence）是指对目标价值的主观估计，即个人对某种结果效用价值的判断，对实现某一目标后对于满足个人需要的价值。效价是个体对客观状况的主观上的评价，由于各人的社会地位、文化背景、理想信仰、生活习惯、价值理念以及需要兴趣的差异性，同一目标或结果会对不同的人产生不同的效价。效价在 +1 ~ −1 之间变化，正值表示对目标感兴趣，希望达到预期目标；零值表示对目标毫无兴趣；负值则表示目标会对自己不利。

期望（expectancy）又称目标概率或期望概率，是个体对实现目标可能性的主观估计，即通过自己的努力实现预期结果可能性的大小。

根据公式所示，激励的水平与期望水平与效价两个因素都有密切的关系，若要提高激励水平，就要相应地提高效价和期望水平。无论期望水平还是效价，只要两者有一项低下，激励水平都不可能高。由此得到启示：目标的设置不仅应是"所愿"（效价）又是"所能"（期望），即值得去做而又努力有可能做到。

2）实际上，VIE 模式激励的水平除了与期望和效价有关外，还有很多其他相关的因素，作者在基本公式的基础上进行了扩展，增加了关联性因素，其公式如下：

$$激励 = 效价 \times 关联性 \times 期望$$

关联性（Instrumentality）又称工具性，指工作绩效与所得报酬之间相关联系的主观估计，取值范围为 −1 ~ +1。

个人通过努力以后达到的结果实际上包括两个层次，即一阶结果与二阶结果。

一阶结果是人们努力工作以后所取得的工作绩效。二阶结果是指与工作绩效相对应的报酬，如加工资、晋升等。二阶结果是个人最希望获得的，是为了满足个人的需要。一阶结果是二阶结果的前提，只有先达到一阶结果，才能实现二阶结果。也就是说，要满足个人的需要，只有通过个人的能力和努力，发挥水平，积极去实现组织的目标，完成任务。这样，一阶结果就成了达到二阶结果的工具或手段。这样，在期望理论的模式中就引入了工具性的概念，工具性是指一阶结果与二阶结果的关联（见图 5-8）。

（2）在管理中的应用。期望理论比较客观地反映了人的某些心理活动规律，从一个侧面解释了激励的过程。强调员工对目标效价与期望概率的估计因人而异，并且可以随不同的情景、背景、认知、价值观等因素发生动态的变化。这就可以解释在管理实践中，为什么同样是极有诱惑力的目标，不同的员工，所激发的积极性存在很大的差异。VIE 理论模式揭示了个人目标与组织目标之间的关系，个人对组织目标（一阶结果）成功的概率的估计成为激发员工积极性并且期望达到二阶结果的前提。期望理论在管理实践中的应用，一定要注意以下几个方面。

1）制定适宜的目标。心理学认为，人的行为总是指向一定的目标。管理者要增加目标的吸引力，所设立的目标应该是比较适宜的。目标既要有一定的挑战性，又要让职工认为有实现的可能性，经过努力能够达到。要让职工正确

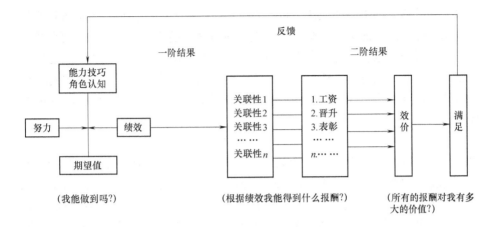

图 5-8　VIE 理论模式

认识组织目标与个人目标之间的关系，提高目标的效价。灵活性和稳定性相结合，随着主客观条件的变化，对那些不合理的目标要进行必要的调整。在一般情况下，目标一旦确定，如果没有特殊情况，就不要轻易和频繁地调整。否则，将会失去可信度而降低目标的效价和期望值。

2）提高员工的期望值。根据期望理论，人们对自己的行动能否导致工作绩效和最终实现目标的期望值越大，所表现出来的激励水平就越高。管理者可以通过指导和培训等方法，提高下属对通过努力实现预期目标的期望，从而充分调动他们的积极性。

3）增强工作绩效与所得报酬之间的关联性。如前所述，关联性强意味着员工的高工作绩效将导致高的报酬，完成工作任务在职工中的效价将会提高，进而提高其激励水平。增强工作绩效与所得报酬之间的关联性，不仅要明确做什么工作获得什么奖励，而且要使员工认识奖酬是与工作绩效有密切关系的，同时还要使员工相信只要努力工作，绩效就能提高。

4）正确认识报酬在员工心中的效价。人们对其从工作中得到的报酬的评价（效价）是不同的，有的人重视薪金，有的人更重视成就被认可和挑战性的工作。因此，管理者应重视组织的特定报酬与员工的需要相符合。

5.2.4.2　公平理论

公平理论是美国行为学家亚当斯（Adams）于 1967 年在他的著作《奖酬不公平时对工作质量的影响》中提出来的。这一理论也称社会比较理论，认为人与人之间存在社会比较，且有就近比较的倾向。

1. 理论的基本内容

（1）基本公式。

分配公平感是一个强有力的激励因素，员工们对自己是否受到公平合理的待遇十分敏感，如果一个人认为自己在分配上遭到不公平待遇，就会被极大地挫伤积极性。他们的工作动机，不仅受其所得报酬的绝对值的影响，更受到其相对值的影响，也就是说每个人不仅关心自己收入的绝对值，更关心自己收入的相对值。这个相对值是指个人对其工作的付出与所得进行比较，或者把自己当前的付出与所得与过去进行比较。亚当斯提出了一个关于公平理论的方程式：

$$O_p/I_p = O_r/I_p$$

式中，I(inside)代表投入，是指某人对自己或他人的努力、资历、知识、能力、经验、过去成绩、当前贡献(或工作投入)的主观估计，也就是当事人认为自己或他人(比较对象)所作出的值得或应该获取回报的贡献。O(outside)代表所得结果(或收益)，是指当事人或他人(比较对象)所得到的奖酬，如地位、工资、奖金、福利待遇、晋升、表扬、赞赏、进修机会、有趣的挑战性工作等。p 代表当事者。r 代表参照者，即所选择的比较对象。

在判断分配的公平性时，人们可以选择其他个体作为参照者，也可以选择一个群体作比较，虽然不像前者那样明确具体，但却常被人选用，这属于横向的比较。

人们有时也会选择自己为参照者，如"我以前在那个单位时待遇如何如何"，这属于纵向的历史性比较。还可以指在某个不是现实的假想条件下的自己，如"我要是调到那个单位，待遇将会怎样怎样"等。人们在比较时，往往会同时选择多名参照者。

（2）公平比较的结果。根据公平理论的公式，经过比较以后，可能会产生以下几种结果：

当事者 p 通过与参照者 r 比较后，感到自己的投入与所得之比与 r 的投入与所得之比相等(即公式是平衡的)，便认为公平，感到心情舒畅，今后会努力工作。

当事者 p 感到自己的收付比例小于 r(公式的左侧小于右侧)，产生吃亏感。这时，当事者往往会采取各种方式以求恢复公平感：①采取相应对策，改变自己收付比例，如要求增加收益，或者减少工作投入、降低工作质量与数量，以达到平衡；②采取进一步行为，减少参照对象的收益或增加其投入，改变他的收付比例，以求平衡；③改变参照对象，即所谓"比上不足，比下有余"，获得认识上新的平衡(寻求自我精神安慰)；④发牢骚、泄怨气，放弃、破坏工作，甚至离职。国外有人研究认为，觉得自己待遇不公平的职工缺勤多于觉得公平的员工。前两种实际上是在向有关方面施加压力，而第三种则属于自我精神安慰。

当事者的比值大于参照者，也就是占了便宜时，也会感到内心不安，有一种负疚感。这时当事者可能有三种表现方式：①受到激励，增加自己的投入或要求减少结果，以减少负疚感；②通过认识歪曲或改变自己投入、收益因素，如重新估计自己的贡献，从而达到心理平衡；③把多得归结于运气好而回避心理不安。

由此可见，一个人所获得的奖酬的绝对值与他的积极性高低并无直接的必然的联系，真正影响个体工作积极性的是他所获得奖酬的相对值。也就是说，影响一个人的工作热情，并非只是"自己得到什么"，而且与"别人得到什么"有密切关系。一旦产生不公平感，奖酬的绝对值乃至它的本身，对激励都不起作用了。

2. 在管理中的应用

(1) 引导员工正确分析。人们对公平与不公平的认识来自于个人的感受，常常受个人偏见的影响。比较过程中容易过高估价自己的成绩和别人的收入，过低估计别人的绩效和自己的收入，把实际合理的分配看成不合理，把本来公平的差别看成不公平。因此，管理者要及时体察员工的不公平心理，认真分析、诱导、教育员工正确认识和对待自己和他人。同时，要创造良好的氛围，使员工能够以大局为重，多比贡献大小，少比报酬多少，克服追求绝对公平、斤斤计较得失的思想。

(2) 制定科学的考评方法。公平理论表明，人人都有一种寻求公平的心理需要。这种需要一旦受到挫折，其奖酬的绝对值再多也会失去激励作用。管理者要善于创造条件，坚持将员工的工作绩效与奖酬相挂钩的分配奖励制度。首先，应打破平均主义"大锅饭"。"大锅饭"由于对贡献不等的员工实行平均奖酬，使员工产生不公平感而挫伤了积极性。其次，管理者要克服偏见和个人感情因素，坚持公平、公正、公开的原则，在各项分配过程中做到公平合理，做到一视同仁，"一碗水端平"，尽量减少员工产生不公平感的客观因素。

制定合理的奖酬体系尤为重要，它是公正科学的考核评价的基础。缺乏科学的评价标准和管理制度将导致不公平的现象产生。人员配置和工作定额不合理，造成忙闲不均，干多干少一个样；只看辛苦程度，干好干坏一个样，无能力大小区别，绩效高低一个样，如此等等都是产生不公平现象的根源。建立健全科学的考评机制，加强科学化管理，是消除不公平现象的重要途径。

(3) 制定合理的分配制度。公平理论强调满意感是一个比较的过程，怎样比较才能算是公平的？一般认为有三种基本的公平观。

1) 贡献律：也称功劳律和比例律。亚当斯的公平方程式建立在贡献律基础上它是以人们的投入(贡献)多少与其所获得的报酬相当为基础，强调谁贡献大谁就该多得的分配律。

2) 平均律：也称平等律。强调无论各人的贡献大小多少，大家所获得的报酬(结果)都是一样的。实行这种规范的好处是，简单易行，能最大限度地实现组织内的和谐，减少矛盾。但会使贡献大者产生不满而降低努力水平。

3）需要律：报酬的分配是根据人们的需要进行的，谁最困难、最需要就分配给谁的公平观。既不考虑各人贡献的多少，也不考虑大家是否获得的结果一样。按照需要规范进行分配的好处是，能照顾人们的基本福利和权力。

贡献律所提倡的是积极进取，努力作出贡献，体现多劳多得。平均律简单易行，有利于和谐与安定。需要律则照顾了人们的基本权利和需要，符合人道主义的原则。到底哪种分配律最公平，对这个问题的认识主要受分配者和接受者的个人特点和利害关系的影响。一般来说，聪明能干的人拥护贡献律，认为多劳多得是天经地义的真理；家境困难和老弱病残的人认为需要律是最合理、最人道的公平标准；能力低、手脚笨的人很可能赞成平均律，认为人人均等才是绝对公平。一些研究结果表明，多数人认为按劳付酬的贡献律才是最合理的，因为它能促进生产力的发展。

在管理实践中，人们对分配方式的选择，主要取决于所要达到的目标和现存条件等因素。每种分配律都有适用的条件。例如，没有有效的绩效考核办法或者分配者认识能力差，就不能采用贡献律；不了解下级具体需要，也无法使用需要律。在管理实践中，贡献律并非是唯一的选择，往往同时采用几种不同的分配规范，如在遵从贡献律的前提下，适当考虑年资的因素，兼顾平均律和需要性，以保证人们基本生活需要和对弱者的照顾。

5.2.4.3 目标设置理论

目标是人们行为的最终目的，是人们在行动之前规定、与自己需要相联系的"诱因"，也是衡量激励人们行为是否成功有形的、可以测量的标准。目标设置理论是一种通过设置具体的目标，激励人们自觉去行动的过程型激励理论。

从激励的效果来说，有目标比没有目标好，有具体的目标比空泛的、号召性的目标好，有能被执行者接受而又有较高难度的目标比随手可得的目标好。心理学家认为，当遇到难度很高、非常复杂的目标时，可以把它分解为若干个阶段性目标，通常称为"小步子"。通过"小步子"的逐一完成，最后达到总目标。这是完成艰巨目标的有效方法。

在管理实践中应用目标设置理论应重视将组织目标与个人相结合。管理者使下属各级人员明确和达成个人目标是激发动机的关键，但同时要力求把组织目标与成员个人目标结合起来，在实现组织目标的过程中，也实现了个人的目标。

目标设置理论认为，管理者如果通过让员工了解、掌握组织的目标和明确自己的个人目标并让他们有参与实现组织目标制定的工作机会，就能提高员工的工作积极性。但如果将组织目标强加于员工，他们又无实现个人目标的机会，这将会导致员工的不满，甚至可能出现危机。组织目标与个人的目标的相一致，并不意味着员工必须以组织的目标代替自己的目标，而是两者之间企业目标的实现。

5.3　安全行为的激励与强化

5.3.1　安全行为激励的方式

1. 目标激励

目标是活动的未来状态，是激发人的动机、满足人的需要的重要诱因。人们在从事工作时，都期望取得一定的成就，得到一定的报酬，因而领导者在调动下属的积极性时，可以设置适当的目标来激发下属的动机。在对下属进行目标激励的过程中，最为关键的是设置合理的目标。而设置的目标是否合理，主要应从目标的价值性、挑战性和可能性三个方面来加以衡量。

目标的价值性，是指目标的社会意义。目标的价值越大，它所起到的激励作用也会越大。目标的价值是以它能否满足一定的社会需要、群体的某种需要和个人的需要，以及需要满足的程度来加以衡量的。所以，目标的价值越大，就越能鼓舞人和吸引人，从而使被领导者朝着目标指引的方向努力奋斗。如果目标的价值不大，很难形成真正的动力，促使人们去采取相应的行为。

目标的挑战性，主要是通过实现目标所付出的努力程度来衡量的。因此，所设置的目标要具有挑战性，使人们感到实现它不是轻而易举的事情，必须付出一定的努力，这样才能够强化目标的激励作用。

目标的可能性，是指所设置的目标经过努力实现的可能。如果设置的目标太高，实现它的难度太大，那么尽管它价值很大、挑战性很强，仍会让人们感到可望而不可及，从而减少目标的吸引力，影响积极性。因此，设置的目标必须具有实现的可能性，让下属感到只要付出一定的努力，目标就有实现的可能。这样才能激励下属为实现这个目标而努力奋斗。

2. 参与激励

所谓参与激励，就是让下属参与本部门、本单位重大问题的决策与管理，并对领导者的行为进行监督。参与激励包括多种形式，常见的主要有以下几种。

（1）开放式管理。让下属参与部门或单位目标的制定，让下级人员参与上级重大问题的讨论、研究与决策。这种做法可充分调动下属的积极性，对提高工作效率和管理水平是十分有效的。

（2）提案制。让下属充分地提意见和建议，群策群力，集思广益。

（3）对话制。通常在领导与群众或群众代表之间进行。对话会上，群众可提出各种意见和质疑，领导者听取群众的意见或回答群众的质疑。这样就可在领导者和下属之间架起一座桥梁，达到彼此沟通情况、交流思想、相互理解的目的。

（4）员工代表大会制。通过员工代表大会，被领导者经常性地参与部门或单位的管理和决策，对领导者进行监督，使人民当家作主的权利切实得到保障。

通过参与激励，领导与下属之间可以增进相互之间的了解，加深理解，使干群关系更加和谐，制造一种良好的相互支持、相互信任的社会心理气氛，因而具有极大的激励作用。

3. 荣誉激励

荣誉的激励，主要是把工作成绩与晋级、提升、选模、评先进联系起来，以一定的形式或名义标定下来。其主要的方法是表扬、奖励、经验介绍等。荣誉可以成为不断鞭策荣誉获得者保持和发扬成绩的力量，还可以对其他人产生感召力，激发比、学、赶、超的动力，从而产生较好的激励效果。

4. 奖罚激励

奖励是对人的某种行为给予肯定与表彰，使其保持和发扬这种行为。惩罚则是对人的某种行为予以否定和批判，使其消除这种行为。

奖励只有得当，才能收到良好的激励效果。在实施奖励激励的过程中，领导者必须注意：要善于把物质奖励与精神奖励结合起来；要创造"学先进、赶先进、超先进"的良好奖励氛围；奖励要及时。过时的奖励，不仅削弱奖励的激励作用，而且可能导致下属对奖励产生漠然视之的态度；奖励的方式要考虑到下属的需要特征，做到因人而异；奖励的程度要同下属的贡献相当。领导者要根据下属贡献的大小，拉开奖励档次；奖励的方式要富于变化。

惩罚的方式也是多种多样的，要做到惩罚得当，领导者需要注意：惩罚要合理，达到化消极因素为积极因素的目的。绝不可滥用权力，借故对下属进行打击报复；惩罚要和帮教结合。实施惩罚时，一定要辅以耐心的帮助教育，使受惩罚者知错改过、弃旧图新；掌握好惩罚的时机。当查明真相时，要及时进行处理；惩罚时要考虑其行为的原因和动机。对行为不当或有过失但动机尚好者，或主要因客观原因所致者，宜从轻惩罚；而对故意捣乱破坏、顽劣成性者，则应从重惩罚；对一般性错误，惩罚宜轻不宜重；要注意采取适当的惩罚形式。在对过失者进行惩罚时，应考虑到错误的性质和过失者本人的个性特征，有针对性地进行惩罚。

5. 关怀激励

领导的关怀激励，是指领导者通过对下属多方面的关怀来激发其积极性。领导者经常与下属谈心，了解他们的要求，帮助他们克服种种困难，把组织的温暖送到群众的心坎上，可以激发他们热爱集体的情感。

领导者关心、支持下属的工作，是关怀激励的一个重要的方面。支持下属的工作，就要尊重他们，注意保护他们的积极性，并为他们的工作创造有利的条件。下属在领导者的支持下，就会干劲倍增，就会更有勇气和信心克服困难，顺利完成工作任务。所以，领导者应当尊重下属的人格和尊严，保护他们的积极性、主动性和创造性。同时，还要充分信任他们，鼓励他们大胆工作，积极为他们创造条件，给他们以充分施展才华的机会。

6. 榜样激励

榜样的力量是无穷的，选准一个榜样就等于树立起一面旗帜，使人学有方向，赶超有目标，起到巨大的激励作用。领导者在组织内选择的榜样应当是思想进步、品格高尚、工作绩效突出的成员，是大部分成员都可以学习并通过努力可以做到的。榜样应扎根于群众之中，为群众公认并为群众所敬佩和信服。要发挥好榜样的激励作用，领导者应注意实事求是地宣传榜样的先进事迹，激发起群众学习榜样的动机。对榜样的事迹不能随意夸大与拔高，否则会引起群众的反感，歪曲榜样的形象，降低榜样的作用。要引导群众正确对待榜样。榜样不可能是十全十美的，因而要一分为二地看待。要引导群众学其所长，避其所短，防止出现形式主义的模仿。对那些嫉贤妒能、中伤打击榜样的错误言行，要严加批评，维护榜样的权威。分析榜样形成的条件和成长的过程，指明赶超榜样的途径，增强群众赶超榜样的信心，促使新的榜样不断涌现；召开介绍和表彰先进事迹的会议，形式要隆重，气氛要热烈，从而激发群众敬慕榜样的情感体验；关心榜样的不断成长。要教育榜样戒骄戒躁，保持荣誉，发扬成绩，克服不足，不断前进；领导者要尽量让榜样在熟悉的岗位上扎扎实实地工作，做出更大成绩。避免不顾榜样的实际情况，盲目提拔他们到其不熟悉的工作岗位上，或给他们加上各种荣誉职务，使其陷于各种社会活动和会议之中，这样反而不利于他们的成长，也会削弱他们的榜样作用。

7. 公平激励

人对公平是相当敏感的，有公平感时，会心情舒畅，努力工作；而感到不公平时，则会怨气冲天，大发牢骚，影响工作的积极性。公平激励是强化积极性的重要手段。所以在工作过程中，领导在职工分配、晋级、奖励、使用等方面要力求做到公平、合理。

8. 宣泄激励

人的思想状况是错综复杂、充满矛盾的。有些矛盾由于种种原因，不能得到及时的发现和解决。为使矛盾得到缓和，就要使职工的不满情绪得到有效的宣泄，也就是人们常说的"发牢骚"。"牢骚"是客观存在问题的反映，因而具有鲜明的针对性和尖锐性。如不对职工的牢骚进行正确的引导，就有可能造成相互猜疑和不团结的现象，从而影响工作积极性，降低工作效率。宣泄激励就是要领导主动去听"牢骚"，给员工创造"发泄"的机会与环境，以此相互沟通、消除隔阂、加强理解、相互支持、相互信任。

9. 危机激励

在市场经济日趋发展、竞争日趋激烈的形势下，一个国家、一个单位发展面临的压力越来越大。在竞争的因素和复杂多变的环境中，往往潜伏着危机，没有压力感和危机意识，组织就有可能被击倒，被淘汰出局。因此一个明智的领导者，必须时时提醒人们审时度势，居安思危；要善于把这种压力的危机感转化成为人们的动力，转化成凝聚力，把人们的积极性调动起来，克服困难，群策群力，实现群体目标。

5.3.2 安全行为激励的基本原则

1. 目标结合原则

在激励机制中，设置目标是一个关键环节。目标设置必须同时体现组织目标和职工需要的要求。

2. 物质激励和精神激励相结合的原则

物质激励是基础，精神激励是根本。在两者结合的基础上，逐步过渡到以精神激励为主。

3. 引导性原则

外激励措施只有转化为被激励者的自觉意愿，才能取得激励效果。因此，引导性原则是激励过程的内在要求。

4. 合理性原则

激励的合理性原则包括两层含义：其一，激励的措施要适度，要根据所实现目标本身的价值大小确定适当的激励量；其二，奖惩要公平。

5. 明确性原则

激励的明确性原则包括三层含义：其一，明确，激励的目的是需要做什么和必须怎么做；其二，公开，特别是在处理奖金分配等大量员工关注的问题时，更为重要；其三，直观，实施物质奖励和精神奖励时都需要直观地表达它们的指标，总结和授予奖励与惩罚的方式。直观性与激励影响的心理效应成正比。

6. 时效性原则

要把握激励的时机，"雪中送炭"和"雨后送伞"的效果是不一样的。激励越及时，越有利于将人们的激情推向高潮，使其创造力连续有效地发挥出来。

7. 正激励与负激励相结合的原则

所谓正激励就是对员工的符合组织目标的期望行为进行奖励。所谓负激励就是对员工违背组织目的的非期望行为进行惩罚。正负激励都是必要而有效的，不仅作用于当事人，而且会间接地影响周围其他人。

8. 按需激励原则

激励的起点是满足员工的需要，但员工的需要因人而异、因时而异，并且只有满足最迫切需要(主导需要)的措施，其效价才高，其激励强度才大。因此，领导者必须深入地进行调查研究，不断了解员工需要层次和需要结构的变化趋势，有针对性地采取激励措施，才能收到实效。

5.3.3 安全目标管理

1. 安全目标管理的激励

由洛克(Locke)提出的目标设置理论是一种过程型激励理论，此理论的基本要点是，目标是一种强有力的激励，是完成工作的最直接的动机，也是提高激励水平的重要过程。

心理学家将目标作为诱因，它是激发动机的外在条件。通过科学研究和工作实践发现，外在的刺激因素如奖励、工作反馈、监督和压力等，均是通过目标来影响人的动机的。因此，重视目标的作用，设置合宜的目标和努力争取实现目标，是激发动机的重要过程。

在一个良性的心理循环中，目标的作用可概括为，目标导致人们努力去创造绩效，绩效增强人们的自信心、自尊心和责任感，从而产生更高目标的需求，如此循环反复，促使人们不断努力前进。

美国学者杜拉克(Drucker)曾指出："一个领域没有特定的目标，这个领域必然会被忽视。"这提示设置目标在企业管理中的重要性。20世纪50年代中期，杜拉克令明确地提出目标管理的概念，把目标作为企业内一切管理活动的出发点和归宿。目标管理作为一种先进的管理激励方法，经30余年的研究、实践，在理论和应用上不断完善，已成为一种科学的管理体系，并在企业管理和安全工作领域广泛应用。我国近10余年的实践证明，它在企业安全生产管理中也是一种行之有效的管理激励方法。

目标管理引入安全工作领域，形成了安全目标管理。安全目标管理是将企业的安全目标渗透到企业的总目标中，应用目标管理的原理和方法，开展一系列的安全管理活动。安全目标管理的本质特点是，强调以企业安全生产活动中的安全目标为中心，重视人和绩效的系统整体管理，即把企业的安全工作任务转化为安全目标体系，使每个员工明确自己在安全生产活动中的有关安全的目标，并以目标激发安全动机以指导行动，使企业各层次、各部门的职工在企业安全工作中处于"自我控制"状态，注重最终的安全目标的实现。

所谓企业安全生产的"自我控制"，是指企业各部门、基层和职工在安全生产活动中能充分了解自己应该做的工作和要求，充分了解自己做的工作现状，当出现差错时，有自我调节的能力。企业各级部门通过目标展开过程，明确安全工作的共同目标及其主次分工，并将目标分解并落实到人，分工负责，从而达到自我控制的目的。

安全目标管理是以目标设置理论为依据，广泛吸取了科学管理的系统论观点和现代组织理论，重视系统的整体性原则和目标的作用，并将其作为企业组织行为高效运转的关键。

2. 企业实行安全目标管理的作用

（1）指引作用。企业一旦确定了安全目标，并层层落实时，就促使企业各层次管理部门和员工明确各自的责任，规定着人们的行动方向，围绕着各自的目标，统一意志，努力去创造绩效。

（2）激励作用。在安全目标合适时，可激发员工安全动机，驱使人们的积极行动。员工对安全目标的效价越大，期望值越高，激励作用越大。

（3）调节作用。在安全目标管理过程中，整个企业的安全工作和活动，围绕着预定的目标有效地运转。对于实现目标要求的工作，则加以鼓励和积极强化。对不符合目标要求的，则加以控制，从而起到积极的调节作用。

（4）监督作用。企业安全目标为有效的安全监察提供了可靠的量化数据，因此，安全目标管理有利于企业的有效监督和控制。

由于安全目标管理重视员工及其绩效的管理，并围绕确定安全目标和实现此目标开展一系列的管理活动，因此，整个过程均涉及人的行为。

3. 安全目标管理中应注意的心理因素

（1）安全目标确定阶段。安全目标的确定和设置是安全目标管理的中心内容，也是极其重要的阶段。在此阶段应充分沟通信息、掌握信息，并在提高对企业安全问题的认知水平的基础上，进行企业总的安全目标的拟定，再逐步确定各个分目标和个人目标。还应注意下列问题。

1）目标越具体，员工就越能为完成目标而进行充分的心理准备，就越能激励员工的积极性。在制定安全目标时，应尽量做到量化，并确定明确的目标值，例如，工伤事故频率和严重率的数值水平、百日无事故等。目标抽象化对员工的激励作用则不大。

2）所制定安全目标要合理适当，目标值太高，会使人感到"高不可攀"，目标值太低，则会使人感到"轻而易举"，激励作用均不会加大。因此，应建立适宜的目标值，不仅可加大员工对完成安全目标的期望值，而且可对员工产生一定的心理压力，具有挑战性，又具可接受性，从而易于最大限度调动员工的积极性。

3）要发动职工参与安全目标的设置，企业安全目标不应单纯由企业领导规定，更不应任意强加于员工，必须让广大员工参与，以增强员工对目标的理解和愿意接受的程度。

（2）安全目标实施过程阶段。这阶段应进一步制定为完成目标值的管理方法和要求。并采用各种有效的管理措施（如管理制度、安全技术措施等）和激励手段激励员工的意愿。在实施过程中应注意以下几点。

1）由于设置目标的效果，将会因时间的推移而逐渐减弱，因此，定期反馈目标执行情况的信息，肯定已取得的成绩，可增加员工的信心，进一步激发员工的安全动机，还可以迅速发现问题，把矛盾和冲突解决在萌芽状态。

2）在目标实施过程中，应重视企业各部门、各班组有关责、权、效、利相统一的原则，以目标定岗、以岗定责、以责定人，以加强自我控制，从而可促使人们提高在实现目标中的协调性和主动性。

3）在目标实施过程中，要尽力满足员工的合理需要，并与企业的总目标协调一致。

4）在执行安全目标时，要启发和诱导员工为实现目标开展安全竞赛活动。并对职工的绩效及时肯定，给予积极强化。

（3）成果评定阶段这是安全目标管理的最后一个环节。在目标实施期限结束时，要按安全目标值对企业和下属各部门及员工执行情况和取得的成果进行评定。在评定时，要注重员工的各种心理需要，例如，尊重的需要、自我实现的需要和公平合理的心理状态。因此，无论对企业、各部门或员工执行目标的评定，应尽量采取定量的方法进行考核评定，并充分考虑完成目标的难易程度、目标责任者的努力程度和绩效，对难以定量的指标，应慎重对待，以免削弱员工的积极性和创造性。

复习思考题

1. 试比较 ERG 理论与马斯洛的需求层次理论，分析两个理论中哪一个更符合安全管理的实际。

2. 职工在什么情况下会感到不公平，会有什么样的行为表现，对安全工作有何影响？

3. 如何运用波特-劳勒综合激励模式搞好安全生产工作？

4. 试举例说明在安全管理中如何选择激励的时机。

5. 请结合目标设置理论，指出现今安全目标管理制度中存在的问题并简要阐明对策。

第 6 章

工作设计与安全

工作设计是让人与工作相匹配，使人的终生兴趣得以表现，是一种职业与个人终生兴趣完美融合的艺术。当某一职位出现空缺需要马上填补的时候，必须弄清楚这项工作要求什么样的技能，谁具备这些技能，谁看起来能最快地获得这些技能。这是工作设计要解决的问题。

技能可以朝不同的方向延伸，但如果延伸的方向与潜在的终生兴趣不一致的话，员工可能会有产生不满情绪和不负责任的表现，难以保证工作的顺利进行，不仅影响企业的经济效益，而且容易导致事故的发生。因此，利用系统工程的思想，从安全角度进行工作设计有利于防止企业事故发生，对保证员工和企业的安全生产具有重要的作用。

现代企业越来越重视"人本管理"，工作设计就是人本管理的基础。以人为本的管理不应该是管理者们的口号，它要真正落实到同员工相结合的工作岗位与工作任务上。要做到这一点，就必须对组织目标、工作职责、员工特性进行分析。只有这样，才能真正做到事得其人、人尽其才、人事相益，才能真正体现出对员工的尊重，又保证企业的安全高效生产。

6.1　工作分析与安全

当企业安全生产时，管理者和员工体会不到工作分析的重要性。但是，当企业生产环境越来越复杂、突发事件频繁发生时，分析发现主要存在以下问题：工作涉及几个岗位或几个部门，没有明确主要由哪一个岗位或部门负责；没有明确完成这项工作的具体的标准；工作流程自身存在问题。

这些问题都是因为工作分析不及时造成的，只有做好工作分析，明确企业的目标、生产流程、各个岗位的具体职责及保证安全生产需达到的标准要求，做到岗位明确、细化、标准化，才能保证企业安全、高效的生产。

6.1.1　工作分析的概述

工作分析是指发现和描述一个工作的组成部分的系统过程，要研究工作目标、工作程序、工作过程和工作环境(包括客观环境和业务环境在内)。科学系统的工作分析必须依下列项目来进行,通常称为"工作分析公式(job analysis formula)",如图6-1所示。

图6-1　工作分析公式图

工作分析是一个管理性活动,可以服务于整个社会。工作分析采用了一系列不同的途径去解释和描述一个工作:哪些工作数据被收集——责任、产品和服务,机器、工具,工作辅助和设备、人的活动;工作分析信息的来源——工作分析员、工作者本人、工作者上司、培训专家以及技术专家;用什么方法收集数据;数据分析的方法。

要保证企业的安全,就必须进行管理,把总目标分解到各个部门、各个岗位及个人,形成安全目标责任制。可通过工作分析,收集企业各部门、各岗位的有关工作信息,确定组织中各个工作岗位的工作职责、工作权限、工作关系、工作要求以及任职者的资格,做到事事有人做,人职匹配。

1. 工作分析的定义

韦恩·卡肖认为,工作分析是确定一个工作的性质并了解进行这一工作所需员工行为的过程。兰德尔认为,工作分析是描述和记录一个工作的目的、主要职责和活动、工作条件以及所需的技能、知识和态度的过程。现在认为工作分析(job analysis)是对组织中所有为实现组织目标所做的工作进行分析,以确定每一种工作的任务和职责,以及完成工作所需的技能、能力、知识和其他要求的过程;是指全面了解、获取与工作相关的详细信息的过程,具体来说,是对组织中某个特定职务的工作内容和职务规范(任职资格)的描述和研究过程,即制定职位说明书和职务规范的系统过程。

工作分析各环节中的任何环节做不好,都可能会导致工作说明书反映的内容失实和不科学,影响岗位与人员的最佳匹配,容易产生生产隐患,从而导致事故的发生,影响了企业安全生产。

2. 工作分析的原则

(1)以战略为导向,强调职位与组织和流程的有机衔接,工作分析必须以公共组织的战略为导向,与组织的变革相适应,与提高流程的速度和效率相配合,以此来推动职位描述与任职资格要求的合理化与适应性。

(2)以现状为基础,强调职位对未来的适应。工作分析必须以职位的现实状况为基础，强调职位分析的客观性与信息的真实性，另一方面，也要充分考虑组织的外部环境、战略转型、技术变革、组织与流程再造、工作方式转变等一系列变化对职位的影响和要求，强调工作分析的适应性。

（3）以工作为基础，强调人与工作的有机融合。工作分析必须以工作为基础，以此来推动职位设计的科学化，强化任职者的职业意识与职业规范；同时，工作分析又必须充分照顾到任职者的个人能力与工作风格，在强调工作内在客观要求的基础之上，适当的体现职位对人的适应，处理好职位与人之间的矛盾，实现人与职位的动态协调与有机融会。

（4）以分析为基础，强调对职位的系统把握。工作分析绝不是对职责、任务、业绩标准、任职资格等要素的简单罗列，而是要在分析的基础上对其加以系统的把握。所谓系统把握，包括系统把握该职位对组织的贡献，与其他职位之间的内在关系，在流程中的位置与角色，以及内在各要素的互动与制约关系，从而完成对该职位的全方位的、富有逻辑的系统思考。

（5）以稳定为前提，但重视对职位说明书的动态管理。为了保持组织与管理的连续性，企业内部的职位设置以及与此相对应的职位书必须保持相对稳定，但另一方面，职位说明书又并非一成不变，而是需要根据企业的战略、组织、业务管理的变化适时进行调整，因此需要在稳定的基础上，建立对职位说明书进行动态管理的机制和制度。

3. 工作分析的层次分析

工作分析是一项巨大而复杂的基础性工作，是在对企业一切问题进行深刻了解的基础上进行的，工作分析可以分为三个层次进行：

（1）基于对企业的使命进行分解，即企业的业务流程、职能分解所涉及的各项工作的种类和属性进行的分析。这种分析所产生的结果是企业进行组织设计和岗位设置的前提和依据，它有利于理顺企业内部的管理流程，合理地界定部门与岗位的工作职责，以追求效率最大化为原则，尽可能地减少不必要的中间环节，精简高效地进行组织结构设计和岗位设置。所以在这个层次上的工作分析可称为基于流程所进行的分析，同时它的工作成果也是以组织结构图的形式出现的。

（2）在组织结构与部门职能确定后，根据"鱼骨图"的模型分解部门职责形成不同的工作岗位，然后针对具体岗位的任职资格、工作范围、工作条件、权限以及任职者所应具备的知识技能和生理、心理上的要求所进行的分析。在这个阶段上进行的分析，可以说是整个工作分析中工作量最大的内容，涉及到组织内部所有部门和岗位，这也是我们通常意义上所说的工作分析，一般的工作也就是仅针对的这一部分，由于它分析的对象是具体的岗位，所以在这个部门我们可以称之为给予岗位所进行的工作分析。它最终的工作成果是以工作说明书(或称之为岗位说明书)的形式出现的,在工作说明书中涉及到一个岗位的存在它所需要或存在的各种条件和基本情况。它是工作分析中产生作用最广泛的一个环节,直接对员工的招聘录用、培训、绩效考核、薪酬设计等产生深刻的影响。

(3)工作分析的最后一个层次,就是针对某项具体的操作过程、步骤所进行的分析,它的主要目的在于分解具体工作的每一个环节,使之形成一种定势、一种规范或章程。这种工作分析一般仅针对对操作要求比较高的岗位或工作,它所产生的工作成果是工作标准等类似的规范性文件,严格要求按章操作,可直接在员工的岗位培训、绩效考核、安全管理时应用。

6.1.2　工作分析的重要性

1. 工作分析的目的

不同的组织,或者同一组织的不同阶段,工作分析的目的有所不同。有的组织的工作分析是为了对现有的工作内容与要求更加明确或合理化,以便制定切合实际的奖励制度,调动员工的积极性;而有的是对新工作的工作规范作出规定;还有的企业进行工作分析是因为遭遇了某种危机,而设法改善工作环境,提高组织的安全性和抗危机的能力。在现实中,有的企业人力资源管理部门对工作分析的目的还不是很明确,出现了单纯为了工作分析而进行工作分析的怪现象,从而使人力资源管理这一核心技术流于形式,没有达到其应有的目的。

一个组织的工作涉及人员、职务和环境三方面的因素。有关工作人员的分析包括工作能力、工作条件等方面;有关工作职务分析包括工作范围、工作程序、工作关系等内容;有关工作环境包括工厂的环境、使用的设备等范畴。而职务分析即为分析工作所涉及的人员、事务、物质三种因素,并形成经济有效的系统,以便于提供就业资料、编定训练课程及解决人与机械系统的配合,以发挥人力资源的有效利用为目的。

职务分析分别涉及有关工作人员、工作职务及工作环境,所以工作人员的分析包括人员条件、能力等,经分析而编制成职业资料(occupation information),有助于职业辅导(vocation guidance)工作的发展,达到人尽其才的目的。工作职务分析包括工作任务、工作程序步骤及与其他工作的关系,对于员工工作上的任用、选调、协调合作有所帮助,使组织发挥系统的功能,达到适才、适职的目的。至于工作环境的分析包括工作的知识技能、工作环境设备,使员工易于应付工作的要求,并使人与机器系统相互配合,从而达到才尽其用的目的。由以上分析可知,工作人员的分析乃"人与才"的问题;工作职务的分析乃"才与职"的问题;而工作环境的分析乃"职与用"的问题。"人与才"、"才与职"、"职与用"三者相结合乃是人力资源的运用，通过组织行为以达到组织目的。现实中，每个组织、每个企业都有它的经营宗旨与经营目标。要完成目标，就必须进行目标管理。把目标任务层层分解落实到各部门，各部门再分解到各岗位及个人，形成了经营责任制。然而，无论是目标的分解，还是目标的执行、目标的反馈，都存在这样或那样的问题，如何解决这些问题呢？其途径就是通过工作分析，收集各部门、各岗位的有关工作的各种信息，确定组织中各个岗位的工作职责、工作权限、工作关系、工作要求以及任职者的资格，做到人职匹配、事事有人做，而不是人人有事做，否则会导致人浮于事，机构臃肿的现象。所以，通过工作分析获取工作信息就显得至关重要。

2. 工作分析的意义

目前，在许多企业人力资源管理实务中，都强调"以岗位为核心的人力资源管理整体解决方案"。实际上，就是指企业人力资源管理的一切职能，都要以工作分析为基础。的确，工作分析是现代人力资源所有职能，即人力资源获取、整合、保持激励、控制调整和开发等职能工作的基础和前提，只有做好工作分析工作，才能据此完成企业人力资源规划、安全绩效评估、职业生涯设计、薪酬设计管理、招聘、甄选、录用工作人员等工作。有的企业人力资源管理者忽视或低估工作分析的作用，导致在绩效评估时无现成依据，确定报酬时有失公平，安全目标管理责任制没有完全落实等等，挫伤员工工作积极性、影响企业效益、导致事故的现象时有发生。

（1）选拔和任用合格的人员。在对人员任用及选拔时，通过工作分析，能够明确规定的工作职务的近期和长期目标，掌握工作任务的静态和动态特点；了解职位需要的技能和知识，以及如何将适当的人才安排于适当的职位上。提出有关人员的心理、生理、技能、文化和思想等方面的要求，选择工作的具体程序和方法。在此基础上，确定选人用人的标准，有了明确而有效的标准，就可以通过心理测评和工作考核，选拔和任用符合工作需要和职务要求的合格人员。

（2）制订有效的人事预测方案和人事计划。每一个单位对于本单位或本部门的工作职务安排和人员配备，都必须有一个合理的计划，并根据生产和工作发展的趋势作出人事预测。工作分析的结果，可以为有效的人事预测和计划提供可靠的依据。在职业和组织面临不断变化的市场和社会要求的情况下，有效地进行人事预测和计划，对于企业和组织的生存和发展尤其重要。一个单位有多少种工作岗位，这些岗位目前的人员配备能否达到工作和职务的要求，今后几年内职务和工作将发生哪些变化，单位的人员结构应作什么相应的调整，几年甚至几十年内，人员增减的趋势如何，后备人员的素质应达到什么水平等问题，都可以依据工作分析的结果作出适当的处理和安排。

（3）设计积极的人员培训和开发方案。通过工作分析，可以明确从事的工作所应具备的技能、知识和各种心理条件。这些条件和要求，并非人人都能够满足和达到的，必须需要不断培训，不断开发。因此，可以按照工作分析的结果，设计和制定培训方案，根据实际工作要求和聘用人员的不同情况，有区别、有针对性地安排培训内容和方案，以培训促进工作技能的发展，提高工作效率。

（4）职业生涯管理，如何使员工职业生涯规划的实施过程为企业服务，要从根本上认识员工的职业生涯的内在实质以及关键要素，通过工作分析找出符合员工职业生涯关键要素需求的工作条件和工作环境，使企业发展需求与员工职业生涯实施过程相吻合，才能使企业和员工达到共同发展。首先依据公司的经营发展、职位种类与特点等进行岗位序列设置（管理、技术、事务等），以打开员工职业发展通道；其次依据具体员工的实际情况做相应的能力分析和评估，以决定员工的发展方向和发展计划。强调员工自主发展，开展多视觉、新颖的自我评价，对不同年龄段的员工采用不同的职业发展策略，以达到"工作丰富化"、"工作多样化"。将谋求个人发展目标与公司未来的需求紧密结合，实施好员工的职业发展方向培训，使每一个员工都有充分发展的机会。从而，工作分析的理论和方法可作为教育训练规划及培训需求调查的基准，再依组织需求及员工个人能力与兴趣，提供训练发展的机会，并作为员工职业生涯规划的重要参考资料。

工作分析的说明，列出所需职务、责任与资格，在指导训练工作上有相当的价值。有效的训练计划需要有关工作的详细资料，工作分析可提供有关准备和训练计划所需的资料，如训练课程的内容、所需训练的时间、训练人员的遴选等。

（5）提供考核、升职和作业的标准。工作分析可以为工作考核和升职提供标准和依据。工作的考核、评定和职务的提升如果缺乏科学依据，将影响干部、职工的积极性，使工作和生产受到损失。根据工作分析的结果，可以制定各项工作的客观标准和考核依据，也可以作为职务提升和工作调配的条件和要求。同时，还可以确定合理的作业标准，提高生产的计划性和管理水平。

（6）提高工作和生产效率。通过工作分析，一方面，由于有明确的工作任务要求，建立起规范化的工作程序和结构，使工作职责明确，目标清楚；另一方面，明确了关键的工作环节和作业要领，能充分地利用和安排工作时间，使干部和职工能更合理地运用技能，分配注意和记忆等心理资源，增强他们的工作满意感，从而提高工作效率。

（7）建立先进、合理的工作定额和报酬制度。工作和职务的分析，可以为各种类型的各种任务确定先进、合理的工作定额。所谓先进、合理，就是在现有工作条件下，经过一定的努力，大多数人能够达到，其中一部分人可以超过，少数人能够接近的定额水平。它是动员和组织职工、提高工作效率的手段，是工作和生产计划的基础，也是制定企业部门定员标准和工资奖励制度的重要依据。工资奖励制度是与工资定额和技术等级标准密切相关的，把工作定额和技术等级标准的评定建立在工作分析的基础上，就能够制定出比较合理公平的报酬制度。

(8) 改善工作设计和环境。通过工作分析，不但可以确定职务的任务特征和要求，建立工作规范，而且可以检查工作中不利于发挥人们积极性和能力的方面，并发现工作环境中有损于工作安全、加重工作负荷、造成工作疲劳与紧张以及影响社会心理气氛的各种不合理因素。有利于改善工作设计和整个工作环境，从而最大程度地调动工作积极性和发挥技能水平，使人们在更适合于身心健康的安全舒适的环境中工作。

(9) 绩效评估，工作分析是达到某种目的的手段，而不是目的的本身，工作分析组织与实施的评价取决于分析结果使用者的意见。而绩效评估的标准即为工作分析所需解决的哪些问题，绩效评估指的是将员工的实际绩效与组织的期望作比较。而通过工作分析可以决定出绩效考核的内容与标准，从而使人力资源管理与开发达到量化、科学化、规范化和标准化。

工作经过详细分析后，还有许多其他的效用，如有助于工作权责范围的划定；改善劳资关系，避免员工双方因工作内容定义不清晰而产生的抱怨及争议。此外，工作分析亦有助于人力资源管理的研究与开发、工作环境、人事经费、劳动关系的处理等问题的解决。

3. 工作分析所产生的价值

工作分析的意义并不在工作分析成果本身，而在于工作分析所获得的信息能够为战略传递，组织与人力资源管理体系的设计提供重要的信息与数据。在人力资源管理中，几乎每一个方面都涉及工作分析所取得的成果，下面选取了几个重要的部分来介绍工作分析的应用价值。

(1) 职务描述书。职务描述又叫职务说明，它常与职务规范编写在一起，统称职务说明书。职务说明书的编写是在职务信息的收集、比较、分类的基础上进行的，是职务分析的最后一个环节。

职务描述书是职务性质类型、工作环境、资格能力、责任权限及工作标准的综合描述，用以表达职务在单位内部的地位及对工作人员的要求。它体现了以"事"为中心的职务管理，是考核、培训、录用及指导员工的基本文件，也是职务评价的重要依据。事实上，表达准确的职务规范一旦编写出来，该职务的能级水平层次就客观地固定下来了。

（2）工作岗位设置。工作岗位的设置科学与否，将直接影响一个企业的人力资源管理的效率和科学性。在一个组织中设置什么岗位，设多少岗位，每个岗位上安排多少人，安排什么素质的人员，都将直接依赖工作分析的科学结果。

（3）通过岗位评价确定岗位等级。通过工作分析，提炼评价工作岗位的要素指标，形成岗位评价的工具，通过岗位评价确定工作岗位的价值。根据工作岗位的价值，便可以明确求职者的任职实力。根据岗位价值或任职实力发放薪酬、确定培训需求等。

（4）工作再设计。利用工作分析提供的信息，若对一个新建组织，要设计工作流程、工作方法、工作环境条件等，而对一个已经在运行的组织而言，则可以根据组织发展需要，重新设计组织结构，重新界定工作，改进工作方法，提高员工的参与程度，从而提高员工的积极性和责任感、满意度。前者是工作设计，后者则是工作再设计，改进已有工作是工作再设计的目的之一。工作再设计不仅要根据组织需要，并且要兼顾个人需要，重新认识并规定某项工作的任务、责任、权力在组织中与其他工作的关系，并认定工作规范。

综上所述，为使工作分析在人力资源管理实践中得到有效执行，需要将工作分析的理论与实践积极进行结合，并不断创新，做到人和事的最佳结合，做到人尽其才，人事两宜。

6.1.3　工作分析的内容与方法

1. 工作分析的内容

工作分析一般包括两个方面的内容：确定工作的具体特征；找出工作对任职人员的各种要求。前者称为工作描述，后者称为任职说明。在对工作分析的内容进行把握时要特别注意工作描述书(工作说明书)与职务说明书的区别与联系。

规范的工作描述书包括工作名称、工作活动、工作程序、物理环境、社会环境、聘用条件五个方面，它主要是要解决工作内容与特征、工作责任与权力、工作目的与结果、工作标准与要求、工作时间与地点、工作岗位与条件、工作流程与规范等问题。而任职说明书，旨在说明担任某项职务的人员必须具备的生理要求和心理要求。虽然工作说明书和职务说明书都是工作的相关结果，而且也是工作分析的主要内容，但有的企业管理者对此似乎并没有足够、正确的认识，甚至将两者混为一谈，这是一个不能不重视的问题。此外，有的企业在工作的描述方面很不全面，在一份工作描述书中，缺乏工作关系、工作目标等方面的描述；而且，凭经验描述工作职责或职务职责的现象普遍存在，抑制了工作分析、评价在整体人力资源管理方案中的核心作用。

工作分析离不开工作环境的分析，一旦工作的环境发生了变化，工作分析就必须进行相应的调整，但毕竟工作分析的结果——工作描述书总是落后于环境变化的。因而，这就要求人力资源管理者在工作分析中要超前规划，具有前瞻性，要创造性地开展工作，把可预见的环境变化因素及早考虑到工作描述书中。工作分析的创新性还表现在工作分析过程、分析方法的创新上。

工作分析是对工作一个全面的评价过程，包括以下几个阶段：

（1）准备阶段。成立工作小组，确定要分析的工作，分解工作为工作元素和环节，确定工作的基本难度，制定工作分析规范。

（2）设计阶段。选择信息来源；选择工作分析人员；选择收集信息的方法和系统。

（3）调查阶段。编制各种调查问卷和提纲；广泛收集各种资源（即7个"W"）：工作内容（What）；责任者（Who）；工作岗位（Where）；工作时间（When）；怎样操作（How）；为什么要做（Why）；为谁而服务（For Whom）。

（4）分析阶段。审核已收集的各种信息；创造性地分析，发现有关工作或工作人员的关键成分；归纳、总结出工作分析的必需材料和要素。具体可从四个方面进行分析：

1）一是职务名称分析。职务名称标准化，以求通过名称就能了解职务的性质和内容。

2）二是工作规范分析。工作任务分析，工作关系分析，工作责任分析，劳动强度分析。

3）三是工作环境分析。工作的物理环境分析，工作的安全环境分析、社会环境分析。

4）四是工作执行人员必备条件分析。必备知识分析，必备经验分析，必备操作能力分析，必备心理素质分析。

（5）运用阶段。促进工作分析结果的使用。

（6）反馈调整阶段。组织的经营活动不断变化，会直接或间接地引起组织分工协作体制的相应调整，由此，可能产生新的任务，而部分原有职务的消失。

2. 工作分析的基本方法

基于工作分析成果的重要性，对工作分析本身要有较高的要求，以保证结果的正确性。无论是进行工作分析人员的专业水准还是选用分析方法的适当性都会对工作分析结果的产生重大的影响，所有的一切都应是基于对组织基本情况的客观、翔实的调查基础上进行的。

具体进行工作分析的方法很多，在工作中可根据具体情况选择使用。观察法要求观察者需要足够的实际操作经验，虽可了解广泛、客观的信息，但它不适于工作循环周期很长的、脑力劳动的工作，偶然、突发性工作也不易观察，且不能获得有关任职者要求的信息。面谈法易于控制，可获得更多的职务信息，适用于对文字理解有困难的人，但分析者的观点影响工作信息的正确判断；面谈者易从自身利益考虑而导致工作信息失真；职务分析者提出含糊不清的问题，影响信息收集；面谈法不宜单独使用，要与其他方法联用。问卷法费用低，节省时间，调查范围广，可用于多种目的的职务分析；缺点是需经说明，否则会因理解不同，产生信息误差。采用工作实践法可使分析者直接亲自体验，获得的信息真实，它只适合短期内可掌握的工作，不适合需进行大量的训练或有危险性工作的分析。典型事件法直接描述工作中的具体活动，可提示工作的动态性；所研究的工作可观察、衡量，故所需资料适合大部分工作，但归纳事例要消耗大量时间；易遗漏一些不显著的工作行为，难以把握整个工作实体。

（1）观察分析法。一般是由有经验的人，通过直接观察的方法记录某一时期内工作的内容、形式和方法，并在此基础上分析有关的工作因素，达到分析目的的一种活动。此种观察分析法适用于短时期的外显行为特征的分析，而不适合与长时间的心理素质的分析。

（2）工作者自我记录分析法。一般由工作者本人按标准格式，如工作日志的形式，及时详细地记录自己的工作内容与感受，然后在此基础上进行综合分析，实现工作分析的一种方法。这种方法的基本依据是，从事某一工作的人对这一工作的情况与要求最清楚。但是这种方法可能存在误差，要求事后对记录者分析结果进行必要的检查。

（3）面谈式分析法。可以采个人、小组的方式来进行。其进行的原则为：①与主管密切配合；②与被面谈者尽速建立融洽的谈话气氛；③准备完整的问题表格；④要求对方依工作重要性程度依序列出；⑤收集妥后的资料让任职者及其上司阅览，以利补修。

面谈式分析法既适用于短时间的生理特征的分析，又适用于长时间的心理特征的分析。访谈者必须细心准备他们的访谈计划。

（4）主管人员分析法。是由主管人员通过日常的管理权力来记录与分析所管辖人员的工作任务、责任与要求等因素。该方法的理论依据是，主管人员对这些工作有相当深刻的了解，对职位所要求的工作技能的鉴别与确定非常内行。但主管人员的分析中也许存在一些偏见，尤其是那些只干过其中部分工作而不全面了解的人。

（5）纪实分析法。纪实分析法是通过对实际工作内容与过程的如实记录，达到工作分析目的的一种方法。当大量的事情记录下来之后，按照它们所描述的内容进行归类，最后就会对实际工作要求有一个非常清楚的了解，有助于我们对工作的全面理解。

（6）问卷调查分析法。这种方法是工作分析最常用的一种方法，就是通过采用问卷来获取工作分析的信息，实现工作分析的目的。问卷有通信问卷与非通信的集体问卷、检核表问卷与非检核表问卷、标准化问卷与非标准化问卷、封闭性问卷与开放性问卷之分。问卷内容分为以下六方面：

1）信息输入：工作者在何处与如何得到工作必要的信息。

2）心理过程：在工作中推论、决策、计划、处理信息过程。

3）工作输出：在工作中物质的活动，使用工具装置。

4）与他人关系：在工作中与他人的关系。

5）工作内容：物质的与社会的内容。

3. 工作分析的步骤

（1）确定工作分析信息的用途。首先，要明确工作分析目标。工作分析所获得信息的用途直接决定了需要搜集何种类型的信息，以及使用何种技术来搜集这些信息。

（2）搜集与工作有关的背景信息。搜集与工作有关的背景信息，如组织图、工作流程图和职位说明书等。组织图显示出了当前工作与组织中的其他工作是一种什么样的关系，以及它在整个组织中处于一种怎样的地位。工作流程图则提供了与工作有关的更为详细的信息。职务说明书又叫职位描述，是指把工作当作一个组织角色来描述其总体特征以备使用。

（3）选择有代表性的工作进行分析。当需要分析的工作有很多但它们彼此又比较相似的时候，例如，对流水线上的工人所做的工作进行分析，对他们所做的工作一个一个地进行分析，必然非常耗费时间。在这种情况下，选择典型工作进行分析显然是十分必要而且也是比较适合的。

（4）搜集工作分析的信息。通过搜集有关工作活动、工作对员工行为的要求、工作条件、工作对人员自身条件（如个人特点与执行工作的能力等）的要求等方面的信息，来进行实际的工作分析。

（5）同承担工作的人共同审查所搜集到的工作信息。工作分析提供了与工作的性质和功能有关的信息。而通过工作分析所得到的这些信息只有与从事这些工作的人员以及他们的直接主管人员进行核对，才有可能不出现偏差，核对工作有助于确定工作分析所获得的信息是否正确、完整，同时也有助于确定这些信息能否被所有与被分析工作相关的人所理解。此外，由于工作描述是反映工作承担者的工作活动的，所以这一审查步骤实际上还为这些工作的承担者提供了一个审查和修改工作描述的机会，而这无疑会有助于赢得大家对所搜集到的工作分析资料的认可。

（6）编写工作说明书和工作规范。大多数情况下，在完成了工作分析之后都要编写工作说明书和工作规范。工作说明书就是对有关工作职责、工作活动、工作条件以及工作对人身安全危害程度等工作特性方面的信息所进行的书面描述。工作规范则是全面反映工作对从业人员的品质、特点、技能以及工作背景或经历等方面要求的书面文件。

6.1.4　做好企业工作分析的对策思考

1. 认真进行工作分析

工作分析是人力资源开发与管理最基本的作业，只有做好了工作分析，才能据此完成企业绩效评估、职业生涯设计、薪酬设计管理、招聘、甄选、录用工作人员等工作。没有进行工作分析的企业，应该认真、细致地进行工作分析，得到真正对企业有用的信息和成果文件。工作分析方法的选择和步骤一定要根据企业的实际情况进行选择和制定，工作分析人员也要对工作分析加深理解，使工作分析的成果能真正对企业有用。

2. 职位设置要科学

工作岗位的设置科学与否，将直接影响一个企业人力资源管理的效率和科学性，一般要根据企业组织的需要设置岗位，既着重于企业现实，又着眼于企业发展。即应根据工作分析的科学结果，决定在一个组织中设置什么岗位，多少岗位，每个岗位上安排多少人及安排什么素质的人员。同时按照企业各部门职责范围划定岗位，而不应因人设岗，岗位和人应是设置和配置的关系，而不能颠倒。另外，工作分析之后应及时通过职位评价确定职位等级。通过工作分析提炼出评价工作岗位的要素指标，形成职位评价的工具；通过职位评价确定工作岗位的价值，划分职位等级；明确了工作岗位的价值，企业就可以据此发放工资，从而保证薪酬的内部公平，减少员工间的不公平感。

3. 工作分析要注意人事相宜原则

通过工作分析得到工作说明书和任职说明书，工作说明书确定了各个岗位的具体工作内容和特征，任职说明书列出了各种工作对任职人员的要求。企业应根据岗位对人的素质要求，选聘相应的工作人员，并把他们安置到合适的工作岗位上，使人尽其才，才尽其用，避免人才浪费，从而最大限度地发挥员工的才能与潜力。另外，在工作分析中也要学会科学地运用"小马拉大车"的"翁格玛利"效应，不论才能大小都给予其略大于自身能力和才干的舞台，即十分之才委以十二分的重任。这对企业的工作分析提出了更高的要求。

4. 根据工作分析进行绩效考评

工作分析及一系列相关基础性工作，如工作说明和任职说明，对职务、工作任务、工作范围、工作职责进行了客观描述，对应聘工作岗位的员工提出了一般要求、生理要求和心理要求，并对工作时数、工资结构、支付工资的方法、福利待遇、该工作在组织中的地位、晋升机会、培训机会等都作了明确说明，为绩效考评标准的建立和实施提供了依据，同时也使员工明确了企业对其工作的要求目标，既便于企业对员工的业绩、绩效进行考评，又便于员工"按图索骥"，避免了双方的盲目性，从而减少了因考评引起的冲突。如果一名经理评价员工根据的不是工作说明中包括的因素，则这种评价在很大程度上会具有不公正性。一些单位的年终评比因为没有建立在工作分析的基础上，使评比失去了"量"的依据，要么出现你好、我好、大家都好的局面，轮流得奖；要么出现"摸奖"，甚至"争奖"、"抢奖"的情况，在荣誉面前互不相让，这些都不可取。

5. 根据动态环境的变化修改工作说明和任职说明

通常工作分析是建立在近似静态的基础上，即职务相对稳定，无重大变化。但由于经济和社会等因素的变化发展，企业内外部环境也相应发生变化，从而引发企业的组织结构、部门任务、工作构成以及人员结构等不断的变动，这就要求企业对职位重新进行工作分析，修改工作说明书和任职说明书，使职位职责能够随时适应企业的人力资源管理的需求。最好能建立一个岗位职责审核制度，每隔一个季度或每半年，对所有正在使用的岗位进行一次梳理，及时发现问题，处理问题。否则，工作说明书和任职说明书就会成为一纸空文，发挥不了任何作用。而在实际中，有些人事经理在进行完一次工作分析以后，就将分析的成果束之高阁，使进一步的工作分析成为形式。这是目前很多企业都应注意的问题。

6. 工作分析要得到高级管理层的支持和取得员工的认同

工作分析工作不是人力资源部门单独可以完成的，它需要企业每个部门，甚至是每位员工的协助。

(1) 得到高级管理层的支持。没有他们的认同和支持，就无法有效地完成工作分析及编写工作说明书和任职说明书。在填写工作说明书之前，有两点很重要：一方面公司老板应充分了解工作分析的重要性，并向部门主管及员工明确宣布自己对推行这项工作的支持；另一方面，人事单位主办人员与部门各级主管及员工应进行充分的说明与沟通，争取部门对工作分析的支持。为了使工作说明书所列出的项目能与部门实际工作内容配合，人事单位主办人应将工作说明书表格的草案及其填写后准备应用的范畴，充分与各部门主管沟通，听取他们的意见。

(2) 取得员工的认同。员工对工作分析的认同是相当重要的，在工作分析开始之前，应该向员工解释清楚实施工作分析的目的，工作分析都会对员工产生何种影响，并且尽可能地将员工及其代表纳入到工作分析过程之中。只有当员工了解了工作分析的目的，并且参与到整个工作分析过程中之后，才会忠实于工作分析，也才会提供真实可靠的信息。

7. 其他注意事项

在编写工作说明书时，要注意周全性、完备性。在工作主要内容一栏可以加入"履行上级指定的其他工作"一条，这样员工就不能再以工作说明书为由拒绝所分派的临时性工作任务；在任职说明书的"备注"中明确任职资格只是从事该工作的一些基本要求，是员工知识、技能的最低界限，这样，管理者也不能以此为由拒绝员工承担更多责任的请求。

6.2　职务分析与安全

所谓职务分析，是一项全面了解职务，并对该项职务的工作内容和职务规范（任职资格）进行描述和研究的管理活动。根据美国劳动部门的定义，职务分析就是"通过观察和研究，确定关于某种特定职务的性质的确切情报和（向上级）报告的一种程序"。在发达国家，职务分析早以被广泛应用到盈利组织或非盈利组织的人事管理中，而我国目前对职务分析的研究尚处于探索阶段。

6.2.1　职务分析的概述

职务分析就是了解其事的工作。办好一个企业，需要做好各方面的事，包括管理工作、技术工作、生产工作、营销工作、服务工作等。每方面的工作又可分成范围较小的若干方面；管理还可划分为各种车间管理，车间下又有班组管理等。一个企业的总体任务，通过不同方面层层分解，可分成许多不同的职务和岗位。明确了职务岗位，就可以分析人员配备的数量要求和质量要求。一般情形下，人员配备应做到因岗设人，一岗一人，但对实行轮班制的工作或某些特殊的场合，需作一岗多人配置。一个岗位配什么样的人取决于这个岗位做什么样的事。要实现人事适配，就不仅要对每一个职务岗位的工作性质、工作任务、作业内容、操作方法、工作条件等进行具体分析，同时还要分析从事每种职务岗位工作的人员必须具备的个体素质条件。素质条件包括身体的（如性别、体形、力量、速度、生物力学特点等）、心理的（如意识、情感、意志、思维、感知特性、智力水平、能力、态度、兴趣、爱好、性格类型等）、知识经验的（如专业知识、技能、文化水平等）。人在个体素质上有很大的差异，因而对不同岗位工作的适合性也会有很大差别。在对每个职务岗位任职者的个体素质要求加以分析和确定后，才可能在人员选拔时做到有的放矢，把符合要求的人选择出来，并把他们分别安排到各自最适合的职务岗位上去。只有做好职务分析才有可能使人力资源得到最有效的利用。

简而言之，职务分析是指对承担和完成各项特定职务工作人员所具有的素质与能力作出明确规定，最后形成一系列职务说明书的过程。职务分析是企业管理必不可少的环节，便于企业员工甄选、工作评估、人员考核，有利于企业安全高效生产。

6.2.2 职务分析的作用

职务分析是做好人事管理工作的基础，人事管理的许多工作都要利用职务分析的结果。因为只有通过职务分析，才能算出需要设置多少不同的职务岗位，才能确定承担不同岗位职责的人员必须具备的身心素质条件。一个组织只有根据职务分析所提供的资料，才能做好人员选录、培训、职务升迁等工作。

职务分析可为制定人员选录标准提供根据。如前所说，人的身心素质差别悬殊，应该选用具有什么样身心素质的人，只能根据职务工作的性质、特点及要求。企业中不同阶层人员的工作性质、工作内容和需要的知识、能力很不相同。选录这些人员，应该有不同的选录标准。不能用选录生产工人的办法去选录管理人员，也不可对技术设计人员与安全管理人员采用相同的选录标准。即使同是选录生产工人，也要根据工种不同而有不同的要求。若没有职务分析的资料，就无法确立各种不同工作的选录标准。

职务分析对企业人员培训(personnel training)和业绩考评(performance appraisal)也同样具有重要作用。因为通过职务分析，对每个职务的任务、内容、条件及其任职者所应具备的知识、技能和其他身心素质要求都有明确而具体的了解。这样就可对任职者进行有针对性的考评和培训，也使职工提高业务水平有明确的方向。

职务分析还可以为工作设计、设备设计和操作方法的改进提供合理化建议。由于职务分析是对工作内容和操作过程的全面分析，它不仅涉及职务工作的内容范围和任职者的身心素质要求，而且也必然要涉及工作过程、工作方法、工具设备和工作环境等设计的合理性问题。通过职务分析，既可以发掘和总结先进的工作方法和优良的工作设计原则，又能发现工作过程、操作方法、工具设备、环境设计上存在的不合理的地方。因此它对改进工作、改革设备、改善环境、保证企业安全等都具有重要的促进作用。

6.2.3 职务分析的内容

职务分析主要包括两方面内容，一是分析每个职务的工作任务，二是分析对任职人员的要求。每一方面都包含着一系列具体内容。职务分析者的任务就是要通过调查研究，为确定企业中每个职务的上述两方面要求提出具体的内容。

1. **工作任务分析**

工作任务分析(task analysis)主要包括下列各项内容:

(1) 工作内容。分析每个职务的职责范围,明确每个职务需要做哪些事情,这些事情有什么特点,每件事情应达到什么标准,做每件事要花多少时间,做这些事需要有多少人参加,等等。

(2) 工作方法。分析每个职务需要使用哪些设备和工具,需要采用什么方法和操作程序,掌握这些设备和方法需要具有什么知识,需要掌握什么技能等。

(3) 环境条件。环境条件包括物理环境条件和社会环境条件,物理环境(physical environment)条件包括工作空间、照明、空气成分、温度、湿度、噪声,以及其他有关工作安全的物理因素。社会环境(social environment)条件包括工作气氛、工作制度、群体组织、同事关系、学习条件、工资报酬、奖惩制度、福利待遇、晋升机会、劳保条件等。

(4) 行为表现。分析工作人员的活动性质、活动方式、工作姿势、工作强度、速度、操作频次、人机匹配程度、人员间协作与沟通情形等。

2. 职务描述

职务描述是要通过职务调查,在取得有关信息的基础上,对工作岗位的名称、性质、任务、程序、内外部环境和条件等内容作出比较系统的描述,并加以规范化。职务描述一般包括所设计职位的目的、职责、职称、上下级之间关系、职权等。职务分析一般用文字描述其结果,即所谓职务描述(或工作描述)(job description)。职务描述要求具体、准确。对每个职务或每项工作都要具体叙述"是什么"、"做什么"、"为什么"、"如何做"。文字描述受文字表述能力的影响,同样一件事,一个文笔好又善于表达的人能够把它描述得淋漓尽致,看起来一清二楚;但在一个缺少训练不善于表达者的笔下可能三言两语,文不达意,或写了一大篇,主次不分,把重要的信息淹没在与职务分析无关的叙述之中。在职务分析的描述中,既要防止华而不实的词藻堆砌,又要避免概念化、简单化。为了防止这两种倾向,有人提出用一种统一的句法结构去对职务分析结果进行描述。例如使用下面的句型表达工作人员的某种具体活动内容:"操纵车床加工齿轮"、"驾驶卡车运送货物"、"会见顾客征求意见",等等。此类句子用"动词 + 直接宾语 + 不定式短语"这样的句法结构,表达了工作人员做什么和为什么做的具体内容。当然,以描述工作人员活动的句法结构不一定如此呆板,但其设法使用简明的表述方式去对职务分析结果进行朴实描述的想法是很可取的。

3. 人员要求分析

职务分析的另一基本内容是分析工作人员应具备的条件。不同的职务有不同的工作任务和工作条件,承担每种职务工作的人员应具有能胜任这些工作的个体条件(或工作须备条件)(job requirement)其中包括身体的、心理的和知识经验等方面的条件。

(1) 身体素质。身体素质包括身体尺寸、体形、力量大小、耐力、以及身体健康状况等。

(2) 心理素质。心理素质包括视觉、听觉等各种感、知觉能力，例如辨别颜色、明暗、距离、大小细节等能力，辨别音调、音色及分辨语声的能力，辨别气味的能力等；记忆、思维、言语、操作活动能力、应变能力；以及兴趣、爱好、性格类型等个性特点等。

(3) 知识、经验。知识、经验包括一般文化修养、专业知识水平、实际工作技能和经验等。

(4) 职业品德。职业品德从职人员除了必须遵纪守法和具有一般公德外，还要对职业所需要的职业品德(或职业伦理)(work ethic)要求有所修养。

对从职人员要求的分析应限于为保证完成职务工作所必需的个体条件。这些条件不仅要有定性的要求，而且要有定量的要求。要求不能降低，但也不可把它规定得过高。对人员要求的标准定得过高，不仅大材小用，浪费人力资源，而且不一定有利于工作。因为当一个人不能在工作中施展才能时，或者工作要求远远超过他的能力而很难完成时，他就会对工作缺乏兴趣和热情，不安心工作，若处理不当还会产生矛盾。只有在人职适配，即工作要求与工作人员的个体要求配合得好时才能使人力资源得到充分有效的利用。

6.2.4 职务分析方法和职务分级

1. 职务分析方法

职务分析工作不仅需要具有多学科基础知识，而且还要善于运用各种方法。下面是职务分析中常用的几种方法。

(1) 谈话法。谈话法(或访问调查)(interview survey)是各种职务分析中普遍使用的方法。正在各种职务岗位上工作的人员，情况熟悉，有切身体验，最有发言权，对他们作访谈是获取工作情况信息的重要途径。许多用其他方法不能获得的信息可以从与现职人员的交谈中得到。访谈的效果往往取决于访谈者的技能。访谈者对使用谈话法应有一定的训练，并在访谈前作好必要的准备。在职务分析的访谈中特别要防止信息失真。有的从职人员由于要显示自己工作的重要性，或认为职务分析结果会对其某种利益发生影响，可能会自觉或不自觉地对自己所从事的工作的意义和责任作出过分的描述。因此访谈者要对谈话内容进行分析，善于辨别夸大不实之词，去伪存真。为了从访谈中取得可靠的信息，除了访谈现职人员外，还应同比较熟悉该职务工作的其他有关人员进行谈话。

（2）职务分析问卷。职务分析问卷是根据职务分析目的要求制定的。在问卷（questionnaire）中提出大量与职务分析内容有关的项目或问题。一套问卷中包括的项目有时可能多达几百项。

（3）现场观察。访谈和问卷所得的资料，虽然来自从职人员或有关人员的口述笔答，但对职务分析者来说，仍只是通过间接方式得到的资料。它不像直接观察那样认知得具体、生动。有些从职人员不善于用口头与书面笔答方式把自己所做的工作情形充分反映出来。因此职务分析者还需要通过直接观察来了解各种职务工作的情形。为了获得切身体验，职务分析者有时还可通过不同程度的直接参与以获取某些职务工作资料。在职务分析采用观察法（observational method）时，要充分利用录像等现代记录技术。

（4）记事法。记事法是由从职人员把自己工作的情形和体验用文字记述下来。这种记述可以设计成表格的形式，在执事者完成一项任务后如实逐项填写。记事法不仅能为职务分析提供很具体的资料，而且能对从职人员改进自己的工作起促进作用。但这种方法需要从职人员花费时间，因而有些人不大愿意接受。

（5）关键事件法。关键事件法（critical incident technique）是指对取得成功或遭受失败的关键事件和活动情况进行了解，以分析职务的关键特征和从职人员的行为特点。从职人员的知识、能力、技能等个体素质的作用和需求，会在处理关键事件的过程中比较集中地显露出来。通过对较多数量关键事件的分析，可以对从事某种职务工作的行为方式和要求作出概括。

2. 安全职务分级

要保证企业安全生产，必须明确企业安全管理人员的职责，企业管理人员所处的层级不同管辖的范围不同，所需要的素质和能力要求也有所不同，对于上、中、下三级安全管理人员从技术能力、人际关系能力和安全管理能力三方面进行分析，结果如图6-2和表6-1所示。

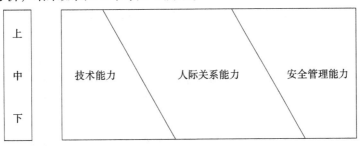

图6-2 职务各层级能力分布图

表 6-1　职能各层级能力比例表

职 务 分 级	技术能力(%)	人际关系能力(%)	安全管理能力(%)
上层管理者	18	35	47
中层管理者	27	42	31
下层管理者	47	35	18

从以上的分析可以看出，从上到下岗位技术能力要求逐渐增加，而管理能力要求逐渐递减，人际关系能力对中层管理人员要求最高。对于上层管理者，管理能力所占比例最大，要求具备对整个企业的宏观把握能力，具体问题的决策能力；对于中层管理者，与上层管理者相比，对技术能力和人际关系能力的要求有所提高，管理能力的要求有所降低，其中对人际关系能力要求最高，要求具备较强的与上、下级之间的沟通和协调能力；对于下层管理者，技术能力要求增加幅度较大，而人际关系能力和管理能力要求有所降低，要求具备较强的岗位技术能力，及时、准确地发现并解决岗位上存在的技术问题。

对于企业的岗位操作工人，主要考虑以下方面：岗位工作的操作技能、安全知识、危险应变能力、职业道德、技能要求及心理素质等。

6.2.5　职务分析的运作过程

职务分析是一项技术性很强的工作，需要周密的准备，同时还需要具有与组织人事管理活动相匹配的科学操作程序。

1. 准备阶段

职务分析的准备阶段主要是确定职务分析的目的，组建工作小组等，具体内容如下：

（1）明确职务分析的目的。职务分析的目的不同，具体的信息收集内容及其组合也不同。因此，进行职务分析首先要明确目的，有的放矢。

（2）建立职务分析小组。小组成员通常由分析专家组成。所谓分析专家，是指具有分析专长，并对组织内各项职务有明确概念的人员。一旦小组成员确定之后，赋予他们进行分析活动的权限，以保证分析工作的协调和顺利进行。

（3）明确分析对象。为保证分析结果的正确性，应该选择有代表性、典型性的职务，如果在次要、无代表意义的职务上纠缠不清，必然浪费大量财力、物力和时间。

（4）建立良好的工作关系。为了搞好职务分析，还应该做好员工的心理准备工作，建立起友好的合作关系。

2. 信息收集阶段

职务分析的大量活动是收集相关信息，这些信息是后面工作的依据，应全面、客观、准确，具体要求有：

（1）选择正确的信息来源。信息的收集是多方面的，不同层次的信息源提供的信息存在可信度上的差别，职务分析人员应该站在公正的角度听取不同信息，不能事存偏见，确保信息的真实性。

（2）灵活运用各种方法。职务分析方法多种多样，有观察法、面谈法、试验法、问卷法、参与法等。这些技术方法各有优缺点，在实际职务分析中，应结合调查对象加以选择，既可采用其中一种方法，也可以多种方法并用。

（3）详细编制调查提纲和问卷。包括职务内容、职务责任、职务经验、适合年龄、学历等，内容上应具有综合性和典型性。

（4）广泛收集与职务相关的各种信息，无论直接相关还是间接，都要全面收集。

3. 分析阶段

分析阶段是整个职务分析的核心，其主要工作是对信息收集阶段中收集到的各项数据进行全面深入的分析判断和归纳，具体步骤如下：

（1）审核。甄选收集到的各种信息，去粗取精，去伪存真。

（2）分析。对比各条信息，挑选出其中具有关键性的部分。

（3）归纳。总结挑选出的重要信息，为职务分析报告的形成准备资料。

分析的内容有：职务名称是否明确，雇用多少人员才合适，职务的组织位置，职务权限，职务责任大小，工作知识高低，教育和培训的多少等。

4. 描述阶段

仅仅研究分析一组工作，并未完成职务分析，分析专家必须将获取的信息予以整理并写出职位说明书。通常，职务分析所获得信息以下列方式整理：

（1）文字说明。将所获相关的资料用文字方式表述，列举职务名称、工作内容、工作设备与材料、工作环境及工作条件等。

（2）职务列表及问卷。把职务加以分析，以职务的内容和活动分项排列，由实际从事的人员加以评判，以表格或问卷的形式列出。

（3）活动分析。把工作的活动按工作系统与作业顺序一一列举，然后根据每一作业进一步加以详细分析。活动分析多以观察及面谈的方法对现有职务加以分析，所得资料作为教育及培训参考。

（4）决定因素法。对完成某工作的几项重要行为，从积极的方面说明工作本身特别需要的因素，从消极的方面说明亟待排除的因素。

5. 运用控制阶段

这一阶段的主要工作是培训职务分析人员，制定和不断调整各种具体的职务分析文件。确定正确的部分，修改不适应的部分。

准确地进行职务分析的有效方法，常用的有访谈法，问卷调查法和参与法。

6.2.6 其他

管理的一项重要任务就是要全面地了解各类工作职务的特征、工作的程序及方法，这些就是职务分析的内容。管理者只有掌握职务分析的方法和技术，才能为组织建立合理的职务系列框架，才能了解各个岗位的工作职责和职务要求，在管理中做到有的放矢。同时，职务分析的结果有助于管理人员明确下属的岗位职责和考核要求，进行公平、客观的绩效考核，提高员工的满意度。

但职务分析是一个过程，不是静态不变的，而是动态的。随着信息技术的发展，企业的业务流程重组、组织结构的扁平化、团队管理的应用，职务的工作内容变化很快，职务分析需要不断及时地修改和补充。

这样，应考虑环境和组织变量对职务分析的影响，使得职务分析能够服务于企业可持续发展的目标。其次，由于职务分析是一个过程，在应用过程中会遇到一系列的技术问题及其他问题，管理者需要采取相应的对策，使职务分析成为组织达到"人员、职位、组织"匹配的一个重要手段，即要求，一方面个体能够满足特定工作和岗位的要求，另一方面，个体的内在特质与组织的基本特征和要求之间有一致性，符合组织发展的要求。

6.3 工作设计的安全要求

工作设计是指为了有效地达到组织目标，合理有效地处理人与工作的关系而采取的，对于满足工作者个人需要有关的工作内容——工作职能和工作关系的特别处理，即是指明确工作的内容和方法，明确能够满足技术上、组织上的要求及工作者的社会和个人要求的工作间的关系。实质上，工作设计就是解决工作怎么做和怎样使工作者在工作中得到满足的问题。工作设计是现代企业管理中的重要问题，是确定企业员工工作活动的范畴、责任以及工作关系的管理活动。工作设计是一种艺术，它让人与工作相匹配，从而使人们的终生兴趣得以实现。

6.3.1 工作设计的主要思想

随着经济的发展和先进服务理念的引进，一方面服务更加个性化，另一方面，员工的素质和对生活质量的要求有了很大的提高。企业要适应这种变化，就不应该如以前那样单纯从人性、心理的角度去考虑工作设计，而应该从工作和经济的需求出发，同时考虑到人性和心理方面的需求。而高度的生产效率与高度的人性满足又是很难同时实现的，因此，在高度竞争、提倡人性化的社会中，企业工作设计的最佳、最可行的选择只能是在生产效率与人性需求之间寻求一种适度的平衡点，使社会系统和服务系统有效地整合起来。这种综合优化的工作设计思想表现在：

（1）在企业地址、工作流程和设备布置时，要考虑到流程设计有利于人的身心健康，以及有利于发挥人的创造性，构造个人及群体的任务。

（2）设计或重新设计工作内容时，按工作特征理论来使工作本身起到激发员工主动性和积极性的作用。

（3）选择工作组织（设计成自律性工作班组），使之既有利于提高工作的效率，又有利于满足人的心理需求。可以看出，工作设计不仅限于工作内容，还涉及工作组织、工作环境以及生产技术。这是一个整体的工作体系设计思想。在20世纪80年代以后，这种思想一直被发达国家广泛接受和推广。

随着经济的发展和先进服务理念的引进，一方面服务更加个性化，另一方面员工的素质和对生活质量的要求有了很大的提高。企业要适应这种变化，就不能像以前那样单纯地从人性、心理的角度去考虑工作设计，而应从工作和经济的需求出发，同时考虑人性和心理方面的需求。而高度的生产效率与高度的人性满足又是很难同时实现的，因此，在高度竞争、提倡人性化的社会中，企业工作设计的最佳、最可行的选择只能是在生产效率与人性需求之间寻求一种适度的平衡点，使社会系统和服务系统有效地整合起来。这种综合优化的工作设计思想表现在：

（1）在企业地址、工作流程和设备布置时，要考虑到流程设计有利于人的身心健康，以及有利于发挥人的创造性，构造个人及群体的任务。

（2）设计或重新设计工作内容时，按工作特征理论来使工作本身起到激发员工主动性和积极性的作用。

（3）选择工作组织（设计成自律性工作班组），使之既有助于提高工作的效率，又有利于满足人的心理需求：可以看出，工作设计不仅限于工作内容，还涉及工作组织、工作环境以及生产技术。这是一个整体的工作体系设计思想。

6.3.2　工作设计的研究内容

工作分析与职务分析是工作设计的基础，明确企业的目标、工作的流程、岗位的工作性质与标准、职务的职责和权限、工人的素质和能力需求、工作设备的设计、工作环境的管理等，做到工作岗位的职能具体化，企业员工职务明确化，岗位需求与员工能力相匹配，使员工在恰当的工作岗位上最大限度地发挥其能力，保证企业安全高效的生产。工作设计的研究内容如图6-3所示。

工作设计的内容主要从以下几个方面考虑。

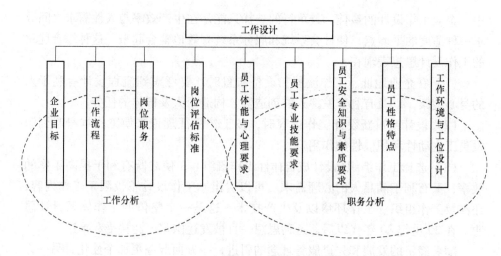

图 6-3　工作设计的研究内容

1. 基本资料

资料收集是工作进一步开展的基础,因此,资料应该全面、细致准确。主要包括企业名称、类型,企业地理位置、气候条件,经济政治状况,企业整体安全目标、企业部门间的职能关系、企业工人数量、文化水平分布情况、企业安全管理及事故资料等。

2. 工作描述

对工作的描述是工作分析的基础,主要包括企业工作流程、工作关系、各岗位工作职责、工作活动内容、工作评价标准等。

3. 业务流程

对业务流程的分析有利于人员的选择,主要包括业务流程描述、工作流程中各岗位的职责等。

4. 任职素质

任职素质是对人员选拔的依据,主要包括各层级职能人员的素质要求,如性格特点、生理和心理状况、职业道德、特长、人际交往能力、技能水平、安全知识水平、安全管理能力水平等。

5. 工作环境

工作环境包括企业周围环境和员工的工作环境,企业周围环境主要指周围安全状况、事故统计等;员工的工作环境主要包括工作中存在的危险性、色彩、温度、湿度、照明、噪声、设备、器械、安全设施以及安全工作空间等。

6. 工位设计

人的活动空间(space for activity)包含着物理空间(physical space)和心理空间(psychological space)两种成分。人的活动空间形式是多样的。生活空间、工作空间、社会交往空间等都是人的不同活动空间形式。不同的活动空间，在物理空间和心理空间上的要求有一定的差别。一个空间是否得到使用者的好评，主要取决于两个方面：一是空间的实际大小是否能满足使用者的要求，这是由空间的物理尺寸决定的；二是空间是否能使使用者得到心理上的满足。

人对空间的开放感或封闭感受到空间大小、隔墙、窗户宽度、照度等多种因素的影响。

工位(work place)是企业职工在生产活动中最主要的空间环境。一个人长时间处在一定的工位上做事，其工作效率和体能消耗自然与工位的设计特点有关。只有根据工效学原则设计的工位才有可能获得低耗高效的效绩。

设计一个好的工位主要应从三方面考虑：作业特点、人体尺寸以及操作者在工位中的位置。主要从以下方面考虑。

(1) 工作面上的器物。

1) 确定了操作者在工位上的位置后，就要考虑操作者必须使用的显示器、控制器、工具、元器件等各种器物的位置安排。器物安排不当，不仅影响工作效率，而且还容易发生事故。工位中人机界面上的器物愈多，愈需要讲究对它们的空间安排。

2) 人的肢体和感觉器官在进行操作中都有各自最有利的位置。人所使用的器物只有把它们放置在最有利于操作位置时，才可能产生最好的效绩。因此应把重要的信息显示器、控制器、工具和操作中使用的重要元件、材料尽可能放置在最有利的位置上。

3) 工位上的器物数量少时容易把它们安排到最有利的空间位置上。当需要安排的器物较多或有多个器物需要安排在最佳位置时，就发生空间位置安排的优先权问题。

(2) 工作面设计。人的很多作业都在一定的工作面(或称作业面)(work area)上进行。工作面是否设计得符合人的使用要求，对工作效率有很明显的影响。工作面的度和大小又是影响工作效率的最重要因素。

1) 工作面高度。工作面的高度必须根据人体尺寸和作业特点来进行设计。由于人们在人体尺寸上存在明显的个体差异，工作面应尽可能做成能让使用者根据自己的要求调节其高度。

2) 工作面范围。工作面的设计不仅要考虑其高度与人体高度的配合，同时要考虑人用手操作所伸及的范围。一般把水平工作面分为最大作业面(maximum work area)和正常作业面(normal work area)。最大作业面是躯干靠近工作面边缘时，以肩峰点为轴，上手臂伸直作回旋运动时手指所能伸及的范围。正常作业面是上臂垂放工作面，前臂由里侧向外侧作回旋运动时手指所能伸及的范围。

（3）工作座位设计。坐、立两种姿势，坐姿比立姿消耗的能量少，因此人在休息和在一切可采取坐姿的场合一般均采取坐姿，或以坐姿为主，坐、立交替。坐姿时的工作效率和人感受的舒适性与座位设计（seat design）有直接关系。一个设计不好的座位，会给使用者带来腰酸背痛之苦，不利于工作的安全高效进行。

6.3.3　工作设计中应注意的问题

1. 岗位与岗位之间的匹配

岗位是指一定的人员所经常担任的工作职务及责任，是任务和责任的集合体，是人与事有机结合的基本单元，是组织的"细胞"。岗位设置的是否合理，直接影响着组织目标的实现和任务的完成以及员工能力价值的最大发挥。

（1）岗位匹配要依据系统原则。任何完善的组织机构都是一个独立的系统，其由若干个相互区别、相互联系、相互作用的岗位组成。每一个岗位都应该依据企业的目标、任务来设置（即因事设岗），都应有其存在的价值，同时每一个岗位还应与其上下左右的岗位之间保持相互协调、相互依赖的关系，从而保证各岗位之间同步协调，发挥组织的最佳"整体效应"。

（2）岗位匹配要依据能级原则。"能级"是指一个"组织"中各岗位功能的等级，实质上就是岗位在"组织"这个"管理场"中所具备的能量的等级。一个岗位功能的大小，是由它在组织中的工作性质、任务、繁简难易、责任轻重及所需资格条件等因素所决定的。功能大的岗位，在组织中所处等级就高，其能级就高；反之，功能小的岗位，等级就低，其能级就低。因此，设计岗位时，应依据每个岗位的功能的大小，使其分别处于相应能级的位置上，从而形成一个有效的岗位能级结构，进而为能岗匹配、能酬匹配提供合理的依据。

2. 人（能）与岗位之间的匹配

人的能力是有人力差异的。不同的岗位由于其工作性质、难度、环境、条件、方式的不同，对工作者的能力、知识、技能、性格、气质、心理素质等就有不同的要求。进行人岗配置时，应该根据每个人的能力模式和能力水平（能级）将其安排在相应的岗位上，还应该根据岗位所要求的能级安排相应的人，因岗选人；而且要用人之长，避人之短，这样才能做到"岗得其人，人乐其岗"。充分调动员工的工作兴趣和热情，发挥其最大的能量。只有这样，才能使员工适时获得职业生涯发展的机会（恰当的岗位），进而充分发挥主动性和创造性，企业也因此获得生产率的提高和经济效益的增长。

3. 人与人之间的匹配

人与人之间存在一种关系，这种关系如果是相互协调、相互推动、相互促进，相互补充的，会产生增值；相反，如果人与人之间的关系是与"互补"相对应的，就会导致减值，产生内耗。员工因组织目标和任务而组成工作群体，在群体内，应依据每个员工的能级类型在岗位上安排互补型人才配置，以形成群体内最佳期的知识结构、能力结构、性格结构和年龄结构等，从而使员工之间能够相互取长补短、兼容互益、协调有序，进而产生群体能力合力的最大化。

4. 岗位与报酬之间的匹配

报酬是企业对员工的工作表现和工作绩效给予的相应回报，是一种激励手段，员工不仅仅在乎报酬的绝对值大小，更在乎自己的报酬与同一岗位或不同岗位的其他员工进行权衡比较，感受是否公平合理。因此，必须明确岗位能级结构，并依据每个岗位能级大小来设定相应的报酬等级，且要尽量减少其可比较的机会，以实现"能者有其酬"，使报酬发挥其最佳的激励作用。

5. 以能为本是工作设计的最高理念

"以人为本"，是以人为中心，把尊重人、爱护人、关心人作为企业经营活动的基本出发点，它是现代企业管理的基本原则和基本理念。而"以能为本"，是以人的能力为中心，把最大限度地发挥人的能力，实现能力价值的最大化作为企业发展的推动力量。企业在实行"以人为本"的管理过程中，已逐步转向对人的知识、智力、技能和实践创新能力的管理，这是企业发展的需要。因此，"以能为本"的管理源于"以人为本"的管理，但又高于"以人为本"的管理。因此说，企业只有"以人的能力为本"，才能真正做到"以人为本"。如今，企业已认识到，企业之间的竞争是人的竞争。实践证明，人岗有效匹配是保证员工各尽其用、各尽其才、充分发挥其潜力的最有效的方法。而作为人岗匹配的基础——工作设计，就应该将提高人的能力作为出发点，为实现人的巨大潜在能力的释放提供最有利的保证，从而提高员工对工作本身的满意度，使其工作乐在其中，最大限度地发挥工人的能力，保证企业的高效生产。

复习思考题

1. 试解释以下名词：工作分析、职务分析、工作设计。

2. 工作分析中层次分析的含义是什么？工作分析研究的内容、方法和步骤分别是什么？

3. 职务分析研究的内容、方法分别是什么？

4. 工作设计的主要思想什么？工作设计研究的内容是什么？

5. 工作分析、职务分析和工作设计间的关系是什么？

第 7 章

行为测量与人员选拔

为实现人职匹配，要进行人员的选拔。由于人在身体外貌、体质和生理、心理上都存在着明显的差异，要了解人的个体差异，需要通过测量。任何事物，不经过测量，就难以辨别异同，人的身心素质特点也只有经过测量才能了解其差异。

对行为的测量即是心理测量，以心理测量为基础，对人的素质进行多方面系统的评价，有利于企业人员的选拔，保证人员选拔与岗位的匹配，以及企业的安全高效生产。

7.1 行为测量概述

7.1.1 心理测量学的概念及性质

1. 概念

心理测量学以心理统计学为基础，以心理测量为具体方法手段，主要研究个体心理差异。心理测量要做到客观必须在测验编制、实施、评分、解释过程中减少主试和被试的随意性程度。

2. 性质

（1）间接性。只能通过测量人的外显行为，即测量人们对测验题目的反应来推论出他的心理特征。

（2）相对性。在比较不同人之间的行为或心理特征时，没有绝对的标准，也没有绝对的零点，只是在一个连续的行为序列中作比较。

（3）客观性。心理测量都是在标准化的前提下进行的。标准化的测量是测量客观性的根本保证。

7.1.2 心理测量的编制原则

编制测量的方法，依测量的种类而异。不同性质、不同用途的测量，编制的具体过程是不同的。但由于测量原理大体相同，因而可以概括出一套通用的编制程序。即确定测量目的、拟定编制计划、设计测试项目、项目的测试和分析、合成测量、测量使用的标准化、搜集信度和效度资料、编写测量手册等。

7.1.3 心理测量的误差及其检验

任何测量都有信度和效度要求。就是说，测量方法和工具要求准确、可靠，测量的结果要求与实际情形相符。对人心理素质的测量由于不像测量长度、重量那样容易得到公认的和易操作的客观标准，更要重视测量的信度和效度。人的行为活动表现易受多种主客观因素的影响而变化，要使心理素质的测量具有较高的信度、效度，不是轻易可以达到的。

人员选拔测量要求具有良好的预测作用(predictability)，就是说要求通过测量筛选出来的人员在任职后的工作成功率高。人员选拔测量能否具有良好的预测作用，主要取决于它是否具有良好的信度和效度。

7.1.3.1 测量的信度

一个测量工具或一种测量方法，用来测同一个对象，若每次测量都得到相同或一致的结果，这种测量工具或方法就是信度(reliability)高的。信度高低用信度系数(coefficient of reliability)表示。信度越高越好，理想的信度其系数为1。在实际测量中，任何测量工具和方法，其测量信度都不可能达到1。用于人员选拔的心理测量一般要求有0.70～0.80的信度。

7.1.3.2 测量的效度

效度(validity)是评价人员选拔测量的另一个重要标准。心理测量效度有内容效度(content validity)、预测效度(predictive validity)、同时效度(concurrent validity)、构思效度(或构念效度)(construct validity)等。

一个人员选拔测量，必须具有良好的预测效度。预测效度是指一种测量的结果能够用来成功地判断被测者将会达到某种状态的程度。例如，大学用入学考试分数作为录取考生的依据。这里面就包含着这样一个的假定，入学考试分数高低可以预测考生入学后学习成绩的优劣。这种预测的准确性有多大呢？若证明学生入学后，入学考试分数高的学生，学习成绩也高，入学考试分数低的学生，学习成绩也低，就表明采用这种入学考试作为选录大学生的方法很有效，具有很好的预测效度。

7.1.3.3 效标

1. 效标含义

评价预测效度必须先确定衡量预测效果的标准。前面所述大学生选录测量的例子中，大学期间的学习成绩就是评价入学选录测量效果的标准，这种标准一般称为效标(validity criterion)。测量分数与效标分数的相关值，称效度系数

（coefficient of validity），用它表示预测效度的高低。人员选择测量一般要求有 0.30~0.40 的预测效度。显然，一种测量的预测效度随效标不同而变化。而效标需随不同的测量目的而变化。例如，企业经理与技术工人，职责与工作内容不同，他们的工作成效应该用不同的标准去评价。假使选择测量的目的是为了选拔经理，就应该用评价经理工作成效的标准作效标，若测量目的是为了选拔技工，就应该用评价技工成效的标准作效标。

用这两种不同的效标去检测某种选拔测验的预测效度，可能有下列四种结果：

（1）该测验若符合两种效标的预测效度，表明它对选录经理与选录技工都适用。

（2）该测验对经理效标的效度高，对技工效标的效度低，表明它适用于选录经理，不适用于选录技工。

（3）该测验对经理效标的效度低，而对技工效标的效度高，表明可用它来选录技工而不宜用于选录经理。

（4）该测验对经理与技工两种效标的效度都达不到要求，表明它对经理与技工两类人员的选录都不适用。因此评价一个测量可否用来选录某类人员时，首先要检查一下选用的效标是否恰当。在效标恰当的情形下，若一种测量的预测效度达不到要求，就表明这种测量对选拔该类人员是不适用的，这时就要对这种测量加以修改，或者改用其他的测量，直到找到合用的测量。

在人员选拔测量中效标是否恰当是人员选拔成败的关键。因此在制定或选择测量方法时，必须十分重视效标的选择。

2. 选择效标的要求

（1）相关性。相关性（relativity）是指测量必须选用与实现职务工作目标有关的内容作效标。例如录用后达到工作熟练所花的时间，完成产品的数量、质量，工作态度、敬业精神、出勤率、领导与同事的评价和考核的成绩等都可用做效标。应该尽可能选择那些最能表明工作成效的内容作效标。一般认为，用入选的工作人员在工作一段时间以后（半年或一年）所达到的业务水平或工作实绩作效标是比较合适的。

（2）可靠性。效标测量必须能满足信度要求，亦即要求有较高的可靠性（reliability）。工作效绩的测量结果，容易受多方面因素的影响。企业领导人对某个下属人员的评价，有时可能评得高一些，有时可能评得低一些，不同领导成员对某个下属的工作作出不同评价更是常有的事。另外，一个人的工作成效的表现，可能是多维的，有的人主要表现在这个方面，有的人主要表现在那个方面。这一切表明效标不能只用一个人的一时一事的测量结果为依据。采用多种效标测量的综合结果，无疑有利于提高效标测量的可靠性。

（3）灵敏性。效标灵敏性（sensitivity）指效标测量能够反映出任职人员工作成效大小差别的程度。在工作成效发生一定差别时，一个灵敏度高的效标测量能把这种差别反映出来。效标的灵敏度容易受许多主、客观因素的影响。灵敏度要求越高，效标选择需要做得越精细。对效标灵敏度的要求应根据测量目的加以确定。

（4）适用性。适用性（usability）指效标测量要适合于通过在职人员的工作来进行。若对效标测量方法考虑不周或时间安排不当，会对工作带来不便，因而不容易像人员选拔测量那样受到重视和支持，有时甚至还会被误解而遭到拒绝。因此，进行效标测量不仅要使有关人员了解其意义，而且还应尽可能与企业的工作结合起来，使之有利于企业目标和个人工作目标的实现。

3. 防止偏见污染

效标测量容易受某些因素的影响而受到污染。在影响效标测量结果的因素中，有的是偶发的，有的是稳定发生作用的。偶发因素引起的污染很难防止，但可以通过增多测量次数等办法来降低其污染程度。在稳定的污染因素中，特别要防止偏见（prejudice）的污染。效标测量中往往会碰到多种形式的偏见。例如，一位上司在评价下属人员的工作时，把同自己关系比较亲近的人评得比实际情况好一些，而对一个没有好感的下属则评得比实际情况低一些，这是一种感情因素产生的偏见。有些评定人由于被评定人对某件事情的处理给他留下良好的或不好的印象，因而对被评人的其他方面也作出比实际情况高或低的评价，这种现象称为光环效应（或成见效应）（halo effect），也是一种污染效标的偏见。在体育比赛中裁判评分中的印象分就属对评分的污染因素。为了克服这种偏见影响，通常在计算平均得分时采用去掉最高分和最低分的办法。有时被评人的学历、经历也会成为效标污染的因素，例如，有的评定人较重视大学的知名度，认为著名大学毕业生强于一般大学毕业生，对来自非著名大学的工作人员评价低一些。各种对效标的偏见都会使人员测量的预测效度降低。

7.2　行为测量与安全

所谓安全行为心理测量，就是采用心理测量学的原理和方法对影响人员安全行为的各种因素进行心理测量，并根据测量结果确定其安全行为状况。事实上，安全行为心理测量是心理测量的一种特殊情况。

针对我国当前严峻的安全生产形势，采用安全行为心理测量，对于控制和消除由于人的不安全行为而导致的事故来说具有重大的意义。但从目前安全行为心理测量的研究和发展情况来看，安全行为心理测量还处于发展初期，国内外很少有学者和研发人员提出针对人不安全行为的心理测量的理论和方法。可以说，相对于诞生于 1884 年的心理测量理论来说，安全行为心理测量的发展显得滞后和缓慢。特别是有关安全行为心理测量的许多系统性的专业性知识理论亟待有重大突破。

迄今为止，只有少数从事安全心理学研究的学者提出过安全行为心理测量的几种施测方法。安全行为心理测量方法的具体分析、比较见表 7-1。

表 7-1　安全行为心理测量方法的分析、比较表

安全行为心理测量方法	优　点	缺　点	适用范围
量表测量法	全面、系统、简单、快捷	精确度不高	大量人员的快速施测
安全心理测试系统	科学、精确、专业化水准高	施测复杂、不全面	对员工进行某些特殊指标项目的精确测量
生理、心理测定仪器并辅以量表	全面、合理	施测复杂	选拔专业从业人员

7.2.1　一般心理测量和安全行为心理测量的共同点和区别

1. 共同点

安全行为心理测量是一般心理测量的特例。一般心理测量的原理和方法，如一般心理测量的编制原则和测量信度与效度的检验方法均适用于安全行为心理测量。另外，安全行为心理测量来源于一般心理测量，安全行为心理测量的方法和量表可以直接取自一般心理测量中一些现成的、既定的、通用的方法和项目指标。

2. 区别

一般心理测量着重强调对人员实施绝对意义上的心理测量，即有关认知心理、情绪情感、个性心理等纯心理方面的测量。而安全行为心理测量除了对人员进行纯心理方面的测量外，还要根据一般心理测量理论，从安全生理、安全管理、工程心理学、生活重大事件、不同文化习俗等几个方面对其进行心理测量，从而依据测量结果确定人员的安全行为状况。再则，比起一般心理测量来，安全行为心理测量的专业性、技术性更强，只有熟练掌握人的安全行为模式分析的理论基础和人的安全行为科学的相关知识，才能编制出专业性的测定量表和测试系统，进而对人员的安全行为状况进行测定、分析。

7.2.2　人的安全行为模式分析

要想对人的安全行为模式的构建元素进行分析和研究，就必须对与之有关的理论基础进行科学、系统的研究。掌握其发展现状和核心内容，从而为建立人安全行为心理测量指标提供合理的方向和依据。

7.2.2.1　人的失误与人的不安全行为概述

人的失误与人的不安全行为是人的安全行为模式理论分析的基础。

1. 人的失误（human error）

（1）人因失误概念。人因失误是指人的行为的结果偏离了规定的目标，或超出了可接受的界限，并产生了不良影响。人因失误主要表现在：人感知环境信息方面的失误，信息刺激人脑；人脑处理信息并作出决策的失误；行为输出时的失误等方面。

（2）人因失误分类。人因失误的分类主要有三种途径，即行为主义的、关系的和概念的。在早期人因失误研究阶段，对其分类主要是行为主义的，它只与可观察的、可测量的人的行为相关联，着重于有什么行为发生。其中，以美国行为学学者斯温（Swain）于 1983 年提出的遗漏型（omission）和执行型（commission）分类为代表。遗漏型失误的特点是遗漏整个任务或遗漏任务中的某一项或几项。执行型失误的特点包括四类：①选择失误，即选择错误的控制器，不正当控制动作；②序列失误，即选择错误的指令或信息，未给出详细的分析；③时间失误，即太早或太晚；④完成质量失误，即太少或太多。

以失误心理学为基础的失误分类方法强调人的行为与意向的关系。美国行为学学者雷森（Reason）以关系分类法的视点，在拉瑟姆斯（Rasmussem）的 SRK行为决策模型基础上用概念法提出了这样的一种概念分类方案，将所有的失误分为疏忽（slip）、过失（lapse）和错误（mistake）。

（3）人因失误特点。人具有心理和生理两种因素，同时还受到环境等条件的制约，人的行为极其复杂，归纳起来人的失误有以下几大特点：

1）人的失误的重复性。人的失误常常会在不同甚至相同的条件下重复出现，其根本原因之一是人的能力与外界需求的不匹配。人的失误不可能完全消除，但可以通过有效手段尽可能避免。

2）人引发的失误的潜在性和不可逆转性。大量事实说明这种潜在的失误一旦与某种激发条件相结合就会酿成难以避免的大祸。

3）人的失误行为往往是情景环境驱使的。人在系统中的任何活动都离不开当时的情景环境，硬件的失效、虚假的显示信号和紧迫的时间压力等联合效应会极大地诱发人的非安全行为。

4）人的行为的固有可变性。人的行为的固有可变性是人的一种特性。也就说，一个人在不借助外力情况下不可能用完全相同的方式重复完成一项任务。

5）人的失误的可修复性。人的失误会导致系统的故障或失效，然而也有许多情况说明，在良好反馈装置或冗于条件下，人有可能发现先前的失误并给予纠正。

6) 人具有学习的能力。人能够通过不断地学习从而改进其工作效绩。

2. 人的不安全行为(human unsafety behavior)

(1) 不安全行为的概念。一般来讲，人的不安全行为是指那些曾经引起过事故或可能引起事故的人的行为，它们是造成事故的直接原因。既然不安全行为是指能造成事故的人为错误，因此，不安全行为包括两个内涵：一是指肇发事故(积伤)概率较大的行为；二是指在事故(积伤)过程中不利于减少灾害损失的行为。其过程如图 7-1 所示。

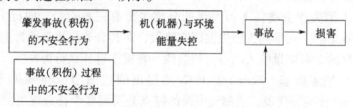

图 7-1 不安全行为与事故关系图

实际上，按照人失误的定义，人的不安全行为也可以看作是一种人的失误。一般来说，不安全行为是操作者在生产过程中发生的、直接导致事故的人失误，是人失误的特例。

(2) 不安全行为的分类。目前对不安全行为的分类有很多种方法。从人的心理状态出发，同人因失误的分类类似，一般将人的不安全行为分为有意的和无意的两大类，即有意的不安全行为和无意的不安全行为。

1) 有意的不安全行为指有目的、有意图，明知故犯的不安全行为，是故意的违章行为。如酒后上岗、酒后驾车等。这些不安全行为尽管表现形式不同，却有一个共同的特点，即"冒险"。进一步思考可见，之所以要冒险，是为了实现某种不适当的需要，抱着这些心理的人为了获得利益，而甘愿冒可能会受到伤害的风险。由于对危险发生的可能性估计不足，心存侥幸，在避免风险和获得利益之间作出了错误的选择。

2) 无意的不安全行为指非故意的或无意识的不安全行为。人们一旦认识到了，就会及时地加以纠正。这类错误的表现情况比较多，概括起来大致有以下几方面：①外部信息有误或人没有感知到外部信息的刺激，如没有注意到异常情况的发生；②人体的生理机能有缺陷，如听力较差、色盲等；③因知识和经验缺乏而造成判断失误，如从业时间短，处理异常情况不当；④因操作技能欠缺而造成反应失误，如没有经过专业训练而上岗工作；⑤大脑意识水平低下，不能满足工作需求，如疲劳作业。

上述因素可能单独导致不安全行为，也可能共同作用导致不安全行为的发生。不管是有意的不安全行为还是无意的不安全行为，均可能带来极大的危害。

3. 人因失误及不安全行为的致因分析

(1) 人因失误的致因分析。从人机工程角度可归纳为内在因素与外部因素。

1) 人失误的内在因素。由于操作者本身的因素，使之不能与机器系统相协调而导致失误。受人的生理和心理特点的制约，人的能力是有限度的，并往往带有随机性。导致人失误的内在因素有生理因素、心理因素、个体因素、病理因素等。

2) 人失误的外部因素。外部因素是指在系统设计(人机界面、工作环境、组织管理等)时，未很好地运用人机工程准则，致使系统设计本身潜伏着操作者失误的可能性。从人-机-环境系统着眼，影响人失误的外部因素有：①人-机接口。人机功能分配、显示系统、控制系统、报警系统、信息系统、通信系统和工作站等的设计，对人的生理、心理特点的适应性。②人-环境接口。物理环境(例如，微气候环境、照明环境、声环境、空气品质、振动、粉尘以及作业空间等)设计，对人和作业的适应程度。③人-人接口。指系统的组织管理工作设计。

从心理学的角度讲，失误的可能来源主要有：感觉、知觉、记忆、思维、注意、情绪(感)、意志、性格、气质、能力、意识、需要、动机、兴趣、理想、信念、价值观、应激(紧张)、疲劳、单调、人际心理等。此外，还应包括学习、言语等。

但从认知心理学的角度分析，人因失误的主要致因为：①信息输入失误。其中包括视觉失误、听觉失误、嗅觉失误等。②信息处理失误。信息处理失误的原因分为以下四方面：训练不足、经验不足、心理素质差、人机系统设计错误。③信息输出失误等。

(2) 不安全行为的致因分析。具体如下。

1) 有意的不安全行为产生的原因

虽然有意的不安全行为是一种由人的思想占主导地位、明知故犯的行为，但依然存在主观和客观两方面的原因：①从主观上讲，人的心理因素占据了重要位置。存在侥幸心理或急功近利，急于将工作完成，从而忽略了安全的重要性；从众心理，明知违章但因为看到其他人违章没有造成事故或没有受罚而放纵自己的行为；过于自负、逞强，认为自己可以依靠较高的个人能力避免风险。②在客观上，管理松懈和规章制度可操作性差给不安全行为的发生创造了条件。管理原因：规章制度不健全，安全管理的组织结构不健全，工作监督和安全教育不到位等；环境因素：安全防护设施不齐全或防护设施过于复杂，不符合人机工程学的要求，使得工作者不愿意按照给定的条件工作。

2）无意的不安全行为产生的原因。人的行为是人对外界事物刺激作出行为反应的过程，人的行为反应有时是无意识的，但绝大多数情况下是有意识的，需要注意的是这里所指的有意识和无意识与上文中有意和无意是不同的，不管有意识或者无意识的行为反应都可能造成无意的不安全行为。

从人的内部原因上存在心理、生理、技能等几方面的原因。心理原因：思想不集中，个性不良，情绪不稳定等；生理原因：疲劳或体力、视力、运动机能、年龄、性别差异不适应所从事的工作等；技能原因：不知道如何正确操作或技能不熟练等。

从外部原因上讲，外部事物和情况的变化是诱发人的不安全行为的重要因素。管理原因：操作规程不健全，工作安排协调不当，信息传递不佳等；教育原因：培训不到位，教育内容匮乏，教育方式不佳等；环境原因：路面状况、道路设施、气候条件变化等；社会原因：生活条件、家庭情况、人际关系变化等。

无论是有意的或是无意的不安全行为，都与人的心理有密切的关系，不良的个性倾向性（如不认真、不严肃、不恰当的需要）和某些不良的性格（如任性、懒惰、粗鲁、狂妄）往往会引起有意的不安全行为；能力低下和某些不良的性格（如粗心、怯懦、自卑、优柔寡断）往往导致无意的不安全行为；而良好的个性心理（如坚强的意志）有助于克服不安全行为。

综上所述，导致人失误和人不安全行为的众多原因有相似之处，但这些原因总可以归结为人的安全生理、安全心理、工程心理学、安全管理学这四大部分。此外，还应考虑生活重大事件、不同文化习俗差别对人不安全行为的影响。下面将对影响人因失误和人不安全行为的上述六大部分中的主要内容进行系统的研究。

（3）人因事故成因模型。依据大规模复杂人-机-环境系统的特征和对人因事故产生机制和途径的分析，可建立大规模复杂人-机-环境系统人因事故成因模型，如图7-2所示。

7.2.2.2　人的安全行为模式评价

1. 安全评价概述

安全评价，也称为风险评价，是指对一个具有特定功能的工作系统中固有的或潜在的危险及其严重程度所进行的分析与评估，并以既定指数、等级或概率值作出定量的表示，最后根据定量值的大小决定采取预防或防护对策。其目的是实现人-机-环境系统的安全运行。按评价对象的不同阶段可分为预评价、中间评价和现状评价；按评价方法的特征可分为定性评价与定量评价；按评价内容的不同又可分为过去状态的安全评价、现有工艺过程和生产装置的综合安全评价及系统设计阶段的安全评价。

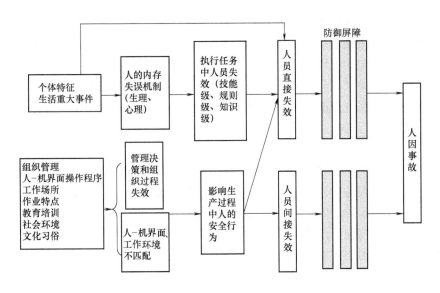

图 7-2　人因事故成因模型

2. 安全评价方法

安全评价的具体方法很多，可以将它们分为定性评价、半定量评价和定量评价三大类。

（1）定性评价法。定性评价法主要是根据经验和判断对生产系统的工艺、设备、环境、人员、管理等方面的状况进行定性的评价。如安全检查表（SCL）、预先危险性分析（PHA）、失效模式和后果分析（FMEA）、危险可操作性研究、事件树分析法（ETA）、故障树分析法（FTA）、人的可靠性分析方法（HRA）等都属于此类。

（2）半定量评价法。半定量评价法包括概率风险评价方法（LEC）、打分检查表法、MES 法等。这种方法大都建立在实际经验的基础上，合理打分，根据最后的分值或概率风险与严重度的乘积进行分级。

（3）定量评价法。定量评价法是根据一定的算法和规则对生产过程中的各个因素及相互作用的关系进行赋值，从而算出一个确定值的方法。若规则明确、算法合理，且无难以确定的因素，则此方法的精度较高，且不同类型评价对象间有一定的可比性。比如，美国道（Dow）化学公司的火灾、爆炸指数法，日本的六阶段风险评价方法和我国化工厂危险程度分级方法，我国易燃、易爆、有毒危险源评价方法均属此类。

3. 构建人的安全行为模式评价模型

依据人安全行为指标知识系统的特点和人安全行为指标量表的实测数据情况，可结合各种评价方法（如安全检查表、模糊评价法、人工神经网络等）的特点制定综合评判方法体系对人的安全行为模式进行评价。

构建此综合评价模型主要出于以下几种原因：

（1）人的安全行为是一个巨大的系统，即人的安全行为具有模糊性、随机性、时变性和非线性，致使对于人安全行为模式评价模型的研究十分困难而又复杂。可以说，到目前为止，国内外还没有一套针对人的安全行为甚至于针对人的行为的系统全面、行之有效、简易实用的科学理论被提出。因此，考虑到构建人安全行为模式评价模型的现实性、可能性和实用性，可以采用模糊数学的方法来实现。

（2）要对人的安全行为状况进行定量评价，就需要以人员回答的自己有关综合测试量表各指标项目的实际情况为基础，而这些回答是具有一定灰色性的，因为在某段时间内，人们针对这些指标的实际情况的变化不会很大，但会有较小程度的差异，这些差异正是灰色性的一种表现。因此，可采用灰色系统的理论知识来构建人的安全行为模式。

（3）对人的安全行为模式的评价本身就带有一定的预测性，即根据人员最近一段时间内有关行为指标的相符程度，来预测其在生产过程中的安全行为状况。因此，人工神经网络就是构建人安全行为模式评价模型的一种比较合适的理论。

7.2.3 人安全行为心理测量量表的编制及其特点

1. 编制的依据

编制的依据主要考虑到以下三个方面。

（1）采用量表进行人安全行为测量的全面性和简捷性。由表7-1可知，在生产现场，为了实现对大量人员的快速施测，再加之安全心理测试系统或生理、心理测定仪器操作的复杂性、施测环境的严格性和需要专业化的施测人员等因素，综合考虑来看，采用量表进行人安全行为的心理测量是最为合适的选择。

（2）人安全行为模式相关理论基础的分析结论。通过对人因失误及不安全行为的机理分析、人的安全行为形成因子(PSFs)分析、人因失误及不安全行为的致因分析、安全生理、安全心理、安全管理、工程心理学、不同文化习俗差异对人安全行为的影响分析等理论基础分析、研究，为量表的编制提供了方向和依据。

（3）一般心理测量学的理论知识。这是由两者的共同点决定的。

2. 人安全行为心理测量量表的编制及修订

将PSFs定义为安全生理、安全心理、安全管理、工程心理四大部分，并同时考虑生活重大事件和不同文化习俗的影响等因素。因此，编制人安全行为的心理测量量表，要通过对上述PSFs组成部分对人员安全行为的影响进行详

细、全面的分析研究，借鉴大量既定、通用的一般心理测量量表，参考大量
PSFs 六大组成部分的相关书籍和其他有关的文献资料，从中择取人安全行为
心理测量的指标项目，分别组成测试量表，作为人安全行为心理测量的初步施
测量表。其中，安全生理量表 1 个，安全心理量表 4 个，安全管理量表 1 个，
工程心理学量表 1 个，不同文化习俗差异、生活重大事件量表 1 个，并将各分
量表作为现场调研的基础资料认真保存。人安全行为心理测量各分量表的项目
指标分配情况见表 7-2。

表 7-2　人安全行为心理测量各分量表的项目指标分配情况

安全行为 心理测量分量表	既定、通用的一般 心理测量量表	PSFs 六大组成部分 的相关书籍	其他有关的文献资料
安全生理量表 1 个	√		
安全心理量表 4 个	√	√	√
安全管理量表 1 个		√	√
工程心理学量表 1 个		√	
不同文化习俗差异、 生活重大事件量表 1 个	√	√	

量表初步编制成形以后，首先请相关领域的专家对其结构及内容予以评
定，同时，请职工完成该量表的预备测试，并要求他们及时记下量表中存在的
问题，如用词不当、意思表达不清、内容欠缺等。接着，按专家及预测被试反
馈回来的信息对量表又进行较为全面的修订，最终确定人安全行为心理测量的
指标项目。最后，用修订的量表进行正式测试。

在以上分析基础上，通过在某企业进行应用，共得到指标项目 750 条，在
这些指标项目中，PSFs 六大组成部分各自所包含的项目数及其所占比例如图
7-3、图 7-4 所示。

从图 7-3、图 7-4 可以看出：安全心理包含了 375 条指标项目，占到了全
部项目条数的 50.00%。可见，安全心理对人安全行为的影响程度是十分明显
的，这也进一步证明了利用测试量表对人安全行为进行心理测量的可行性。此
外，安全生理和安全心理共包含了 450 条指标项目，占据了全部项目条数的大
部分 60%。这说明人的内存失误机制（生理、心理）是导致事故的主要原因。但
是，安全管理、工程心理学、生活重大事件、不同文化习俗差异亦占据了全部
项目条数的 40%，也是不小的一部分。显然，上述四部分指标项目对人安全
行为的影响程度亦不容忽视，必须加以重视。

3. 人安全行为心理测量量表的特点（优点）

与一般的心理测量量表相比（以明尼苏达多相人格问卷（MMPI）为例说

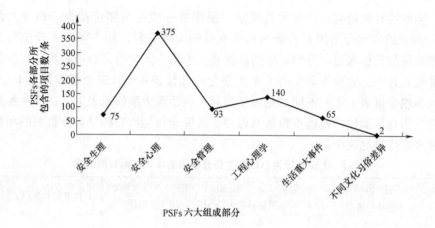

图7-3 PSFs 六大组成部分各自所包含的项目数

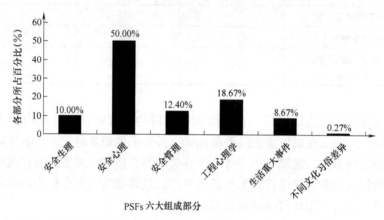

图7-4 PSFs 六大组成部分各自所占比例

明)，人安全行为心理测量量表(以安全生理测量量表为例说明)具有以下几个显著的特点(优点)：

(1) 对测验的指导语、各项目指标作答的解释说明、作答者相关信息的统计分项更加完善、全面。这样就能使被测者很容易掌握回答题目的要领和重点，从而达到较高的测验可靠性(信度和效度)。如 MMPI 的指导语仅为简单的一句话，"本测验由许多与你有关的问题组成，当你阅读每一题目时，请考虑是否符合你的行为、感觉、态度及意见"。另外，MMPI 没有对作答者相关信息的统计分项。

(2) 对每一道题目(项目指标)，均设计了两个回答内容和两种回答形式。即第一个回答内容为每一道题目对人的安全心理的不利影响程度或不安全行为的影响程度如何，分"不重要、重要性一般、重要"三级来回答，而且回答的形式为评定量表；第二个回答内容为被测者最近一段时间内自己有关这些生理现象的程度，分"全无、较轻、中等程度、偏重、严重"五级来回答，而且回答的形式为自陈量表。而 MMPI 每道题目的回答仅为自陈量表的形式。

（3）题目的记分方式和评分方法既满足了分析测定结果的要求，又较为方便快捷。如 MMPI 的计分方式十分复杂，经初步计分得到各量表的原始分数后，还要对原始分数加上一定比例的 K 分数进行校正，最后还需将各分量表的原始分数转化成标准 T 分数后才能对其分数进行解释。而此处设计的人安全行为心理测量量表无需对分数进行解释，而只需对各个题目相关选项的分数合成后，择取出达到某个分数值的一些指标作为人安全行为心理测量综合量表即可。

7.2.4　人安全行为的心理测量

1. 施测范围的确定

为全面考查人安全行为心理测量量表的科学性和合理性，将量表的施测范围确定为 3 个行业的 4 个企业。这 3 个行业分别为：钢铁、煤炭、化工行业，而相应的 4 个企业分别设定为 1 集团、2 集团、3 集团和 4 集团。其中，对第 1、3、4 企业的员工进行 8 个初步施测量表的心理测量，对第 2 个企业的员工实施人安全行为心理综合测试量表的测量。

2. 测量对象的选取

在上述 4 个企业中，分别选取 250 名车间或工作面一线作业工人和各级安全管理人员作为测量对象。其中，一线作业工人 230 名、各级安全管理人员 20 名。选取一线作业工人作为测量对象时，必须根据其近期平时生产过程中的事故记录情况依据"无、偶尔、较少、较多"四个等级按照一定的比例进行。这样做有利于在 8 个初步测试量表的施测过程中，对其作答结果和其平时在生产过程中的安全行为表现情况进行比较，保证每位被测者回答结果的真实性。测量对象的组成情况见表 7-3。

表 7-3　测量对象的组成情况表

一线作业工人 事故记录情况	人数/名	所占比例（%）	各级安全管理人员 组成情况/名
无	30	13.04	班组级：10
偶尔	40	17.39	车间/工区级：5
较少	60	26.09	科室级：3
较多	100	43.48	厂矿级：2
合计	230	100	20

3. 人安全行为的心理测量

将印制好的 6000 份初步测试量表带至施测范围所在的工矿企业，对人员的安全行为进行初步心理测量。随后，将统计、计算、分析后重新编制的综合测定量表 250 份实施测量。

施测时，首先与每个企业的安全监察部门及各个生产车间/工区的领导联系，向他们讲明来意，取得他们的信任和支持。接着，培训各个生产班组的负责人，告知他们完成问卷的方法及详细要求。最后，利用班组安全学习的机会或特意安排一次集会，以集体测试的形式完成量表的测试工作，并当场回收量表。测试中定有专人负责组织人员、发放回收量表及向各位被试说明测试要求、回答问卷的具体方法等。其中，回收有效初步测试量表 5760 份，回收有效综合测试量表 237 份。

这里需要说明一点的是，由于人安全行为心理测试指标体系包含六大部分 8 个分量表的共 750 条指标项目，所以很难通过一次测验就完成施测任务。同时考虑测量结果的准确性和施测过程的连贯性，参加测量的每位人员应独立完成所有 8 个分量表的测试任务。因此，应针对每个企业的实际情况和施测任务的进展状况分 3～5 次完成测量任务。

4. 人安全行为心理测量数据的统计与分析

（1）数据统计分析的总体思路。到目前为止，确立了人安全行为心理测量的共 750 条指标项目。从理论上讲，根据对人员进行全部 750 条指标项目的测量结果，确定每一条指标的权重，进而对其进行安全行为状况的评价是可行的。但这只是一种理想状态的想法而已，其只提供了一种对人的安全行为进行分析和评价的理论方法，而在现实中是无法实现的。

因为，首先对 750 条指标项信度和效度的分析计算是十分复杂的，即对安全行为指标可靠度的验证是非常繁琐的。其次，分析确定每一条指标权重的工作量是十分庞大的，就算能确定出权重，但还可能出现每一指标的权重过小而无法应用的情况。最后，利用这么庞大的信息量对人的安全行为进行评价，不仅费时，而且可操作性也较差。

为此，必须换位思考，即能否从 750 条指标项目中先提取出一小部分重要性较大的指标；然后利用粗糙集和遗传算法对这些指标进行数据挖掘，确定其权重和决策规则；最后，利用数据挖掘结论对人的安全行为进行评价。

事实上，这样做不但可取，而且也是可行的。因为，虽然省去了一大部分指标的数据挖掘过程，但对这一小部分的数据挖掘结果代表了全体指标项目的绝大部分知识含量，能从总体上反映施测量表各指标对人安全行为的影响情况。

因此，基于上述原因，数据统计的总体思路为：依据（不重要, 重要性一般,重要)三级程度对全部 750 条备择指标进行初步评判,确定每一条指标的大致重要度。

（2）数据统计分析。具体的做法是：当某一指标被测量者确定为"不重要"，则记 1 分；依此类推，"重要性一般"和"重要"分别记 2 分和 3 分。按照此方法对全部量表施测后的指标项目进行分数累加，并依据一定的比例和 PSFs 的分类方法，从高分到低分依次择取相应的指标项目，最终形成人安全行为测试的综合量表，其中包含指标项目 152 条。数据的统计、分析结果如表 7-4 和图 7-5、图 7-6 所示。

表 7-4　人安全行为心理测量数据的统计与分析表

PSFs 组成部分	择取的重要指标个数	所占比例(%)	约去的次要指标个数
安全生理	23	15.1	52
安全心理	53	34.9	322
安全管理	36	23.7	57
工程心理学	23	15.1	117
生活重大事件	15	9.9	52
不同文化习俗差异	2	1.3	0
合计	152	100	598

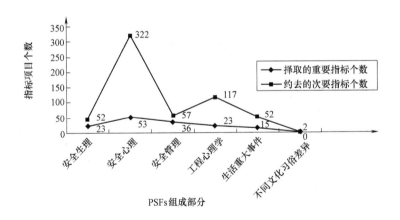

图 7-5　PSFs 各组成部分择取与约去指标个数对比图

由表 7-4 和图 7-5、图 7-6，可以看出：经过对人安全行为心理测量数据的统计计算后，择取的重要指标个数仅为 152 条，而约去的次要指标个数却占了 598 条。由此可见，虽然人安全行为心理测试量表由 750 条指标项目组成，但其中较为重要的 152 条指标就能从整体上较为精确地反映出人安全行为的实际

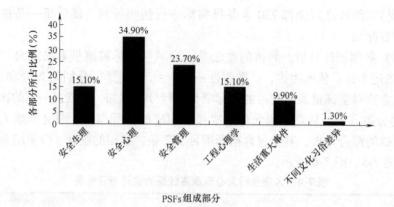

图 7-6 PSFs 各组成部分择取的重要指标个数所占比例

状况。此外，还不难发现，PSFs 各组成部分的指标项目经统计择取后，均有相当一部分的指标被约去。其中，安全心理共有 322 个指标被约去，这说明对人安全行为心理测量数据的初步统计、计算取得了相当成效，计算结果较为真实。最后，还可以看出，PSFs 各组成部分择取的重要指标个数所占比例与未统计计算前，即各分量表指标未被约去前所占比例相比，十分相符。这个结论又更进一步地说明了所择取的重要指标的可靠性。

5. 人安全行为心理测量综合量表的可靠性验证

根据在 2 集团进行的综合测试量表的心理测量结果，首先求算或使用 SPSS（社会科学统计程序）软件解算出该量表的信度和效度，见表 7-5。

表 7-5 综合量表的信度、效度求算结果表

项目号	因素荷重	项目号	因素荷重	项目号	因素荷重
1	0.67	13	0.81	25	0.83
2	0.79	14	0.75	26	0.81
3	0.68	15	0.67	27	0.80
4	0.77	16	0.86	28	0.71
5	0.74	17	0.78	29	0.71
6	0.72	18	0.71	30	0.67
7	0.84	19	0.71	31	0.63
8	0.73	20	0.71	32	0.76
9	0.83	21	0.73	33	0.76
10	0.85	22	0.82	34	0.85
11	0.85	23	0.73	35	0.79
12	0.78	24	0.76	36	0.66

（续）

项目号	因素荷重	项目号	因素荷重	项目号	因素荷重
37	0.73	69	0.74	101	0.63
38	0.67	70	0.74	102	0.72
39	0.62	71	0.82	103	0.75
40	0.83	72	0.81	104	0.61
41	0.72	73	0.76	105	0.70
42	0.66	74	0.82	106	0.72
43	0.67	75	0.71	107	0.73
44	0.70	76	0.70	108	0.68
45	0.73	77	0.68	109	0.80
46	0.68	78	0.72	110	0.63
47	0.88	79	0.74	111	0.72
48	0.81	80	0.74	112	0.80
49	0.83	81	0.73	113	0.80
50	0.75	82	0.72	114	0.77
51	0.82	83	0.80	115	0.62
52	0.68	84	0.73	116	0.73
53	0.77	85	0.69	117	0.70
54	0.76	86	0.80	118	0.64
55	0.73	87	0.71	119	0.74
56	0.69	88	0.61	120	0.66
57	0.82	89	0.76	121	0.71
58	0.80	90	0.76	122	0.76
59	0.80	91	0.68	123	0.77
60	0.73	92	0.77	124	0.81
61	0.81	93	0.66	125	0.81
62	0.80	94	0.66	126	0.80
63	0.63	95	0.73	127	0.72
64	0.60	96	0.69	128	0.64
65	0.72	97	0.62	129	0.68
66	0.73	98	0.75	130	0.77
67	0.77	99	0.62	131	0.83
68	0.76	100	0.73	132	0.73

（续）

项目号	因素荷重	项目号	因素荷重	项目号	因素荷重
133	0.66	140	0.70	147	0.69
134	0.73	141	0.75	148	0.68
135	0.69	142	0.65	149	0.77
136	0.61	143	0.62	150	0.80
137	0.83	144	0.78	151	0.76
138	0.72	145	0.76	152	0.79
139	0.60	146	0.72		

信度 $\alpha = 0.9032$

由表 7-5 可知，该综合量表的信度和效度均较高，这说明该量表具有较高的内部一致性和有效性。这从定量的角度验证了人安全行为心理测量综合量表的可靠性。

7.3　人员选拔与岗位调配

人员选拔是最困难、也是最重要的决策之一，因为其影响因素众多，人们很难对其做出客观的评价，而一旦决策失误，将会给企业带来巨大的损失。

把合适的人在适当的时候放在合适的工作岗位上和适当的任务上，这就是用人的根本所在。而且，用人是一个动态的过程，因此，要不断根据工作任务的要求改变和人员的变化实时进行岗位调配，既满足工作任务要求，又可最大限度发挥工人的能力，保证企业安全高效生产。

7.3.1　人员选拔的程序和方法

7.3.1.1　人员选拔前的准备

1. 制订人员选拔计划

选拔工作人员包括一系列相互联系的工作，这些工作都必须有计划地进行。企业组织做出选招工作人员的决策后，首先制订计划。人员选拔计划需要规定以下各方面的内容：

（1）确定有人员选拔需求的职务及需要选拔的人数。

（2）人员必须具备的要求，如身体状况、学历要求、性格特点、技能水平、心理素质、安全知识情况、安全管理能力和人际交往能力等。

（3）确定选拔工作开始和完成的时间。

（4）确定执行选拔工作的人员，或建立临时的、相应的选录工作机构。

（5）确定选拔应征者的程序。

（6）经费预算及来源。

2. 企业与人员的信息沟通

人员选拔是否能顺利完成，一要看两者是否相遇，二要看两者是否能互相满足对方的要求。双方为了实现自己的目的，都需要寻找或创造与对方相遇的机会，并设法使对方了解自己的需求和能够提供的条件。双方都需要依靠信息媒介进行沟通。因此人员选拔单位在作出选拔工作计划后就应及时利用报纸、电台广播、电视台等信息媒介，发布选招通知，介绍有关材料，做好与广大求职者的信息沟通。

人员选拔只是在应征者超过拟需要人数时才有选择余地。应征者与拟征的人数比率愈大，选择的余地也愈大，就越有可能选择到符合要求的求职者。人员选拔信息沟通工作的主要任务就是要设法提高这个比率，使尽可能多的求职者来报名应征。如何向求职者提供真实而具有吸引力的信息，是人员选拔中需要认真对待的问题。

7.3.1.2　人员选拔一般程序

选拔信息发出，有求职者报名后，就应开始进入对求职者的选择工作。从求职者中选择出称职的人员，一般需要经历如下过程。

1. 审查应征者的资料

以职务分析中确定的任职者应具备的个体身心素质条件作参照，对应征者提供的求职申请表、推荐书及个人履历等资料进行审查。有些工作还需对求职者进行常规的或特殊的体格检查。通过这个审查，对求职者进行初步筛选，把明显不符合要求的求职者排除掉。

2. 对应征者进行测量

使用谈话、问卷、测验等方法对通过初步筛选的求职者进行测量。问卷和测验量表应是经过信度、效度检验而符合要求的。

3. 确定录用标准

应征者的资料与测量结果必然是参差不齐的，因此，要有一个录取的标准。根据标准择优录用，是人员选拔工作的一条重要原则。标准定高还是定低，要看应征者人数多少和测量分数的分布情形。应征者多，就可把标准定得高一些。测量分数普遍较高时，也可把标准定得高一些。

4. 试用及选拔效度检验

人员选拔过程，一般都是到录用这一阶段为止。但实际上选拔工作还没有完成。因为人员选用的目的是要达到人职良好匹配。因此，人员录用后，还要进一步考查被录用的人员是否真正能够胜任工作。就是说，被选中的人还需要有一个试用阶段。

被企业录用的人员，一般要经历 3 个月到 1 年的试用期间。在试用期间内，给录用人员以必要的训练，同时考察他们是否能适应所分配的工作，若不适应，就要调整。人员选录工作者应在试用期内搜集被录用人员的工作成绩与表现，把它们与录用时的预测结果进行比较，并计算两者的相关以判定预测程序及测量方法的预测效度。若预测效度高，表明所用的人员选录程序与方法是正确的，可继续使用。若预测效度低，就要分析原因，吸取教训。

7.3.1.3 人员选拔方法

选拔工作人员，必须设法搜集有关求职者的信息。有关求职者的信息通常采用分析个人简历与推荐书和通过面谈、问卷、测验等方法获得。下面就如何运用这些方法搜集有关求职者的信息问题作一讨论。

1. 分析应征者个人简历

每个人的身心素质条件都有一个发展过程。了解一个人的以往经历和表现，有助于预测其未来的发展。因此，求职者个人经历资料中的有关内容常被用作人员选拔的一种依据。

求职申请表是人员选拔工作使用较多的个人经历资料。申请表的内容可以根据人员选拔的目的和需要进行设计，少则几十项，多则可能有几百项。一般包括年龄、性别、住所、婚姻、眷属情况、健康状况、学历、经历、特长、兴趣爱好、所获奖励、成果以及其他需要的项目。申请表可以采用填充、问答形式，申请表上提供的各项信息对选拔的职务工作有不同的作用。对求职申请表提供的信息，可以采用按重要性加权计分的方法算出每个求职者的总分。各项信息内容的权值可以通过分析现有工作人员各项内容与工作成效的关系加以确定。例如，把工作人员按工作成效高低分成两组，计算具有每项信息内容的人员在两组中的分布比例，而后参照各项内容在高成效组所占的百分比值来确定权值。

2. 推荐书

推荐书是熟悉求职者情况的单位或个人向招聘单位提供求职者情况时所采用的方式。推荐书主要是推荐者对被推荐者的工作能力、专业水平等的评价意见。推荐者一般是求职者原学校的导师或以前求职者工作单位的领导人或具有其他身份的人。作为求职者的推荐人，应满足以下条件：

（1）对被推荐者的有关情况有足够的了解。

（2）具有对推荐内容作正确评价的能力。

（3）愿坦率地对求职者作出实事求是的评价。

缺少任何一个条件，都会降低推荐意见的价值，推荐书一般只能作为选拔工作人员的参考。

3. 面谈

面谈(interview)是人员选拔中常用的方法。它是求人者与求职者当面双向通信息的活动。面谈比较灵活,可根据谈话情况提出原先未想到的问题。通过面谈,还可搜集到用其他方法无法获得的信息,如求职者外表、口头表达能力、临场应变能力等,只有通过面谈才能观察到。求职者对工作的期望、要求和应征的动机等也能够在谈话中得到比较深入的了解。当然,面谈在实际使用中也有其局限性。最明显的一点是面谈的效果容易受交谈人的谈话技巧和交谈时的态度所影响。求职人的举止言谈态度也会影响交谈人对他的评价。此外,谈话的结果还会受交谈人的性别、风度、前后谈话者的对比效应、信息的积极或消极性质等多种因素的影响,因此在人员选拔中的面谈,应挑选有经验的人员去做。若能有几名交谈者分别或同时与相同的求职者进行面谈,自然能得到更有效的结果。

4. 测验

测验(test)是人员选拔中普遍使用的方法。企业人员选拔中最常用的是智力测验、特殊能力测验和个性测验。

(1) 智力测验。智力测验(intelligence test)被用于人员选拔测验,主要是由于各种工作的成败与工作人员的智力水平有关。智力较高的工作人员比智力较低的人容易取得更好的成绩。当然,智力高的人在工作中并非必然能够取得成功,因为智力水平只是影响工作成效的一个因素。不同的工作对人的身心素质要求可能很不相同。一些工作对智力的要求高,而另一些工作对体力的要求高,还有一些工作可能需要具有某些特殊的生理与心理素质。智力高的人往往不安心去做只需中等智力水平就能胜任的工作。智力测验可以了解求职者的智力水平,使人员选拔工作中能避免发生智力与工作要求不适配的现象。人员选拔中用的智力测验有多种,例如韦克斯勒成人智力量表(或魏氏成人智力量表)(Wechsler Adult Intelligence Scale,简称 WAIS)、瑞文测验(或瑞文氏彩色图形智力测验)(Raven's Colored Progressive Matrices Test,简称 CPM)、韦斯曼人员分类测验(Wesman Personnel Classification Test)、温德立人事测验(Wonderlic personnel Test)、适性测验(Adaptability Test)等都有人使用。在把各种智力测验应用于选用工作人员时,应先对其信度、效度进行检验。

(2) 特殊能力测验。人的能力可以分为两大类,一类是综合性的能力,即上面讨论的智力。还有一类是特殊能力(special ability),指能特别顺利完成某种活动的能力。特殊能力一般按活动特点分类,如机械能力、绘画能力、音乐能力、运动能力、写作能力、计算能力等等。许多工作需要选择具有相应特殊能力的人去做。但特殊能力并非人皆有之。一个人是否具有某种特殊能力,可通过特殊能力测验加以鉴别。特殊能力有多种多样,每种特殊能力又包含着多种能力因素。心理测验学者为测量各种特殊能力编制了各式各样的测验。在人员选拔中要根据职务分析结果，对选拔不同工作人员，选用不同的特殊能力测验。以下介绍几种工业选拔中常用的能力测验。

1）机械能力测验，主要涉及空间关系的知觉、想像，还有有关机械组合、机械运动和机械原理的理解、推理，以及手眼协调等能力。例如，在有的机械能力测验中用几何图形拼板测验被测人的空间关系想像力，或者要求被测人把杂乱放置的不同形状的木块分别放入形状与之相应的空穴，以测定其空间形状辨认能力。在有的测验设计中，用反映各种机械原理的图画，要求被测人回答规定的问题，以测验其对机械原理的理解能力。

2）心理运动能力测验，包括有对视、听信号的反应速度（简单反应时，选择反应时）、肢体运动速度、手和手指动作的灵活性、手臂的稳定性、眼手协调、双手协调、手足协调、速度控制、动作精确性控制等。这些心理运动能力因素彼此间相关性不高，需分别加以测量。许多手工操作的效率与操作者的心理运动能力有较大关系。在工业操作人员的选择中，可以根据操作活动的要求，设计不同心理运动能力测验。例如，有的心理运动能力测验中，设计如下方法测验手指与手的灵巧性：第一次要求受试者把钉子放入一块板的小孔中，先分别用右手和左手做，而后同时用两手做，以此测量手的操作灵巧度；第二次要求受试者把钉子同小环、垫圈一起放到小孔中去，以此测量手与手指操作的灵巧性。手与手指操作灵巧性不同的受试者会在完成这类操作的时间上表现出差异来。

3）感觉能力测验，有些工作要求任职者具有特别好的感觉能力，例如，印染工作者须具有良好的颜色分辨能力，飞行员要对身体姿势变化有灵敏的感觉能力（平衡感），话务员要求具有分辨语音变化的听觉能力。良好的视觉能力更是许多职务工作所需要的。视觉能力测验包括视敏度（视力）、辨色、立体知觉、视野范围、深度知觉、眼斜视、夜视力（暗适应）等多种视觉功能的测量。可根据不同工作对视觉能力的不同要求，选择不同的测量项目。例如汽车、行车与起重机驾驶员的深度知觉和距离判断能力对工作质量有重要影响，在选录此类驾驶人员时，除了测定视力、色觉等常规项目外，必须对深度知觉能力进行测验。

特殊能力测验种类繁多，文书、绘画、音乐、阅读、口语、数学、运动等都可根据其对心理素质的要求编制相应的测验。选用特殊能力测验，也和选用其他心理测量方法一样，必须检验其信度和效度。只有满足信度、效度要求的特殊能力测验才能用于选拔特殊要求的人才。

（3）个性测验

个性测验（或人格测验）（personality test）包括能力、气质、性格、兴趣、爱好、动机、态度、价值观等内容。这些个性特征，可以单独测量，也可以将多种个性特性合在一起测量，把多种个性特性测量结果综合起来表述一个人的个性。

个性测验也有多种方法。个性问卷调查和投射测验（projective test）是最常用的方法。一个人参加求职申请时，对待个性测验的心情与态度可能同求助人事咨询或职业指导时有很大区别。在求助人事咨询或职业指导时，一个人为了得到符合自己情况的回答，对个性测验中有关的内容会真实地作出反应。而在参加求职申请的测验中，由于想求得最大录取可能性，求职者会有意无意地用求人者所要寻求的那种人的个性特点来反应。就是说，在参加求职测验的情境中，求职者提供的个性测验反应存在着虚假的可能性。有的研究表明这种虚假现象确实存在。人员选拔个性测验回答中的虚假现象很可能是因人而异的。可以采用如下方法去识别与防止这种虚假现象：在个性问卷中设置某些识别虚假现象的项目，那些对问卷作出诚实反应的受试者很少选择这些项目，而有意作虚假反应的受试者却经常对这些项目作出反应；也可对用于人员选录的个性问卷作效度检验，只选择与效标测量一致的项目加以记分，用作选录的依据。

个性测验除了使用问卷调查与投射测验之外，还有人采用纸笔诚实测验（paper-pencil test）、测谎器（lie detector）、笔迹学等方法。

（4）工作样本测验

工作样本测验（work sample test）是在现场实际工作或模拟实际工作的情境中，测定受测者的实际工作能力。例如选录秘书人员时，可以设置某种秘书职务所应处理的具体事务，要求求职者尽自己所能去处理这些事务，或者要求他们提出处理这些事务的方案。选录机械操作人员时，可以利用操作现场，或设计一定的机械操作任务，要求求职者去完成。各种工作人员几乎都可以采用工作样本测验加以选择。工作样本测验预测效度比其他预测方法高。人员选录中采用这种方法，不仅使用人单位能更直接而确切地了解求职者的实际能力，而且也使求职者可以对录取后所从事的工作有实际的了解，有利于他们对所争取的工作是否适合自己的要求作出自我评价。这样可使那些认为工作不适合自己的求职者，主动放弃入选机会。有的研究证明，通过工作样本测验后录用的人员，要比采用其他预测方法录用的人员离职率低，而更安于职守。

上面讨论了多种人员选拔的方法。这些方法在各种职务的人员选拔中具有不同的作用。其中，有些方法适合在较多的职务人员选拔中使用，有些方法则只对某些有限职务人员选拔有效。有人对七种不同方法用于各种人员选录的预测效度进行比较研究，统计了每种方法用于各种人员选录中的预测效度系数（以工作达到的水平为效标）达到或大于 0.50 的比例（百分率），得到表 7-6 所示的结果。从该表可知，传记信息的方法能在多数使用场合取得较高的效度；

其次为工作样本测验法，使用中有40%以上的预测效度可达0.50以上；而使用空间关系能力测验的预测效度达0.50以上的仅占3%。但是，不可因在人员选拔中只重视使用传记信息和工作样本测验方法而忽略其他方法的作用，因为每种方法都有自己的优点，也各有其局限性。一种方法可能较适合用于选录这一类工作人员，另一种方法可能较适用于选拔另一类人员。在人员选拔中，要根据职务工作的要求和实际情形决定采用什么测验方法，而人员选拔一般很少采用单一方法。

表7-6 人员选录方法预测效度系数表

传记信息	工作样本测验	智力测验	机械性向测验	手指灵活性测验	个性测验	空间关系测验
55%	43%	28%	17%	13%	12%	3%

7.3.2　人员选录决策方法

人员选拔决策随职务要求和测验数据量的多少而不同。假使某种职务只要求选用具有某种能力的人员，决策过程就比较简单，主要根据求职者此项素质能力测验分数的高低作决策。假使职务要求任职人员具有多种素质能力，并对求职者进行相应的多项测验，每个求职者都获得了多项不同的测验分数，这种情况下，如何作出选用哪些人的决策呢？这时可根据不同情况采用下面几种方法。

1. 复合分数法

用多种测验选择求职者时，经常使用复合分数法（compound scores）作决策。复合分数法是把多种测验结合在一起求其与效标的关系，为选人决策提供依据的方法。复合分数法又有以下几种算法。

（1）多重相关法。多重相关（或复相关）（multiple correlation，简称 R），它表示两个或多个自变量结合一起与一个因变量的关系。多重相关可以从各自变量与因变量的相关中求得。以两个自变量对一个因变量的相关为例，设 j、k 为两个自变量，i 为因变量，r_{ij} 与 r_{ik} 分别为 j、k 两自变量与因变量 i 的相关系数，r_{jk} 为自变量 j 与 k 的相关系数，则 j、k 两自变量对因变量 i 的多重相关系数计算如下：

$$R_{i \cdot jk}^2 = \frac{r_{ij}^2 + r_{ik}^2 - 2r_{ij}r_{ik}r_{jk}}{1 - r_{jk}^2}$$

若 j、k 两自变量完全独立，即 $r_{jk} = 0$，则上式成为：

$$R_{i \cdot jk}^2 = r_{ij}^2 + r_{ik}^2$$

在人员选拔中，可以应用上述方法计算两个或两个以上预测变量与效标变量的多重相关。从而对参加测验的计算出每个求职者的多重相关系数 R 值，然后根据招收名额与求职者 R 值大小作出选录的决策。

（2）多元回归法。多元回归（或复回归）（multiple regression）是从两个或两个以上自变量来预测一个因变量的常用方法。多元回归分析为确定每个自变量在计算复合分数中的权重提供了统计方法。用多元回归作预测时有两个假设：①假设自变量与因变量之间呈线性关系，即自变量值增大时，因变量值也随之增大；②各个自变量之间可以互相补偿，即一个自变量值的减小可从其他自变量值的增大中得到补偿，以使因变量值保持不变。下式是最简单的多元回归方程：

$$Y = a + b_1 x_1 + b_2 x_2 + \cdots + b_k x_k$$

式中，a、b_1、b_2、…、b_k 均为常数，Y 为因变量，x_1、x_2、…、x_k 为自变量。把多元回归应用于人员选拔决策时，以不同的预测因素为自变量，以效标为因变量。通过计算回归方程，求出不同的求职者的 Y 值。根据 Y 值大小作出决策。

可用别的方法计算不同测验分数的权重。例如，由专家评定各项测验的权重。这种方法使用起来比较简便，但其结果主要取决于专家的经验与主观的判断。

2. 多项截止法

在某些工作中，任职者的某些身心素质要求不能互相补偿，例如选拔飞行员，求职者只要患色盲或平衡觉严重障碍，那么，不管其他素质如何优越都不能入选。也就是说，当一种或几种因素的某种限度是工作成败的关键而它们又不可能互相补偿或由别的因素替代时，人员选拔决策中就不可一开始就采用多元回归方法，而应先采用单项或多项截止法（multiple cutoff），把那些有任何一项测验低于截止点分数的求职者排除在外。这种方法不需作任何计算，易于操作。但有两个问题，一是要为每项测验确立一个截止点分数，并要为确立截止点找依据；二是这种方法只能确定可供选择的求职者范围，而无法为确定优先选择对象提供决策依据。因此，在录用求职者时，最好把多项截止法与多元回归法或单位权重法结合起来先采用多项截止法把不符合要求的求职者筛选掉，而后采用多元回归法或单位权重法计算剩下的求职者的复合分数。这样就能较好地作出人员选拔的决策。

3. 多重筛选法

多重筛选法（multiple hurdle）是把预测因素排成一定的顺序，把筛选过程分成若干阶段，分步筛选求职者的方法。在需要经过较长时间和较为复杂的培训后才能作出录用决策的工作，采用这种方法最为适合。选拔企业经理或选拔飞行员、伞兵、太空人、潜水员等特殊要求的人员时往往需要采用这种方法。

使用这种方法一般是对求职者先进行初选，先筛掉那些明显不符合要求的求职者，对后留下来的求职者作进一步筛选。多重筛选有两种做法：一是分阶段逐步测定与评价，每一步淘汰一部分人，最后留下每一步审查都通过的求职者；二是确定测验高、低分截止点，高分者录用，低分者筛去，剩下的被暂时接受，经过一定培训后再作进一步筛选。使用多重筛选法的主要优点是用人者可以更有把握地选择到符合要求的人员。这种选录方法的局限性是需要较长的时间和较大的费用。因此一般只在选拔企业经理等管理人员和选拔某些特殊工作人员时使用。

7.3.3 人员选拔决策准确性

1. 选录决策准确性

企业希望人员选拔决策尽可能准确。选拔的准确性高，求职者在录用后在工作中获得成功的可靠性就越大。选拔决策的准确性主要受三个方面的影响：①预测法（如测验）的效度；②录用截止分数；③评价工作成功的标准。这三个因素对人员选录准确性的影响可用图 7-7 来说明。

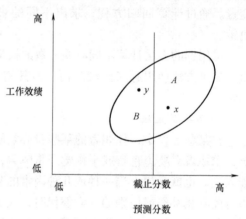

图中椭圆形表示使用具有一定效度的测验后，全体求职者都录取时其预测分数与工作效绩分数的对应点分布。假使录用者只是参加预测验的一部分人时，就要对截止分数作出决策。

图 7-7　录用人员求职预测分和效标分分布图示

由图可见，截止分数把参加预测的求职者分为两部分，位于截止分数线右侧（A）的求职者被录用，但是位于截止分数线左侧（B）的求职者被淘汰。被录用数量与全体求职者之比率称为选择率。显然选择率的大小取决于截止分数线的位置。截止分数线愈移向椭圆的右侧，选择率愈小；截止分数线愈移向左侧，选择率愈大。因此，截止分数与选择率是相反相成的。变化截止分数可以改变选择率。而截止分数的高低又为选择率大小所制约。求职者多、选择率小时，截止分数可以取得高；求职者少、选择率大时，截止分数只能取得低。

选拔决策的准确性表现为能在求职者中把取得满意工作效绩的人筛选出来加以录用。要做到这一点很不容易。从图 7-7 上可知，不论截止分数选在哪一点，在截止分数线右侧的求职者中有一部分人的工作效绩较低，在截止分数线左侧的求职者中，有一部分人的工作效绩可以超过截止分数线右侧的某些人。例如，图中位于 A 中的 x，其效绩低于 B 中的 y，也就是说，根据截止分数线录用求职者时，总是会发生这样的情形：录用了一部分工作不能令人满意的人，同时又淘汰了一部分工作使人满意的人。若确定一个工作效绩满意度标准，这时就会出现如图 7-8 所示的四种不同情形。选择的准确率（P_{ac}）可按下式表示：

$$P_{ac} = \frac{a+c}{a+b+c+d}$$

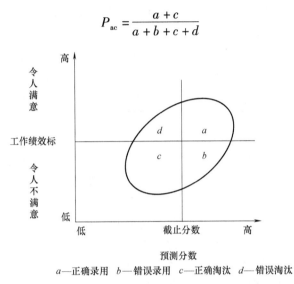

a—正确录用　b—错误录用　c—正确淘汰　d—错误淘汰

图 7-8　人员选录决策准确性图示

从图 7-8 中可知，要提高人员选录决策的准确性，必须扩大 a、c 范围，或缩小 b、d 范围。这可以通过提高测验的预测效度来达到。图中的椭圆形状随预测效度的高低而变化。预测效度变高时，椭圆变扁，效度愈高椭圆愈扁，效度为 1 时，成为一条直线；预测效度变低时，椭圆变宽，预测效度为零时，成为圆形，即毫无预测作用。因此，人员选拔中所用测验的预测效度是影响求职者录用决策准确性的决定性因素。

2. **选录决策成功率**

在人员选择中，测验等预测方法的预测效度不可能达到 1，因而根据预测分数所作的录用决策，不可能达到完全准确的程度。错误录用一部分人和错误淘汰一部分人在实际选拔工作中是难以避免的。一般说，错误录用比错误淘汰造成更大的损失。因此，用人者一般不去关心错误淘汰问题，而对录用者的工作成效问题颇为关心。他们希望被录用者中有更多的人能在工作中取得令人满意的成绩。也就是说，希望作出成功率高的选人决策。选录成功率指录用后工作令人满意的人数占所有被录用人数的比率。其表示式为：

$$P = \frac{a}{a + b}$$

式中，P 代表选录成功率；a 代表录用后工作令人满意的人数；b 代表录用后工作不能令人满意的人数。

选录的成功率可以通过缩小图 7-8 的椭圆内 b 的范围而提高。b 区域变化受下列三种因素的影响：

（1）椭圆形的形状。其他因素不变时，椭圆形状越扁 b 越小，也就是测验的预测效度越高 b 越小。

（2）截止分数。若效绩标准不变，则截止分数定得越高，椭圆右侧被截止分数截切部分中 b 区域所占比例越小，截止分数达到某一点后，b 为零，这时选录成功率达到 100%。不过，实际上只有当参加预测的求职者人数远超过录用人数时，才能提高截止分数。求职者越多，选择率越小时，截止分数可以取得越高，选录的成功率越大。

（3）效绩标准。在其他因素不变时，在截止分数线右侧椭圆部分中 b 区域所占的比例随效绩标准的高低而变化。显然，效绩标准定得越高，b 区域所占比例越大，选录的成功率越小。反之，效绩标准定得越低，b 区域所占比例越小，选录成功率就越大。而效绩标准则是由用人者决定的。

企业用人者对人员选录成功率的要求一般都以企业内现有工作人员达到成功的人数比率作参照。假设现有工作人员中有 40% 人员的工作效绩达到效标就算令人满意，那么用人者自然就会要求使用预测方法选录人员时成功率不低于 40%。美国人事心理学家泰勒和罗素（Taylor & Russell）在 1939 年曾就测验效度、选择率及现职人员工作成功率三项因素对使用测验选录新人员的成功率的影响进行研究，制成有名的泰勒-罗素函数表（Taylor-Russell table）。人事管理者可从泰勒-罗素函数表查到测验效度、选择率、现职人员工作成功率的各种组合情形下所能得到的录用人员成功率。

7.3.4 岗位调配

随着社会的发展，先进技术、设备的引进，气候、环境的变化，以及企业生产发展的需要，企业所需职务种类、职务素质要求等有所变化；与此同时，企业中的员工在身体状况、性格特点、技能水平、安全知识、心理素质等也在发生着变化。目前的职务与员工是否相互匹配是企业研究的重要问题。可见，岗位调配是一个动态的工作，应随着时间、周围的环境和人员等因素的变化而对人员与岗位进行调整。因此，利用问卷调查、测验等方法进行岗位调配，对于满足岗位需要，发挥员工的能力，保障企业的安全高效生产有重要的意义。

复习思考题

1. 试解释以下名词：信度、效度、效标。
2. 人因失误与人的不安全行为的含义是什么？
3. 人的安全行为心理测量量表的编制过程是什么？
4. 人员选拔与录用的程序是什么？
5. 人员选拔的方法有哪些？
6. 人员录用决策方法有哪些？
7. 岗位调配的含义是什么？

第 **8** 章

行为模拟与安全设计

8.1 行为模拟技术

8.1.1 行为管理决策与行为模拟技术

1. 行为管理决策

决策是人们为了达到某一目标而在多个可供选择的行动方案中选择最优方案或合理方案的过程。因此，决策是人们在各项工作中的一种重要选择行为。企业的安全生产管理，是由一系列决策活动来完成的。所以决策的正确与否关系到安全管理成效的成败，关于这一点，著名科学家、诺贝尔奖获得者西蒙(H. A. Simon)有句名言："管理就是决策"。决策贯穿于行为安全管理的全过程。

在行为管理的过程中，由于人的行为及其背景的复杂性，一般都可以得到的若干可行方案，经过系统建模、分析以及评价等步骤之后，最终必须从备选方案中为安全管理选出最佳的方案，这一环节即安全行为管理决策。

但是，决策者往往处于复杂多变的客观环境中，在决策过程中又易受到人的心理因素影响。因此，即使决策是基于逻辑和数量方法的决策分析工具的，有时还需要人的直觉判断能力、随机应变能力和创造性的发挥，亦即，决策既是一门科学，又是一门艺术，人们总希望将两者恰当地结合起来，因此就产生了计算机决策支持系统，简称 DSS。DSS 是利用计算机作为辅助工具，支持决策过程中具有科学性的一面，决策者与计算机系统充分发挥各自优势，使决策工作更完美。

2. 行为模拟技术

行为模拟是通过建立和运行系统的计算机模拟模型，来模仿实际系统的行为状态及其随时间变化的规律，以实现在计算机上进行试验的全过程。在这个过程中，通过对模拟行为过程的观察和统计，得到被模拟行为的模拟输出参数和基本特征，以此来估计和推断实际的真实参数和真实性能。

当由于安全上、经济上、技术上、伦理上或者时间上的原因，对实际系统进行真实的行为试验很困难，有时甚至是不可能时，行为模拟技术就成了十分重要，甚至是必不可少的工具，如煤矿在井下工作面生产系统、矿山企业的管理系统等领域内，不能进行直接的行为试验，因此，进行行为模拟技术就成为分析、设计和研究的重要手段和辅助决策工具。

8.1.2　行为模拟的特点和分类

1. 行为模拟具有如下特点

(1) 人们有可能在短时间内从计算机上获得对安全行为规律以及未来特性的认识。

(2) 行为模拟需要较好的模拟软件来支持系统的模拟过程。

(3) 行为模拟输出结果由模拟软件自动给出。

(4) 一次模拟，只是对安全行为的一次抽样，因此，一次模拟研究往往是由多次独立的重复模拟所组成，其结果也只是对真实系统进行具有一定样本量的模拟试验的随机样本，是一个特解，不一定是最优解。故行为模拟往往要进行多次试验的统计推断，以及对行为的特点和变化规律作多因素的综合评估。

(5) 对于同一类行为问题，不同的人可能有不同的观察角度，得到不同的模型以及不同的结果，故行为模拟是一种决策参考手段，而不是唯一的行为决策依据。

2. 行为模拟的分类

行为模拟包含三个基本要素即行为对象、行为模型以及计算机工具。不同的要素组合，有不同类型的模拟技术，其基本的分类方式有以下三种。

根据行为模拟的基本类型，行为模拟分为物理模拟、数学模拟和物理-数学模拟。物理模拟是按相似原理建立具有真实行为特点的行为模型，并在物理模型上进行试验的过程。其优点是直观形象，但建模周期长，费用大，不够灵活。数学模拟指建立可计算的行为数学模型，并在计算机上对数学模型进行模拟试验的过程。其优点是灵活性强，费用低，但较抽象。如果在模拟中同时使用物理模型和数学模型，并将它们通过计算机软硬件接口连接起来进行试验，称为物理-数学模拟。

根据模拟中使用的计算机类型，分为模拟计算机和数字计算机。前者模型直观，速度快，但精度差，且通用性、灵活性不强，后者利用数字计算机和模拟软件进行系统建模及模拟试验，具有自动化程度高，复杂的推理判断能力强以及快捷、灵活、方便、经济等特点，且精度较高。

根据研究行为对象的性质，行为模拟可分为连续行为模拟和离散事件行为模拟。连续行为是指行为状态随时间连续变化的情况；离散事件行为，指表征行为特点的状态只在随机的时间点上发生跃变，且这种变化是由随机事件驱动的。离散事件模拟就是通过建立表达上述过程的模型，并在计算机上人为构造随机事件环境，以模拟随机事件的发生、终止、变化的过程，最终获得状态随之变化的规律和行为。

8.1.3 行为模拟的基本步骤

1. 行为问题描述与定义

行为模拟是面向某个具体的行为问题的而不是面向整个行为，或者说是关于人员行为某一方面本质属性的抽象描述和表达。因此，首先要在分析、调查的基础上，明确要解决的问题以及要实现的目标，确定描述这些目标的主要参数(变量)以及评价准则，辨识主要状态变量及影响因素，定义环境及控制变量(决策变量)，同时给定初始条件。

2. 数据采集

为了进行行为模拟，除了必要的模拟数据以外，还必须搜集与行为指标变量有关的数据(这些数据往往是某种概率分布的随机变量的抽样结果，因此，需对其进行参数估计和假设检验等步骤)，从而确定这些随机变量的概率密度函数。

3. 构造模拟模型

由于模拟模型是面向某个具体的行为问题的而不是面向整个行为，因此在离散系统模拟建模时，应根据随机发生的离散事件、人员行为中的实体流以及时间推进等，按行为的运行过程进行建模。

4. 模型确认

(1) 专家评价。

(2) 对模型的假设、输入数据的分布进行重新评估。

(3) 对模型作试运行，观察初步模拟结果与估计结果是否相近；改变主要输入变量值看输出变化趋势是否合理。

5. 计算机编程及试运行

在建立模拟模型后，则可进行编制计算机程序来实现，并进行试运行，当一切就绪时可进入下一步。

6. 计算机模拟及结果分析

当模拟程序通过后，对模拟模型进行多次独立重复运行，可以得到一系列的输出响应和系统性能参数的均值、方差、最大和最小值等，可以了解模型对各种不同输入及各种不同模拟方案的输出响应情况，通过获得的结果和数据，掌握行为的变化规律。但是，这些参数仅是对所研究行为作模拟试验的一个样本，因此，尚需进行必要的估计推断，如对均值和方差的点估计、置信区间估计、模拟精度分析等。

8.2　安全行为与安全设计

8.2.1　环境、物的状况对人的安全行为的影响

人的安全行为除了内因的作用和影响外，还受外因的环境、物的状况的影响。环境变化会刺激人的心理，影响人的情绪，甚至打乱人的正常行动。物的运行失常及布置不当，会影响人的识别与操作，造成混乱和差错，打乱人的正常活动。物设置恰当、运行正常，有助于人的控制和操作。环境差会造成人的不舒适、疲劳、注意力分散，从而造成行为失误和差错。因此，要保障人的安全行为，必须创造很好的环境，保证物的状况良好和合理，使人、物、环境更加协调，从而增强人的安全行为。

8.2.2　人在工作场所的流动特性

从业人员在工作中，一般都会根据工作要求，在工作地点步行走动的，走动会产生一定的连续步行轨迹，流动是人们的步行行动的中心。对这种步行行动观察，并根据对其进行定量性的表述，可以说明流动的特性。研究人在工作场所的流动特性，有助于安全出口、避险通道以及相关设施和管理要求的制定。

步行可以通过对步速、步距、步数进行测定来表述。三者之间测出两个值，另一个值就可以计算出来。即：

$$步数 = (步速 \div 步距) \times 时间$$

基本上用这三项就能够表现流动特性。而与工作场所的关系再引入几个指标也是很方便的。其中，一个是表示流动集聚量的断面通过量，另一个用来表示流动状态的指标，称为流动密度或者流动系数。

这些指标，对表述人群行为特性是很重要的。流动系数，是表现人流性能的有效指标，表示在工作场所空间的单位宽度、单位时间内能通过多少人，是最明确表示人们与工作场所空间的对应状态的关键性数值。把这些数值按字母顺序从 A～F 分成 6 级予以评价，称之为服务水准，在处理设计评价时，使用起来也很简单。如在水平移动的步行路上，其服务水准的标准见表 8-1。

表 8-1　步行路服务水准的规定

服务水准	步行者空间模拟/（m²/人）	流动系数/（人/m·min）	状　　态
A	3.5 以上	20 以下	可以自由选择步行速度，如在大厅、广场
B	2.5～3.5	20～30	正常下步行速度走路，可以同方向超越，偶尔出现不太严重的高峰
C	1.5～2.5	30～45	步行速度和超越的自由度受到限制，交叉流、相向流时容易发生冲突，如进出口处
D	1.0～1.5	40～60	步行速度受到限制需修正步距和方向，如混杂场所
E	0.5～1.0	60～80	不能按自己的通常速度走路，由于步行路容量的限制，出现了停滞的人流，如短时间内有大量人离开的建筑物
F	0.5 以下	80 以上	处于蹑足前行通行瘫痪状态，步行路设计不适用

可以发现，服务水准低的流动指标，对于危险状态下，人们避难的要求而言需要在设计时进行慎重的研究，或采取提高水准或采取其他形式的补救措施。

在单位时间内通过某一地点的步行者数量，也是一个重要的流动指标，可以称之为断面交通量，这样就可以明确空间利用的图形，可以用来评价步行道路的宽度、建筑物出入口的宽度是否合理。

关于步行速度，由于受到工作场所空间的规模、性质和环境等多种因素的影响，会有多种数值，在一般情况下，成人的通勤速度常采用 80～90m/min（1.3～1.5m/s），流动系数在 90 以上就比较急，80 以下就稍慢。表现流动的指标在制定出来后，需掌握与规模计划相对应的一些问题，这些问题对安全设施和安全出口的确定与评价是必要的依据。

8.2.3　人的行为习惯

人们都带有各自的行为习性，当成为集体时，则以人群的习性表现出来。日本学者户川喜久二研究了作为行为特性的习性问题，认为有以下几个方面的特点。

1. 左侧通行

在需要有交通规则的地方，人们都采用右侧通行，而在没有交通规则的地方，人的行走就自然而然地采取左侧通行。一般的人流，在路面密度到达 0.5

人/m² 以上的时候，常采取左侧通行，而单独步行的时候，沿道路左侧通行的例子则更多。因此，在必须流畅的疏导人群的地方，从安全的方面着眼，必须在设计时考虑左侧通行的习性。

2. 左转弯

从一些场所的行为轨迹来看，很明显地会看到左转弯的情况比右转弯要多得多，一般左转是右转的3倍左右，在一些体育运动中，几乎都是左转。这种情况对于安全疏散楼梯来说，当下楼时构成左向回转的方式，则具有安全感并感到方便，从实际比较来看，比右向回转楼梯下楼速度要快得多。

3. 抄近路

人们在清楚地知道目的地所在位置时，或者有目的地移动时，总是有选择最短路程的倾向。

在一些工作场所，人们对于人行安全天桥的评价是不佳的，总感觉不但要被迫绕远到指定的位置，而且上、下安全天桥还要消耗能量，所以这种情况下，员工与管理者的意愿是相违背的。因此，在一些涉及人安全的地方，应设法解决这个矛盾，尽量满足人们的习性，否则，就应采取相应的严格管理措施。

4. 识途性

一般情况下，动物在感受到危险时，会立即折回，具有沿着原来的出入口返回的习性，而人类可以说也是一样，这种本能叫做识途性。也就是说，为了保卫自身的安全，选择不熟悉的道路，不如按原来的道路返回，利用日常经常使用的道路便于安全脱险。

5. 惯用一侧

人群中右利手者占97%，左利手者仅占3%，因此人们在劳动、写字时，总是惯于使用优势一侧的肢体，而不是平衡使用。研究发现，眼、鼻、耳在工作时，也发生轮流使用的情况，而惯用一侧主要指上臂，这样，在工业设计时就应考虑这一因素，如灭火器材、生产工具的设计要利于右手使用或者符合两种情况条件下使用。

6. 非常情况下的行为特性

在发生灾害，人们处于非常状态的情况时，还有几点需特别注意。

（1）躲避行为的研究。

1）根据日本学者安信北夫的研究，人在火灾发生时避难的行为特点是：①取通往避难出口的最短路线；②远离烟火的方向；③选择障碍最小的路线；④顺墙前进；⑤向左拐；⑥向明亮方向走；⑦从进来的方向返回；⑧沿习惯的路和出口走；⑨随人流走；⑩由高层向低层，由地下向地上走的倾向。

2）日本国铁劳动研究所的一项研究表明，当受到前方飞来物打击时，约

80%的人会发生躲避行为，20%的人不动，具体见表8-2。

表 8-2 躲避方向的特点

躲避 方 向	物体飞来方向			合　计
	向左前方	由正面	由右前方	
左侧(%)	19.0	15.6	16.1	50.7
呆立不动(%)	3.0	10.4	7.3	20.7
右侧(%)	11.4	7.3	9.9	28.6
合计(%)	33.4	33.3	33.3	100
左/右侧比率	1.67	2.14	1.63	1.77

3) 有试验表明，当上面有危险物落下时，不做防御行动的占42%，其中，一部分人虽曾设法从危险中摆脱，但束手无策，僵直呆立不动，另一部分人脚不动，只转动头或手做细小的动作，其中大部分是女性。41%的人由于条件反射采取一些防御措施，如抱住头或弯下腰，有不少人虽然明知危险物接不住，可还是伸出手去接，只有17%的人离开危险物的落下地点，向后方及旁边躲开。

总之，人在多数情况下，当发觉灾害和异常现象时，由于反射性的本能，会不顾一切地从该地向远离的方向逃逸，这就是躲避本能。

（2）向光本能。发生火灾时黑烟弥漫，眼前什么也看不清，或者处于黑暗状态，人们具有向着稍微亮的方向移动的倾向，这就是向光的本能。根据这一点，许多安全通道都配有指示灯，以便在紧急状态下人们避难时方便地找出躲避的途径。

（3）追随本能。在非常状态时，人们会产生追随带头人、追随多数人流的倾向，所以带头人的冷静的判断力这时是十分重要的。如在危急情况下，水、食品的分配，救生器械的使用必须合理协调，这时正确的决定显得至关重要。否则，追随就易导致混乱，造成不必要的伤亡。

8.2.4　安全设计与人的行为

根据安全需要设计工作场所、环境和空间，可以采取系统的方法进行规划与设计。不论采用什么方法，在设计的各个阶段，有必要根据人的行为对其进行预测评价。

在工业设计的过程中，一方面要预先想到使用者使用时是否方便；另一方面要进行设计方案的推敲，使之符合安全需要。工作环境的设计应当更加符合人的行为特点，使人的工作环境优化，尤其注意要符合在紧急状态下人的行为反应的特点。

在工作场所或操作特定的仪器设备时，人的行为会表现出一定的规律，群体的行为也是如此，例如，对一些人的行为进行观察，会发现步行的速度因年龄、性别、人数而有明显的差别。总之，通过观察各种行为，可以发现一些人所固有的行为特性。而从这些特性可以发现与安全有关的一些可以加以控制的因素。

明确上述这些问题，就是将人的行为纳入工业安全设计的第一步。然后，将这种行为特性的规律化，按实际建成后人们在其中如何行为而应具备的行为模式化，进而进行方案设计，设计者根据行为模式对设计方案进行比较、研究和评价。这一过程就是将人的行为体现于工业安全设计中的过程。

8.2.5　安全设计中考虑的行为特性

1. 安全设计中人的行为

安全设计中考虑的人的行为均与工作安全有关，从工作行为、疏散行为中人的表现可以看出，在涉及工作或疏散行为的时候，常常伴随行为者一定的目的性，也就是为了完成某种目的所进行的一系列的连续行动。行为是为了满足一定的目的和欲望，而采取的过渡行动状态。在安全行为的研究中，一般涉及的是危急状态下的避险行为及工作中的操作行为，这些行为都与各种各样的工作环境条件有着关系。了解这些特点对进行行为模拟很有好处。

2. 危险环境下人的行为特性

在一些危险化学品工厂、建筑施工场所，都有一些安全门和紧急出口，在这里，尤其是在危急情况下，会出现人流通道受阻，拥挤混乱的情况，一旦出现火灾、化学品泄漏等危急情况，往往伴随着人员伤亡等情况。事故分析表明，这些场所出现这些情况都与设计中没有充分考虑人的行为因素有关。因此，要发现和研究这种没有充分考虑人的行为特点的环境，认真观察在这种环境下人们表现出来的各种行为，找出处理不当的地方，就可以改善工业设计，给从业人员提供更加安全的工作环境。

工业设计中有可能导致人员危险的情况，包括在有大量人员拥挤的时候，如上下班高峰、火灾等需要紧急疏散的情况下。此外，造成危险的因素，还包括诸如对安全通道不加以引导或者通道堵塞甚至不设安全通道的情况。这些因素，在设计阶段就要预先考虑到，对人在特定的场所里如何进行活动，要预先进行正确的预测，并在设计中体现出来，就可避免许多危险情况发生。

3. 人的心理状态与行为

人的行为是通过心理状态的外化来表现的。人的行为在工作中总会发生变化，不可能永远处于相同状态。这种状态变化大致可以对应情绪状态的心境（正常）、激情（异常）、应急（恐慌）状态。在工作正常进行，不发生危险或隐患的时候是正常的，可以称之为平常状态(心境)；当这种状态受到某些内外因素的影响时，则可能变为异常状态(激情)。而当异常状态进一步恶化，达到带有生命危险时，如发生火灾、爆炸、毒气泄漏，就使人进入非常，表现出恐慌(应急)状态。可以认为，人在工作中存在着正常、异常、非常三种行为状态，并以各种状态表现其具有的行为特征。

这三种状态，是由于使心理状态变化的环境因素、行为因素的接连不断的推移而产生的。人们在工作中大部分时间处于正常心理状态之中，而当工作中出现疲劳、厌倦及周围环境混乱时，则向异常状态推移，如果不久精神恢复，环境变得有序，则又可回到正常状态。否则，则向出现故障的非常状态转化。当火灾、水灾等突发时，人的状态是在极短的时间内向异常、非常状态过渡的，这时考虑到行为因素的安全设计就显得非常重要。

8.2.6 人群行为

1. 人群行为的把握

在观察人群行为时会发现，在后者追随前者的个人行为过程中，就在不知不觉中接受前者的影响；人群聚集的密度越高，影响越突出，其表现出来的已经不是原有的各自的特性，而是作为整体的统一的特性了。

如果我们要考察与安全有关的人群行为的特性，在工作场所，上、下班交接过程中是容易看到的，而且在这样的地点，去把握作为人群特性的人们的行为时最恰当的。在这里，人们所处的状态以及异常、非常情况，经常会表现出来。这就是在设计上为了预防人群灾害，应考虑的安全性问题。

所谓人群的特性，终究是个人特性的集聚，既表现了大多数人共有的习性，又有构成人群以后可以观察到的统一的特性。

作为人群，像工作中的人群，交换班的人群，上下班的人群等，其行为目的、内容尽管有些不同，但是像一些特殊情况下的避难疏散人群，大家都怀着一个共同的目的，会有一些共同的行为特性。

向一个方向连续步行的人群，叫做人群流，在人群流的人群密度与步行速度之间存在一定的关系。这种特性在空间设计上会发挥重要作用。另外，恐慌也是可以观察到的，是在非常情况下人群特性的最显著的一种现象。

2. 人群行为特性

据研究，一般通勤人群的步行速度为 $78m/min(1.3m/s)$，人群流动系数为 102 人$/m \cdot min(1.7$ 人$/(m \cdot s))$。步行路面的人群密度达到 0.3 人$/m^2$ 以上时，左侧通行的特性会很自然地表现出来；在人群流中由于同别人的协调性与冲突性的反复出现，人群会形成多少个块状图形。尤其是人群步行速度，在身份相同的集体里，正好比较平均；在身份上存在上下级关系时，具有偏向上级的一方的倾向；在有家庭关系时，有向老人和孩子等弱的一方协调的倾向。

在人群流中，根据看到的集结、流出、滞留相互联系的三种现象，可以按定义导出人群流计算的理论公式。这是在筹划安全疏散计划时，确定道路宽度、出入口宽度的理论依据。

下面对这个理论公式作一简要介绍，如图 8-1 所示，在人群流中设任一点 P，向 P 点接近的人群叫集结人群，过了 P 点离去的人群叫流出人群。在 P 点交界处，集结、流出的人群数有变化的时候，在这里将发生滞留人群。

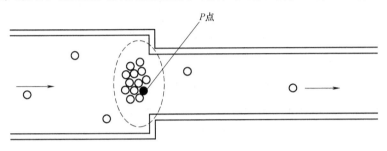

图 8-1　人群流计算模型

以 N 代表人群流出系数，以 v 代表步行速度，以 B 代表开口部位宽度。于是有：

集结式
$$Y_1 = \sum_{i=1}^n \int_0^T N(t) B_i(t) \mathrm{d}t$$

式中，$t < t'$ 时，到达出口的最小时间，$N(t) = 0$；$t > t'$ 时，到达出口的最小时间，$N(t) = 1.5$。t' 表示到达出口的平均时间。

流出式
$$Y_2 = NB(T - T_0) + \alpha$$

式中，T_0 为稳定（正常）人流出现时间；α 为达到 T_0 时的集结人数。

滞留式
$$\varPsi = Y_1 - Y_2$$

安全疏散避难时间为：

$$T = \frac{1}{NB}(Q - \alpha) + T_0$$

式中，Q 为人数总数。

可用上述各式来表示集结、流出和滞留三种状态，而求解最终安全疏散（避难）时间，可采用下列实用计算公式：

$$T = \frac{Q}{NB} + \frac{K}{v}$$

式中，K 为到最近出口的距离

举例：按图 8-2 所示建筑物平面，采用上述公式计算来自室内的人群疏散时间。

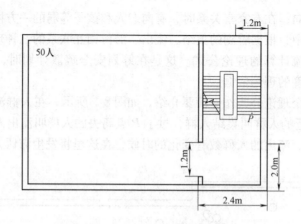

图 8-2　人群流计算用的平面图

取 $N_1 = 1.5$ 人/(m·s)(水平移动)，$N_2 = 1.3$ 人/(m·s)(楼梯)；

$$v = 1.0 \text{m/s}$$

所以

$$Y_1 = \int_0^T 1.5 \times 1.2(t)\,\mathrm{d}t$$

且 $t' = 4$，因而有　　$t < 4$ 时，$1.5(t) = 0$；$t \geq 4$ 时，$1.5(t) = 1.5$

$$Y_2 = 1.8 + 1.3 \times 1.2(T - 4), \quad T_0 = 4$$

$$\Psi = Y_1 - Y_2$$

$$T = \left(\frac{50}{1.3 \times 1.2} + 4 \right)\text{s} \approx 36\text{s}$$

3. 恐慌

在工作场所发生的恐慌，可以在灾害发生时的疏散行为中见到。例如在突然受到火灾袭击的时候，或者人群数量增大，从安全出口怎么也挤不出去的时候，表现出失去了平日镇静的行为，以致出现不顾一切地追赶在别人后面的行为，这种状态就是恐慌。发生恐慌的时候，人群会惊慌失措，并且会发生直接的人身伤亡，有时会造成许多人的死亡。恐慌表现出如下几个特点：

（1）对业已集聚中的人群发表了不确实的消息或谣言，然后又逐渐扩散，传播给更多人，使人群发生恐慌。

（2）由于不确实的消息或谣言传播，使许多人笼罩在共同的不安状态中。如期待新消息，或者感到绝望以及发生谣言的时候；凡人群密度进一步增高的时候，会使恐慌发展。

（3）人群密度的增高，使个人丧失理智，单纯感情化，更增强了恐慌不安感。

（4）有少数人能由于受不安、恐怖的折磨而恐慌，或者引起冲动行为、冲突（极端、直接、简单化）行为使恐慌加深。

（5）少数人的冲突行为（极端、直接、简单化）行为称为导火线，引起人群全体的共鸣（响应），导致了总崩溃（失去控制）的状态。

作为对恐慌的处理方法，大致可以采取下述三种措施：①尽可能使人不出现恐慌状态；②使人尽可能缩短恐慌状态持续时间；③尽快脱离恐慌状态。这三方面，可以用人们所处状态的迁移图来说明，图 8-3 表示所处位置的变化途径。

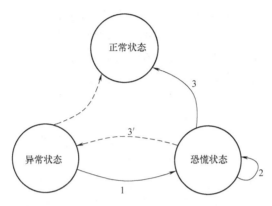

图 8-3 对恐慌状态的处理过程

图中，异常状态和恐慌状态的措施从设计方面可以着手处理。例如，预料到人群的集中，在疏散出口的开口部位，设计时采取大一些的方案；在其前面保持足够的空地，使人群密度降低；在安全出口附近设置出口位置指示标记，以告知员工等。总之，在工作场所设计时可制定避免出现不安状态的计划。

为了从 3 的恐慌状态恢复到正常状态，要有给出适当的信息加以诱导。在火灾发生的情况下，消防、救护作业的开始，会给人们带来安全感，这是很需要的。尤其是在恐慌的人群中，包含有能对群众善于诱导的带头人是很起作用的；但是反过来，作为人群安全疏散时的特性，带头人和大多数人也都有"随大流"的倾向，所以一旦搞错，反而会使灾害扩大，这种可能性也是存在的。

这样看来，恐慌的心理就是对所处的状态不知道什么时候能够摆脱的不安心情，就是希望尽快推移到正常状态的焦急情绪。这不是自我判断出来的，而是大家采取的相互追随的行为。在极端情况下，如当有马上要地震的谣言传出时，人们一个接一个地不加思索地从窗户跳下去的行为的发生，往往就是这种原因造成的。

这种不安情绪的叠加或诱发是使灾害扩大的原因。发生灾害时，处于异常状态中的人群会由于突然一声惊叫，而使全体人员陷入绝望和不安之中，一齐经过途径 1 而达到恐慌状态。

8.3 安全行为模拟方法

8.3.1 确定人的行为与工作场所的对应关系

1. 行为的分类

在这里，行为的分类应能够说明行为与工作场所的对应关系，这样就便于把握在工作场所里人的安全行为。根据这一原则，行为分类应可以从一些与安全事故或隐患相关的方面着手，如人在工作场所的位置、活动、分布以及人在工作场所的对应心理状态，这些方面应当有助于分析行为在时间、空间上的规律性与一定的倾向性，同时也便于进行行为模拟。

2. 人的行为与工作场所的对应

（1）人在工作场所的位置。在工作场所，人的行为会显示出一定的规律性。如在煤矿井下发生事故时，安全撤退的路线，一般都由灾害的类型及灾害发生时人员所处的位置决定。当发生火灾或爆炸时，位于事故地点上风侧人员，一般都是迎着风流撤退；位于下风侧的人则是经由捷径，绕到新鲜风流中去。而遇到无法撤退，通路因冒顶阻塞或瓦斯突出、有害气体浓度大而又无自救器具时，则一般会躲进避难峒室或临时构筑的避难处。

根据这些规律可以进行人的生产与工作场所关联的研究，以及安全设施使用功能的研究，这些研究资料在安全设计时，能够被广泛的使用。

（2）人在工作场所的活动轨迹。人在生产过程中，按照行为目的改变活动轨迹是频繁可见的，如纺织厂织布工在工作中就需要不断改变场所。通过观察可以发现，在工作场所里这种流动量和模式，具有明显的倾向性，这就是人在工作场所的活动轨迹的特性。

人们重复沿着步行轨迹活动，表现出来的就是一种静态特性。可以在这个基础上，把握流动途径、方向选择的倾向、途径的交叉点、建筑物入口处可见的等候人员情况以及随着时间不断变化的流动状态。利用所掌握的流动特性，就可能对设计的规模、配置、线路作出评价。这种评价可以按原来的状态制成反映行为特性的模式，用来同行为预测的模式化内容进行大致的比较。有关的研究，如关于避难疏散人流的计算研究，可以帮助有关设计人员根据人的行为确定建设计划。随着计算机模拟技术的发展，这一技术必将为安全设计带来许多方便。

（3）人在工作场所的分布。工作中人们彼此之间的距离，相应于当时的工作内容是保持一定的。在一定广度的空间里，被人们占据的某个位置的定位，受到该场所构成因素配置的影响，这是很明显的。掌握这些分布特性，就可以在设计安全出口，躲避场所时找到便于人们尽快到达的地方，这对于安全控制很有价值。

（4）人与工作场所的对应关系。根据把握住的作为状态变化的行为，就能记述人与工作场所之间的时间系列的对应关系，但这一对应随着生产的发展和人的素质的变化也会发生一些变化。因此，掌握对应关系，还应根据员工的数量、设施数量的增加，把意识、素质的变化作为把握的对象。在设计安全设施时，对在水灾、火灾等疏散状态下的员工，从发觉灾害到疏散至安全地点，把握这一期间的心理状态的变化，对估计恐慌状态下的人同工作场所的关系是非常重要的。

8.3.2　行为的模式化

8.3.2.1　人的行为模式

1. 行为预测

对行为进行观察，就可以获得人在工作场所的行为记录，对这种资料进行分析，就可明确行为特性，掌握行为特性，这是设计厂房、工作环境的基础。不过，大多数的行为资料，一般只表示某个特定场所的特有的特性，将它广泛地应用于制定新的设计时，不一定会完全适用。尽管如此，在设计进行时，对环境设计完成后员工会在什么地方形成人流，在什么地方会滞留，对这些情况如果事先能够预见到是很重要的。根据行为预测，事先发现人员流动在什么地方不顺，就可以进行修改和处理。对于设计方案的处理，不应仅考虑成本或适用功能，更要考虑其方便性与安全性，后者才是首要因素；当进行客观评价的时候，也需要对人的行为能够进行预测。

正是由于人的行为特性模式化，才使行为预测成为可能，当然也为工业设计方案的确定或者方案评价，提供了可靠的方法。

2. 行为模式化的思路

所谓人的行为模式，并不是按照和现实生活中的人完全一样的反应进行的，而是根据现象尽可能地予以简化，使之成为近似状态。

对人的行为进行模式化研究的前提是肯定人会有行为习性，然后找出这些习性并对其进行抽象、简化，这一过程就是进行行为模式化。实践证明，这一过程对工业设计而言是有用的、方便的，可以使工业环境更符合人的行为特点。所以，目前需要的是使这一过程更加完善化。

在将人们的行为模式化的时候，其基本的思路是明确人的安全行为，即"作为信息处理系统的人，从行为所在的工作场所面临安全问题时，选择或者被强制地接收各种各样的信息（刺激），并进行一定的信息处理，从而确定自己的欲求和行为目标（反应），为了使自己从所处的状态向充分满足安全目标要求的状态推移，而面对工作场所所进行的工作（行为）"；同时，认为人们的情绪，以至于思考的程序是不能全部模拟的，只能抽出与工作场所关系比较密切的部分进行模式化，在有限的范围内进行考察，这就是对于人的行为模式化的一般思路。

3. 行为模式的分类

（1）工作场所里人与安全相关的行为模式，按其目的性可列举以下三类：

1）行为再现模式，即对实际工作场所进行观察，并尽可能忠实地描绘和再现行为的模式。如对事故现场进行调查研究时所进行的模拟，就常用再现模式。

2）计划模式，为了确定工作场所设计的安全条件的模式，就是计划模式。计划模式在设计计划中对于员工的方便、安全、舒适和工作效率方面作出界定时很有作用。

3）预测模式，是为了预测计划实施时的空间状态的变化和行为模式的变化，使设计计划更具有在变化条件下的适应水平，如在火灾、水灾、坍塌的情况下，安全设施仍能有效地发挥作用；或者在人行为异常时仍可以避免或减少伤害的发生等。

作为模式化的方法，有采用数学理论和方法的数学模式和采用电子计算机语言来记述现象的完全模拟模式，以及包含难以计量化的心理学内容的现象用语言来记述的语言模式。

（2）如果从行为的内容对行为模式进行分类，同行为种类相对应，行为模式大致可分成四类。

1）秩序模式，就是对所需安全设施进行预测和对使用者人数进行估算的静态解析模式。如在厂房放置防灭火装置的设计。

2）流动模式。

3）分布模式。

4）状态模式。

与秩序模式相对应，作为伴随人流而变化的动态模式，就是流动模式和状态模式。流动模式和状态模式对于在灾害发生时安全疏散中的行为预测更具实际应用价值；分布模式主要用于设计的方便性、舒适性。

8.3.2.2　流动模式

在工作场所里以危险地点和安全地点间的移动为中心，对人们的行为进行模式化，就是流动模式的研究内容。即在不同的两个时间之间，人的状态的变化表现为位置的移动，将这一过程中被观察到的人的行为模式化就是流动模式。其研究对象为疏散避难行为，通勤行为以及相关的人流量、经过途径等。这些都是在工程设计时与设施规模和设施配置设计直接有关系的内容。具体包

括对个人和人群的流动目的的处理，区域间的分割方法，对门、出入口人流的
处理办法等。

　　重要的是用何种的模式来表现人在两地点间的移动，如一个人从工作面走
开后，他下一步往什么地方走？ 在特定的场合下，在空间相互之间任从
(From)哪里到(To)哪里会表现出一些流动特性，在行为模式中可取 From-To
的字头，编制 FT 表，也可称之为迁移概率表，见表 8-3。

表 8-3　空间迁移概率图表(FT 表)

→	To S_1　S_2　S_3······S_j······S_n
S_1	··
S_2	··
From ⋮	··
S_i	···················P_{ij}····················
⋮	··
S_n	··

注：P_{ij} 为在定时间内从空间 S_j 向空间 S_i 移动的概率(当 $i=j$ 时表示停留于同一空间的概率)。

　　空间的相互移动便捷度，也就是迁移概率 P_{ij}，其确定可考虑下述方法：
　　(1) 根据对实际人员流动的观察来处理。
　　(2) 通过设定工作场所的吸引力来决定。
　　(3) 根据工作场所之间的关联性来决定。
　　(4) 根据对工作场所和空间相互关系两方面流动的潜在可能性来确定。
　　(5) 按工作场所的构成因素采取还原法来决定。
　　(6) 根据工作场所相互之间的联系数量来决定。
　　在采用上述方法时，对多种方法的内容、模型，适用条件应做出界定。

8.3.2.3　状态模式

　　1. 应用自动控制理论解决人的行为状态模式化问题

　　流动模式所描述的行为，一般都是客观可以观察到的位置的移动。在实际
过程中，如突然遇到塌方导致通路堵塞或浓烟致使视物不清，会出现什么样的
情况？ 工作场所出现混乱时，就不是通过计算所能解释的了，甚至还会出现难
以解释的折返而归的行为。就是说，实际过程可能既包含客观原因，又包含人
的生理和心理状态判断的主观原因，对这样的行为，在采用传统方法进行模式
化时，肯定会遇到困难。

　　当人们进行活动的时候，特别是在危急情况或面临安全方面的判断选择

时，随着时间在不断变化，由于空间信息的影响作用，人们的精神状态会发生各种变化，对于这种状态，对为满足特定行为目的行为的内容进行模式化，可以用自动控制理论进行研究。运用自动控制理论，可以证明人的状态与行为的对应关系，从正常状态向异常状态和非常状态过渡的变化，并可以实际模拟。因此状态模式实际上就是自动控制模式。

2. 自动控制模式

根据自动控制理念，可以用图表来表示状态的变化，表8-4 就是对人的行为进行模式化和自动控制的特征。

表8-4　安全行为的状态模式

状态 ＼ 空间 时间	$\bar{S}$			S
	t_1	t_2	t_3	
R_0	R_0	R_1	R_1	R_0
R_1	R_1	R_1	R_2	R_0
R_2	R_2	R_2	R_2	R_0

注：$\bar{S}$ 为发生安全问题的空间环境；S 为安全的空间环境；t_1 为发现安全问题时；t_2 为处理安全问题时；t_3 为出现险情时。

例如，对人的状态可给出如下三种说明：①R_0，正常状态(工作、休息、通勤状态)；②R_1，异常状态(开始感到危险或需作出安全行为选择)；③R_2，非常状态(避难,抢险)。

这三种状态，是一个人由其所处的工作环境及其状态由于时间的持续而向其他状态变化的反应，由于各种状态不同，所引发的行为也不同。引起状态变化的主要原因是空间信息与时间信息。

一般人工智能是输入输出及状态三个变量的集合，可利用函数来表示它们之间的关系，表8-4 所表示的就是输入与状态的关系，相当于状态函数。

以人工智能来表示的时候，公式为：

$$A = (x、y、q、\lambda、\delta)$$

式中，x 为信息输入的集合；y 为信息输出的集合；q 为状态的集合；λ 为输出函数；δ 为状态函数。

上式应用于人的安全行为时，其中的 x、y、q，可以按下述内容去考虑：

x 为人从环境中接受的各种信息输入的集合。

x_1 为时间。

x_2 为接受的来自他人的信息(命令、批示、警告、通知)。

x_3 为接受来自环境的信息(位置、标识、混乱程度、灾害)。

y 为人对于环境付出的劳动的输出的集合。

y_1 为对他人付出的劳动(命令、回答)。

y_2 为对环境付出的劳动(移动物体、制动机械、开闭闸门等)。

y_3 为对自身付出的劳动(步行、停止、跑步)。

q 为人的心理状态的集合。

q_1 为精神的状态(精力旺盛、委靡不振、惊慌失措)。

q_2 为机体的状态(疲劳、负伤)。

q_3 为物理的状态(个人、群体)。

关于输出函数(λ),与状态函数(δ),可根据表 8-4 所示处理。

8.3.3　安全行为模拟

1. 行为模拟的方法

明确了人的行为特性,并进行了模式化,表现出人与周围环境之间的对应关系,就可以运用模式对行为进行模拟,这样运用模式再现实际行为现象,进行的各种试验就叫做行为模拟。

模拟,常常用于对还不明确什么是构成整体变动的主要原因进行技术分析。在工业设计中,模拟不仅用来对们的行为进行分析,也用来作为对设计方案进行评价的一种有效方法。在遇到像安全行为这一类对人的行为现象全貌难以进行解剖性分析时,采用模拟就特别有效。特别是如果在设计阶段,对设计计划完成后,人们在某种危急情况下,将会在什么地方、采取什么样的行为、形成多大的人流等进行预测,它就可以发挥前所未有的威力。

人们总是希望实施模拟的模式,尽可能与现实相符,但是若对人的行为反映得过于详细,又会使模式过分复杂化,这反而会使操作困难,其结果也难以处理,达不到预期目的。所以,对于拟用模拟进行研究探讨的部分,应尽量采用简单化的因素,同时,在进行模拟的时候对模式的假定内容和模拟的观察范围、界限,都必须尽可能地表示清楚。

根据上述原则,行为模拟应包括下列项目:①模拟的单位时间;②模拟的期间;③人的行走速度及其与密度的关系;④人的属性(个人、集体、性别、状态说明等);⑤场地的规模与配置;⑥环境的属性(机能等);⑦模拟结果的读法(数字的单位、内容);⑧结果与实测值的符合度检验;⑨模拟所用的语言、机械,计算所需要的时间。

2. 计算机行为模拟

(1) 模拟语言。关于对人的行为分析与预测的问题,以数据和方程式表示是比较困难的。比如,人与环境之间的配置情况,会有多少个未知数,两者之间的关系等,分析起来相当麻烦。另外,通过模型进行实际观察而后进行分析,从经费和安全的角度都是困难的。通过计算机手段可以方便地制成与人的活动尽可能接近的模型，使之活动并进行分析，这就是进行计算机模拟。

计算机进行行为模拟时，必须先将其操作顺序编成程序表。除了常用计算机编程语言之外，还有专用模拟语言可供选用。如作为处理离散型系统的SIMLILA、GPSS、SIMSCRIPT，处理连续型系统的CSMP、DYNAMO。不是所有这些语言中的任一种都能适用于行为模拟，而是需要对各种语言的特性和行为模式的内容进行充分的研究后方可采用。如对于人群密集场所的避难行为，采用以反馈理论为背景的DYNAMO语言比较合适。还有些以对话形式能够输入程序的语言适合在制定处理记述性内容所需的状态模式时采用。

（2）DYNAMO行为模拟。对流动的人群进行处理和预测，可采用DYNA-MO模式化。DYNAMO是对人流、物资、资金、信息等各种流的控制系统的记述语言，DYNAMO可以模拟出相应于现在时刻混乱程度的变化情况，这对安全工作而言是有价值的，进行程序设计的具体方法，可参见有关书籍。

（3）APL对话型行为模拟。APL语言可以对安全疏散行为进行模拟。例如，人在某场地的分布是一样的，出现非常情况后开始疏散，人们同时以某一种速度奔向出口，在出口处对流动系数和出口位置作种种改变，以便对发生的各种情况进行分析，这就是APL行为模拟。从设计的角度来说，需要等待的人数要尽量小，而且全部疏散出去所需的时间也要尽可能地缩短。很明显，如果达到这一要求，就可以消除诱发恐慌的不利因素。

8.3.4 安全行为对于工程设计的意义

在工矿企业总体设计、建设、评价过程中，安全行为应当作为判断的标准之一。也就是说，对工矿企业的计划建设方案进行推敲，判断是否符合安全生产要求，以确保从业人员的安全健康，要从安全行为观点进行研究。

为了将人们的行为作为工业建设计划与安全设计的基础，通常需要进行下面两项工作。

第一项是对生产场所与的行为之间的适应情况进行调查。一般来说，需要弄清处于某种工作状态的时候，人们采取什么样的行动。因此，不仅需要调查特殊情况，而且要对类似几种正常的行为进行调查，以便明确生产场所与行为之间的对应关系，这样就可以说明一般的特性。

在以往的研究和实践中，就已经注意了人的行为（特别是与安全有关的行为），并进行了多方面的调查研究。但是仅仅限于对行为特别是违反安全原则行为的记述，而对与周围环境的对应关系没有弄清，或者是比较多的停留在对特殊情况的记录。像这样，对工业设计多半不会有反馈作用。然而，对人的行为进行系统的观察，一般总要花费庞大的经费、精力和时间，但这种坚实的工作，会在今后越来越显示出其重要性。至于研究、调查的方法，目前大多是研究者对人的行为进行观察而加以记述。对构成引起某种行为特性的原因,环境方面因素或者人的心理方面因素如何,则需要在分析的时候能够有追踪研究。

另一项工作就是关于行为模式制定。为了在工程设计上反映出人们在生产场所中的行为调查结果,利用通过研究明确了的环境条件与行为之间的对应关系,将其再现于新的设计方案中,就需要把人们将要采取的行为制成预测模式。此时最关键的是如何解决表现工作场所状态,或者表现人的行为的技术问题。解决这些问题需要采用目前科学技术的最新成果和工具。

在工程设计中,人的行为在设计过程中的比重应当加大,不论行为调查也好,行为模式化也好,需要做大量的工作。只有这样,才有望从根本上解决工业企业中的安全隐患。对给定的作业场所,规划、安排与定位生产设备、作业空间、显示器、控制器、物质流程、人的流程、各种管线等,尽量使它们的空间定位达到高效、协调、安全。原则上讲,任何元件都可有其最佳的布置位置,这取决于人的感受特性、人体测量学与生物力学特性以及作业的性质。比如进行作业环境的定置管理,就是对生产现场中的人、物、场所三者之间的关系进行科学地分析研究,使之达到最佳结合状态的一门科学管理方法,它以物在场所的科学定置为前提,以完整的信息系统为媒介,以实现人和物的有效结合为目的,通过对生产现场的整理、整顿,把生产中不需要的物品清除掉,把需要的物品放在规定位置上,使其随手可得,促进生产现场管理文明化、科学化,以实现安全生产。

确立行为作为工程设计的基础,是以人为中心的现代化生产的体现,这样做,可以使人在生产中适应环境的特点,寻求解决安全问题转变为人主动设计解决符合人的特点的生产环境,使环境本身有利于人的特点和安全。这样,就可以使长期以来困惑生产部门的安全管理难题得到缓解,使生产过程更容易为人所控制和把握。这是非常有意义的一件事情。

复习思考题

1. 什么是行为模拟? 行为模拟的基本步骤有哪些?
2. 简述离散事件行为模拟和系统动力学模拟的基本内容。
3. 如何确定人的行为与工作环境的对应关系?
4. 安全行为研究对于工程设计有哪些意义?

第 9 章

安全培训与安全行为的养成

9.1 安全培训需求分析

安全培训是一项全员的工作，领导提供政策、方向和支持，培训部门提供资源、方法和制度，各级安全负责人推动，培训部门有效组织培训内容，员工积极参与，这样才能真正有效地推动安全培训工作，提高安全培训的有效性。

安全培训需求分析是整个安全培训流程的开始，安全培训的效果如何和计划分析的关系十分紧密。安全培训计划分析阶段的主要任务就是确定企业的培训需求，制定目标及培训评估的参考标准。安全培训的内容涉及到生产过程的每个环节，关系到生产的每个标准的执行，因此安全培训需求分析必须紧密联系企业生产的每个具体环节。

9.1.1 培训需求分析的目的

培训需求分析的目的是：确定现有的和要求的能力之间的差距；确定由于员工现有能力与工作所要求的能力不匹配所需要的培训；将规定的培训需求形成文件。通过对现有的和要求的能力之间的差距分析，以确定差距是否能通过培训弥补或是否可能需要其他措施。但是从国内企业安全培训的资料来看，我国一般劳动力密集型企业的安全培训工作基本没有任何的需求分析，每年重复执行着基本都是雷同的几种培训，没有任何新意和变化，这样的培训耗费了人力、物力，但是不能有效起到安全培训的作用。

安全培训工作目前存在诸多问题，其中根本的问题在于企业负责人虽然意识到培训的重要性，但是对自身的培训需求不明确，并且由于安全培训的短期收益不能明显体现，所以对安全培训工作感到十分茫然。造成这种现象的原因有很大部分是单位对员工的培训需求缺乏科学、细致的分析，使得企业培训工作带有很大的盲目性和随意性，从而造成后期的培训标准不一，效果评估难以进行。安全培训需求分析培训流程的起点，进行安全培训需求分析是培训项目设计的第一步。

9.1.2　安全培训需求分析的内容

安全培训需求分析主要包括管理岗位的安全培训需求分析和业务岗位的安全需求分析。在现行的安全、教育部门牵头，各业务主管部门协调配合、各负其责、共同实施的运行机制下，需求分析由教育部门和安全部门共同负责，根据实际情况、发展要求进行分析。开展安全培训活动的第一步就是要确定进行什么安全培训。当组织中出现了一些安全问题，只有通过安全培训才能解决或者才能更好解决时，安全培训需求就产生了。在安全培训项目确定之前，需要仔细分析"这个培训到底有没有必要"和"是什么导致这个培训需要"的问题，这个需要就是安全培训需求。

安全培训是针对企业实际生产中问题的培训，是关系到每个员工切身利益的培训，要做到安全培训对症下药，就需要找出症结所在。因此，不能仅仅研究安全问题发生的表面现象，必须对问题出现的原因进行深入的调查，这就需要在培训之前做好有效的安全培训需求分析。

9.1.3　安全培训需求分析的层次

安全培训需求分析的层次从总体上来讲，可以分为组织层次分析、工作层次分析以及个人层次分析。组织层次分析是分析整个企业，确定培训在何处进行。工作层次分析则需要确定两个主要因素：重要性和水平。重要性与具体任务和安全行为及这些安全行为发生的概率之间的关联有关。水平是员工完成这些任务的能力，工作说明、绩效评价及对基层管理者、工作任职者的访问和调查应该可以提供所需资料。个人分析着重于员工个人，涉及两个问题，即"谁需要安全培训"及"需要哪种形式的安全培训"。安全培训需求分析如图9-1所示。

（1）组织层次分析。明确企业安全培训需求，以保证安全培训计划符合安全运营整体目标与战略要求。这需要对整个单位发展的各个方面的重要信息进行搜集和整理，以确定安全培训需求产生的时间和需求的类型等。这个层次的分析主要包括各个生产车间的分析，涉及的内容有组织目标、组织的安全培训范围的确定、外部环境的确认及资源的分析等方面。

（2）工作层次分析。安全培训的任务层次分析需要细化和分析安全操作所需要的知识和技能。在安全培训计划的制订过程中需要具有较强的针对性，对每个岗位进行安全意识、安全知识和安全行为表现的数据分析整理，以此为依据制定相应工种、岗位的安全培训标准。

（3）个人层次分析。个人是安全培训内容的接受者，安全培训效果的高低与员工个人的表现有着密不可分的关系。每个人的安全知识、安全态度和安全行为表现方面各有不同，而以往的安全培训只停留在组织需要的层次进行培训，培训计划的制订从不考虑员工的需求，不能有效提高员工安全培训的积极性，也不能具有针对性地对员工进行安全培训，每年只是定期进行一些重复性的安全考试、安全培训。

所以在个人层次分析上，要根据员工在企业安全生产中的职位不同，将安全培训对象从领导层、管理层和一般员工三个层次进行划分，安全培训内容和安全培训方式要区别对待，做到有的放矢、针对性强，这样才更能取得效果。同时，运用现代化的信息技术，为企业每个员工建立一个安全培训数据库，记录员工安全知识记录、安全行为表现及员工个人填写的安全培训需求问卷等资料，根据员工的个体需求而进行个性化有针对性的安全培训。

9.1.4 工作层次分析

9.1.4.1 工作层次分析主要回答的问题

工作层次分析主要回答以下几个问题并以此作为决定培训与否的基础。

（1）什么是组织的目标？

（2）什么是达成这些目标的工作？

（3）什么行为对于工作完成责任者来说是必需的？

（4）什么是负有工作完成责任者在表现应有行为时所缺乏的？是技术、

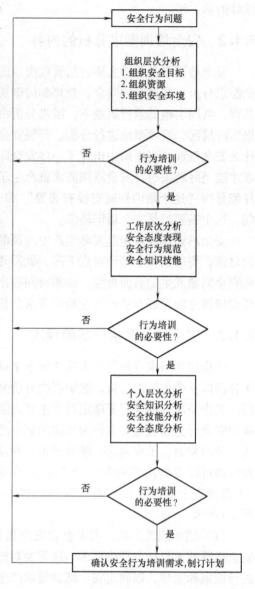

图 9-1 安全培训需求分析

知识或态度？

以上四个问题与人员培训需求的决定是紧密相连的。一旦可以明确地回答这四个问题，则对培训需求的本质和内容就可有所了解。

9.1.4.2　工作层次分析的种类

工作分析的目的在于了解与绩效问题有关的工作的详细内容、标准和达成工作所应具备的知识和技能。工作分析的结果也是将来设计和编制相关培训课程的重要资料来源。工作分析需要富有工作经验的员工积极参与，以提供完整的工作信息与资料。工作分析依据分析目的的不同可分为一般工作分析和特殊工作分析两种。

1. 一般工作分析

一般工作分析的主要目的是使任何人能很快地了解一项工作的性质、范围与内容，并作为进一步分析的基础。一般工作分析的内容为：

（1）工作简介。主要说明一项工作的性质与范围，使阅读者能很快建立一个较为正确的印象。其内容包括：工作名称、地点、单位、生效及取消日期、分析者、核准者等基本资料。

（2）工作清单。工作清单是将工作内容以工作单元为主体，并以条例方式组合而成，使阅读者能对工作内容一目了然。而每项工作单元又可加注各工作的性质、工作频率、工作的重要性等补充资料，这对员工执行工作，管理层进行工作考核和进行特殊工作分析皆有益处。

2. 特殊工作分析

特殊工作分析是以工作清单中的每一工作单元为基础，针对各单元详细探讨并记录其工作细节、标准和所需的知识技能。由于每个工作单元的不同特性，特殊工作分析可分为下列数项。

（1）程序性工作分析。程序性工作是指具有固定的工作起点、一定顺序的工作步骤和固定的工作终点等特性的工作。程序性工作分析主要强调工作者和器物间的互动关系。程序性工作分析就是通过详细记录工作单元的名称、特点、标准、应具备的知识技能、安全及注意事项、完整操作程序等，为员工的培训和培训评估提供依据。

（2）程式性工作分析。程式性工作分析多无固定的工作程序，对工作原理的了解和应用程度要求也较高，其工作内容主要强调工作者和系统间的互动。完整的程式性工作分析依序可分为五个部分。

1）系统流程分析。主要是应用计算机流程的概念和符号，描绘系统间重要元件的关系，并配合简单的文字，说明系统背后的基本原理。

2）系统元件分析。主要是针对系统中每一元件列出其正确名称和功能，以建立工作者的共同认知，减少沟通障碍，并作为检修的基础。

3）程式分析。主要是探讨系统中的作业流程，其重点是了解系统如何正常运作，分析内容包括系统状况、特殊标准、指标、操作、影响等。

4）检修分析。主要是探讨如何检修并排除系统不正常运作所需的诊断流程与知识。检修分析集中于探讨诊断分析所需的知识和诊断过程中所必须使用仪器的知识技能。检修分析的内容有应具备的知识、可能的故障、原因、修正措施等。

5）知识性工作分析。知识性工作属于内在思维的工作行为，可以说是人与人，或人与知识间的交流互动，而且是以不具形体的知识为桥梁，进行理性的思考、沟通与协调，以达成工作需求。知识性工作分析是一种研究程序，它能够帮助管理者确认影响工作绩效的有关重要知识。

工作分析是培训需求分析中最繁琐的一部分，但是，只有对工作进行精确的分析并以此为依据，才能编制出真正符合企业绩效和特殊工作环境的培训课程来。

9.1.4.3 职务分析

职务分析主要是通过分析工作人员个体现有状况与应有状况之间的差距，来确定谁需要和应该接受培训以及培训的内容。职务分析的重点是评价工作人员实际工作绩效以及工作能力。其中包括下列数项：

（1）个人考核绩效记录。主要包括员工的工作能力、平时表现（请假、怠工、抱怨）、意外事件、参加培训的记录、离（调）职访谈记录等。

（2）员工的自我评量。自我评量是以员工的工作清单为基础，由员工针对每一单元的工作成就、相关知识和相关技能真实地进行自我评量。

（3）知识技能测验。以实际操作或笔试的方式测验工作人员真实的工作表现。

（4）员工态度评量。员工对工作的态度不仅影响其知识技能的学习和发挥，还影响与同事间的人际关系，影响与顾客或客户的关系，这些又直接影响其工作表现。因此，运用定向测验或态度量表，就可以帮助了解员工的工作态度。

9.2 安全行为培训理论与方法

9.2.1 培训中的学习理论与安全培训方法

目前进行的企业培训，可以采取的方法包括讲授法、案例法、演示法、角色扮演法等。知识培训以讲授法、案例法为主，行为培训以演示法、角色扮演法为主。

　　培训内容及培训方法决定着培训场所及设备。认知培训的场所主要有教室、会议室等，行为培训的场所主要有工作现场、操场等。认知培训的设备主要包括教材、笔记本、投影仪等，行为培训的设备主要包括实际演练所需的相关器材等。

　　培训的本质就是学习，是指组织实施的、有计划的、连续的系统学习行为或过程。培训的目的是通过员工的知识、技能、态度乃至行为发生定向改进，从而确保员工能够按照预期的标准或水平完成所承担或将要承担的工作任务。学习可以被看作行为的变化，因而培训可以看作是通过练习和经验而引起的行为的长久变化。培训通过周密的安排来帮助员工发现和获得所需要的知识、技能，从而改变行为达到安全生产的要求。

　　培训的作用是使员工通过学习，改变员工的能力和行为倾向，所以要想取得培训的成功首先要了解员工在培训过程中的心理变化，因而要首先了解一些主要的学习理论的发展。通过了解相关的学习理论和员工学习的规律和培训的特点，结合安全生产、安全培训和员工个体心理特点对症下药，选择合适有效的培训方式方法，以使得安全培训工作事半功倍。

　　1. 行为主义学习理论

　　行为主义学习理论将学习定义为在刺激和反应之间建立联系的过程。早期主要的代表理论有强化理论、社会学习理论、目标设置理论和期望理论。此理论认为学习的动力主要来源于内部驱动力（如饥饿）和外部动力（如奖励和惩罚），一切的学习活动都被简化成为一种心理试验，认为学习是经历体验的结果。对于培训而言，培训的效果取决于"效应律"和"强化"的共同结果，在技能培训、行为指导和管理开发上应用比较广泛。

　　2. 认知主义学习理论

　　认知主义不重视经验，它认为应将当前问题的结构作为找出答案的关键所在，学习者对问题的解决主要依赖于对整个问题的结构（即其间的主要关系）的认识。在学习过程中，这一理论强调三种系统的作用：一是动作的作用；二是映像的作用；三是符号的作用。认知就是一个在大脑中进行编码的过程。其主要代表理论有信息加工理论。认知主义学习理论对知识、能力的培训在实践中有很大的指导意义，多用于知识创新和自我学习上。

　　3. 人本主义学习理论

　　人本主义学习理论兴起于20世纪50年代末至60年代。它是独立于行为主义和认知主义理论之外，专门研究人的本性、潜能、经验、价值、生命意义、创造力和自我实现的。人本主义最具代表性的理论是需求理论和成就动机理论，其理论更重视人的因素，把人看作是学习的主体，突出了人在学习过程中的能动作用和主动性。现在以体验为主的培训方法模拟、案例研究、角色扮演等都是以人本主义理论发展而来。

4. 构建主义学习理论

构建主义是当代学习理论的最重要的发展。构建主义学习理论是 20 世纪 70 年代末才兴起的。它根源于认知主义，主要也是对认知问题的研究，但它看到的知识是发展的，由学习者内在建构的，也就是强调学习者对知识的加工，它认为学习者是在自己所处的环境中、与社会和组织的人际互动中构建自己的知识。其最有代表性的是认知灵活理论。认知灵活理论的学习观很独特，被总结为随机通达教学观、知识结构的网络概念、情景化教学、社会性学习等。随着多媒体计算机和因特网的迅速普及，构建主义学习理论对现代教学方式的影响越来越大。

5. 成人学习理论

成人学习理论是在满足成人学习这一特定需要的理论基础上发展起来的，因为大多数教育理论和正规教育机构都是专门针对孩子和年轻人的。传统的教育法是教育孩子的艺术和科学，是教育理论的核心内容。麦克科姆·劳勒斯提出了成人教学法，把成人教育和以前的普通教育区别开来，并且取得了很好的效果。

安全培训的对象是成人，所以只有在进行安全培训之前明确了成人的学习特点，在制定培训计划的时候才能有的放矢。成人学习主要有三个原则：①成人把许多的经验带进学习中；②成人希望能以实现生活中的问题和任务为核心；③成人习惯于积极和自我引导的方式。

总体上说，成人学习一般遵循这样的规律：第一阶段是激发起对过去的经历的回忆，让学习者回想自己以前做了些什么，是在什么情况下运用什么方法做的；第二阶段，启发学习者对这些经历进行反思，检讨这些经历的成功与失败之所在，看看他们以前做得怎么样；第三阶段就要引导他们着力去发现他们自己还缺少哪些引导成功的理论、方法和工具。即确定他们自己应该学习些什么，即所谓明确学习目标；第四阶段是进入学习理论、技巧、方法和工具的过程；第五阶段则要将新学的内容进行模拟运用，包括练习、试验、写作学习报告或论文等。经过这样五个阶段之后，才能说完成了一个简单的学习过程。而实际的学习，则需经上述五个阶段的不断循环提高才能实现。

因而，企业在设计开发对员工的培训时，要充分了解和考虑成人培训学习的特点。在设计培训体系中，应注意提供给员工足够的自我导向空间。

9.2.2 安全教育培训的主要内容

安全教育的本质，从某种意义上说，就是力图通过对广大员工的教育、培训，使他们在工作实践中的不安全行为表现减少，或使不安全行为转化为安全行为。这一不安全行为减少或转化的过程，不仅需要掌握各种安全知识、法规，而且需要借助各种心理科学、行为科学的原理、手段，力图改变广大员工的内在心理结构、动作习惯、风险决策及回避危险的各种安全技能等。当然，这只是从个体角度来看。为了有效预防各种事故的发生，亦需要群体、组织的建设，这主要要考虑群体规范、组织结构、组织士气及领导作风等的优化。

我国传统的安全教育在预防事故方面也发挥了很大作用，它在各种预防措施中占有极为重要的地位。其内容一般包括法制教育、劳动纪律教育、方针政策教育、安全技术训练及典型经验和事故教训的教育等。安全教育之所以非常重要，首先在于它能提高企业领导和广大员工搞好安全生产的责任感和自觉性。其次，安全技术知识的普及和提高，能使广大干部、员工掌握安全生产的客观规律，提高安全技术水平，掌握检测技术和控制技术的科学知识，学会消除工伤事故和预防职业病的技术本领，搞好安全生产，保护好自身的安全和健康，提高劳动生产率以及创造更好的劳动条件。

进行法制教育特别是劳动安全卫生法规教育是安全教育的一项重要内容。应使员工对包括安全法规在内的国家的各种法律、法令、条例和规程等有所了解和掌握，以树立法制观念，这对安全生产是一个重要保证。

安全技术知识教育，包括一般生产技术知识、一般安全技术知识和检测控制技术知识以及专业安全生产技术知识。安全技术知识是生产技术知识的组成部分，是人类在生产斗争中通过惨痛教训积累起来的。安全技术知识寓于生产技术知识之中，对员工特别是对青年员工进行教育时，必须把两者结合起来。

安全意识教育应纳入安全教育的重要内容，利用活生生的事故案例的教育来强化安全意识具有很好的效果。

另外，宣传安全生产的典型经验，从工伤事故中吸取教训也应是重要内容。坚持事故处理"四不放过"，即事故原因未查清不放过、责任人员未处理不放过、整改措施未落实不放过、有关人员未受到教育不放过。

对我国来讲，员工安全心理素质的培养和安全心理训练是一个新的安全教育和培训的领域，也是未来发展中必然要开展的工作。

9.2.3 安全教育培训的主要形式

目前我国的安全教育培训大致分为强制性安全培训和非强制性培训两种。强制性安全教育培训由国家安监总局监督管理，包括生产经营单位主要负责人、安全生产管理人员和特种作业人员的培训。非强制性安全教育培训，根据各产业部门和各地区的实践，大致有三种形式，即三级教育、经常性教育和其他形式的安全教育。本节只对非强制性安全教育培训进行介绍。

1. 三级教育

三级教育即新工人入厂(矿)教育、车间教育和岗位教育,它是厂矿企业安全生产教育制度的基本形式。

(1)入厂(矿)教育。对新入厂、矿的工人或调动工作的工人以及到厂、矿参加实习的学员,在分配到车间和工作地点以前,必须进行包括以下内容的初步安全教育:本单位安全生产的一般状况;企业内特殊危险地点的介绍;一般入厂(矿)安全知识和预防事故的基本知识。教育的方法采取报告、座谈、参观和看展览、挂图、幻灯、录像及安全电影等。可依一次入厂人数的多少、文化程度的不同而采取不同的方法。但必须切实有效,力戒内容空洞、枯燥无味和走过场、定形式。

(2)车间教育。这是新工人或调动工作的工人在分配到车间(区队)时所进行的第二级安全教育。教育内容包括:本车间的生产概况、安全生产情况;本车间的劳动纪律和生产规则、安全注意事项;车间的危险地区、危险机件、尘毒作业情况以及必须遵守的安全规程。教育的方法一般包括安全人员谈话、实地参观和直观教育等,使新工人对安全生产知识有一个概括的了解。

(3)岗位班组教育。新工人到了岗位,在工作开始前,由班组进行第三级安全教育。教育内容力求生动具体,包括工段、班组安全生产概况;工作性质和职责范围;岗位工种的工作性质;机具设备的安全操作方法;各种安全防护设备的性能和作用;工作地点的环境卫生及尘源、毒源、危险机件、危险区的控制方法,以及个体防护用具的使用方法。还要讲解发生事故时的安全撤退路线和紧急救灾措施。教育方法一般是以老带新、师徒合同、包教包学,把安全知识与生产操作方法紧密结合起来,经过考试合格后才能分配到岗位工作。

2. 经常性安全教育

经常性安全教育是职工业务学习的必修内容,应贯穿于生产活动之中,这也是劳动安全管理的经常性的工作。根据实践经验,教育的形式有:安全月、安全周、安全知识竞赛、安全活动日、班前班后会、安全会议、广播、黑板报以及事故现场会、安全教育陈列室、安全教育展览会和安全教育录像、电影等。

3. 其他形式的专门训练

其他形式的专门训练包括本单位人员的脱产外出学历和非学历进修学习,针对如电工、起重工、矿山放顶工、绞车驾驶员、锅炉工、通风工、瓦斯检查员、车辆驾驶员等接触不安全因素较多的工种,根据本单位安全生产要求进行的专门训练,以及各类违章强训等的学习。

9.2.4 提高安全教育效果的方法

厂矿企业进行经常性安全教育的方法，通常有安全会议与谈话，权威或教师的讲课，出版安全情况简报、安全读物、黑板报，放映幻灯、录像或电影，口头或书面的安全指导等。

一般意义的教育对工人是有限度的，即使工人受过教育，读过刊物，看过图片、电影等百次以上，也未必能很好地应用于实践中。尤其是流于形式的安全意义及安全必要性的一般性的教育，难以指出何种情况及在何处应如何去做的具体安全技术，所以教育效果是有限的。对工人具体个别的安全技术训练主要依靠基层管理、车间技术人员以及工段长和班组长等老工人去进行。因为他们具有权威性，又经常与工人密切接触，能将一般性的安全技术知识和日常的工作、具体的机器、工具及工艺流程相结合。把安全技术教育和监督检查结合起来，把检查安全操作情况和控制产品或工程质量结合起来，有针对性地教育工人了解工伤事故的类型、场所、原因，结合工人本岗位的工作，告知他不安全因素的所在，有何特殊危险应多加小心，应做什么事情以避免伤害，这才会取得良好的效果。生动地讲解安全操作规程，第一次能引起较大的兴趣，但若枯燥无味地重复，则会流于形式，倒不如由老工人、班组长包教包学地结合工艺过程，在提高生产技巧的同时，贯彻安全操作方法的内容为好。基层干部或班组长根据以往的事故教训，讲解一些不安全行为的最初企图（即动机），这样，工人学得快、效果好，并可使思想和安全行为并进。

“会议型”的安全教育也能有很好的收效，条件是在开会之前企业领导或安全会议主持人，应预先选出讨论的主题，请各基层干部和职能科室负责人、工人代表，按计划的程序讨论各部门工伤事故的主要原因，并鼓励与会人员踊跃参加辩论，以提高认识和明确应采取的改进措施。还可用典型事故研究不安全行为的危害和正确行为的好处。总之，应当变演讲式的会议为“圆桌式”的会议讨论，并鼓励在会上提出咨询并答复安全生产问题。

有的单位为进行“安全操作规程”的教育，将规程印成袖珍本，并以浅显的语句描写一些常易违反的安全规定（也有的写成顺口溜，以便于记忆），使工人将重要规程铭记在心，效果很好。

在具体的教育过程中，还要运用注意心理规律和记忆规律，以提高安全教育的效果。比如，运用多种生动活泼的形式，如安全知识竞赛、有奖问答、安全漫画、猜安全谜语等，以引起人们的无意注意，并有利于加强记忆。此外，利用安全警示标语牌来发挥其经常性的提醒作用，也是安全教育的一种好方法。

9.3 培训效果评价

9.3.1 培训效果评估的价值

培训是人力资源开发的重要手段，它不仅可以为组织创造价值，而且可以为组织获得竞争优势，更有助于企业迎接各种新的挑战和调整。培训的重要性已毋庸置疑，但培训的效果又如何呢？很多企业的培训是"虎头蛇尾"，只重视培训前的过程，忽视培训的真正效果和实效性。因此进行培训效果的评估是十分必要的。

培训评估是指收集培训成果以衡量培训是否有效的过程，包括事前评估与事后评估。事前评估是指改进培训过程的评估，即如何使计划更理想。事前评估有助于保证：①培训计划组织合理且运行顺利；②受训者能够学习并对培训计划满意。事后评估是指用以衡量受训者参加培训计划后的改变程度的评估。即受训者是否掌握了培训目标中确定的知识、技能、态度、行为方式，或是其他成果。事后评估还包括对公司从计划中获取的货币收益（也称作投资回报）的测量。事后评估通常应用测试进行行为打分，或绩效的客观评价标准（如销售额），或事故发生次数，或开发专利项目来评价。通过对事前和事后评估的描述，可以有以下收获：①明确计划的优势和不足，包括判断计划是否符合学习目的的需求、学习环境的状况及培训在工作中是否产生了作用；②检查计划的内容、组织并管理日程安排、场地、培训者及使用的材料是否有利于学习和培训内容在工作中的应用；③明确哪些受训人员从计划中获益最多，哪些人获益最少；④了解参与者是否愿向他人推荐该项计划，为何要参与计划及对计划的满意度；⑤进行培训与不进行培训的成本与收益（如重新设计工作或更优的雇员甄选系统）；⑥对不同培训计划的成本和收益作一比较，从而选择一个最优计划。

9.3.2 培训评价中的重要指标

标准的相关度是指培训成果与培训计划中要求之间的相关性。胜任一项培训计划所需的各种能力要和从事一项工作所需的能力保持一致，希望从培训中收集到的成果与受训者实际在计划中学到的成果尽可能相似，使取得的成果具有相关性的一个方法，是要根据计划的学习目标来选择成果。本书前面讲过学习目标能够决定预期行为，受训者实施行为所需的条件及绩效的水平或标准。效标污染是指用培训成果衡量能力的不合适程度或受无关情况的影响程度。例如，假设将一名管理者的工作绩效评估作为培训成果，受训者可能会得到一个高分，而这仅仅是因为管理者知道他们参加了培训计划，相信培训计划本身是有价值的，因此给了一个高分，使培训看起来对绩效产生了积极影响。标准被污染也可能是由于收集衡量成果的尺度时所处的条件与学习环境不同所致。即受训者可能被要求在与学习环境所用的设备、时间限制或自然工作条件不同的情况下施展所学能力。

信度是指一项成果的测量结果长期稳定程度。例如，一名培训者对餐馆的员工进行了一次笔试来衡量他们掌握安全标准知识的情况，进而可以评估他们参加的安全培训计划。信度高的测试是指受训者对测试题目的含义和解释在经过一段时间后并没有发生改变。它可以使受训者相信，相对于培训前所做的测试分数的提高是由于参加培训的学习，而不是由测试特点（如第二遍看题时更易理解）或测试环境（如受训者之所以能在培训后的测试中表现得更好是由于教室更舒适、更宁静）决定的。

9.3.3 安全培训效果评估反馈

安全培训评估是对培训效果的综合评估，包括间接评估、直接评估、现场效果评估，对员工在培训时的参与性、理解性、学习效果及其在培训结束后，是否有工作行为上的改变进行评估，同时也需要由受训者对培训教师进行评估。

培训评估是监督和检查培训效果不可缺少的一个环节，只有重视培训的全面评估，才能改进培训质量、提高培训效果、降低培训成本。因为培训评估不仅关系到培训工作本身是否做到位，更是一个不断反思的过程，反思怎样进行培训才能达到更好的效果，反思怎样才能把培训落到实处。培训效果评估，主要包括四个层面：反应层面、学习层面、行为层面、结果层面。前两个层面的评估较易在培训过程中实现，是比较基本、普遍的评估方式，可以通过问卷、笔试、角色扮演、技能测试等形式来进行。反应层面旨在考查受训人员对培训的内容、方式、培训师等的满意度；学习层面旨在了解受训人员通过培训，在知识以及技能的掌握方面有多大的提高。

而后两个层面的评估发生在培训之后，用来衡量受训内容运用到工作中是否有助于提升企业效率。行为层面的评估主要由上级或同事观察受训员工行为在培训后是否发生变化，是否有助于推动个人及部门工作。结果层面的评估主要衡量企业是否因为培训而经营得更好。

9.3.4 安全培训效果的改进提高

安全培训工作是一个系统工程。以人为本，提高人的安全素质是该项工作的重要核心。只有通过加强安全培训，提高人的安全意识，增强安全素质，才能保障安全生产，做到人人重视安全、人人懂得安全，安全管理人员能抓、会管；才能真正提高企业的安全生产管理水平。安全培训工作不仅涉及计划分析、培训实施、评估反馈等诸多环节，还需要建立一个不断改进提高的环节，才能确保安全培训效果的不断提高，才能保障企业的安全生产目标的实现。

复习思考题

1. 为什么要进行安全培训需求分析？安全行为培训需求的目的、内容、层次是什么？
2. 简介主要的安全行为培训理论，并分析与安全培训的关系。
3. 培训效果评估反馈对安全培训效果的改进有何价值？

第 10 章

群体行为与安全

10.1　群体及其特征

10.1.1　群体的概念

1. 定义

群体是两个以上相互作用、相互联系的个体的组合，但群体并不是个体的简单集合，而是介于组织和个人之间的人群结合体，是构成组织的基本单位。"群体"与"多人"是有区别的。例如，一般情况下，医院里就诊的病人、公共交通上的乘客等都不能称之为群体。因此，群体（group）的定义是，由两个以上的人组成的，为实现特定目标而相互依赖、相互影响，并遵守其成员行为规范的人群结合体。

2. 条件

群体的内涵群体作为个体的普通存在形式，是个体有条件的特殊组合，应具备以下的条件。

（1）有明确的成员关系。群体内部有一定的等级分工，各成员之间相互依赖，在心理上彼此意识到对方的存在。

（2）有持续的互动关系。群体成员之间在行为上相互影响，彼此之间有经常的、密切的相互接触和联系。

（3）有共同行动的能力。群体的各成员是因共同的目标或工作而组织在一起的，并对外界环境的各种挑战作出反应。

（4）有一致的群体意识。成员有"我们同属一群"的感受，群体内部建立有其各成员都应共同遵守的价值标准和行为规范。

10.1.2　群体的功能

群体的功能有以下几个方面：

（1）完成组织赋予的任务。这是群体最基本的功能。每一个组织（企业）都有其总目标和总任务，要达到此目标，就必须通过分工与合作，把任务逐级下达给所属的群体去推进和完成。在安全管理中，企业组织所确定的安全总目标必须通过车间、科室，直至班组这些不同层次和不同职能的群体来共同完成。群体围绕着工厂安全生产的总目标，层层分解，展开细化成各个群体的具体目标，并采取有效的组织手段和技术措施来加以落实，在各自的职责范围内加强安全管理，搞好安全生产，从而确保工厂安全目标的实现。

（2）进行有效的信息沟通。群体是人们了解别人，了解社会的一个窗口。在群体里，其成员可以利用各种正式渠道和非正式渠道，互通消息，交换情报，沟通与各方面的信息。如有关安全生产方面的法规、制度，国内外安全生产的科技情况，兄弟单位的安全生产经验或事故教训，以及群体内的安全生产动态，成员各种情况的变化等，都可以在群体内迅速而又广泛地传播。正因为群体能疏通多方面的信息渠道，因而能够满足成员对信息的需要。

（3）协调组织内的人际关系。人们长期地在一个群体中工作、学习、生活，既可能形成亲密友好的关系，也可能会产生一些隔阂和冲突。群体的作用就是根据这些隔阂和冲突产生的不同原因，利用群体的力量，有针对性地做好思想教育工作；通过心理咨询活动、开展批评与自我批评等方式，协调好人际关系，促进人与人之间的感情交流和相互了解，消除各种隔阂和矛盾，增进群体成员的团结协作和增强群体的内聚力。

（4）促进成员间的相互激励。实行激励可以调动人的积极性，对于提高安全生产绩效具有重要作用。群体可为成员提供对自我认识、相互竞争的环境。一方面，通过群体成员之间的思想交流，可以巩固自己原来的不确定、不定型的看法和意见，增强个人的自信心，完善自我认识；另一方面，通过相互交往，看清别人的长处、发现自己的短处，从而激励群体成员奋发向上的精神，形成你追我赶、相互竞争、共同提高的良好风气。

（5）满足群体成员的心理需求。群体成员的需求是多种多样的，有的可以通过工作得到满足，有些则要通过群体来满足。一般认为，群体可以满足其成员以下几种心理需求：

1）获得安全感，个体在群体中可以免于孤独、恐惧，获得心理上的安全感。

2）满足归属的需要，群体中的个体可以与其他成员建立联系，通过交往获得友情和支持，当个体生病、疲劳、遇到困难时，能得到群体成员的互助和鼓励。

3）满足自尊的需要，个体在群体中的地位，如受人尊重、受人欢迎等都可以满足自尊的需要，同时也会产生自我确认感。

　　4）增加自信和力量感，在群体中经过大家共同讨论，交换意见，得出一致的结论，可以使个体对某些不明确的、无把握的看法获得支持，增加信心。

　　企业安全管理必须依赖于企业群体的上述功能，以维持企业安全组织工作的有效性和正常运行。

10.1.3　群体的类型

　　群体的类型多种多样，依照不同的标准，可以把社会群体划分为不同的类型。

　　（1）按照群体内的人际关系，可分为初级群体和次级群体。

　　（2）按照群体的规模可分为大型群体和小型群体。前者通常指社会组织，后者指小群体。

　　（3）按照群体成员个人的归属感可划分为内群体与外群体。

　　（4）按照其他特征还可以分为主要和次要群体，联盟制、会员制和参照群体，正式和非正式群体，命令型、任务型、利益型和友谊型群体等。

　　以下主要介绍几种在组织研究中常用的群体类型。

　　（1）正式群体。正式群体是指组织结构确定的、职务分配很明确的群体。在正式群体中，一个人的行为是由组织目标规定的，并且指向组织目标的。比如现代组织中财务、市场、生产和人力资源等各种职能部门，还有企业中流行的跨职能团队都是这一类型的群体。

　　（2）非正式群体。非正式群体是那些既没有正式结构，也不是由组织确定的联盟。它可能是出于政治、友谊或共同兴趣的原因而形成的。比如几个来自于不同部门的职工常常在一起吃午餐，并在周末一起打乒乓球。

　　非正式群体对于组织有积极和消极两方面的作用。它的积极作用包括：使组织成为更有效的完整系统；减少管理者的工作量；弥补管理者的能力缺陷；为雇员的情绪提供一个安全的释放通道；促进沟通等。另一方面，它也可能产生一些消极作用：与正式群体目标冲突；限制群体成员的产出；从众行为；阻碍进取；抵制变革等。

　　由于非正式群体总是不可避免地存在，而且非正式社会网络具有巨大的影响力，有时会超过正式组织等级的影响力。所以它的作用应该被开发出来以促进组织目标的实现。

　　（3）群体还可以具体细分为以下类型。

　　1）命令型群体：组织结构规定的、由直接向某个主管人员报告工作的下属组成的群体。如，一个市场营销部经理和他的十名下属组成一个命令型群体。

　　2）任务型群体：为完成一项任务而在一起工作的人组成的群体，一般也是由组织结构决定的。任务型群体的界限不仅仅局限于直接的上下级关系，还可能跨越直接的命令关系。如，为解决制造载人航天飞机过程中的一个难题而建立的专家小组就是一个任务型群体。应该指出，所有的命令型群体都是任务型群体，但任务型群体却不一定是命令型群体。

3）利益型群体：大家为了某个共同关心的特定目标而走到一起的群体。比如，公司中的一些职工为了与管理方协商工资办法的修改方案而结合在一起组成的群体。

4）友谊型群体：基于成员共同特点而形成的群体，这些共同特点可能是年龄相近、性格相似、同一所学校毕业、有同样的业余爱好等。这种群体往往是工作情境之外形成的。

这四种群体中，前两种多见于正式组织中，而后两种则是非正式的联盟。

10.1.4 群体的形成与发展

1. 群体形成的动力

前面提到了个人出于各种需要加入群体，但人们是如何形成群体的？为什么一个群体中有甲和乙，却没有丙和丁呢？人们常说"物以类聚，人以群分"，这又是什么道理呢？研究者提供了下面这样一些理论帮助解释这些现象。

（1）相近性理论。相近理论实际只能算一个简单的解释，而不是一个理论。它提出，人们相互亲近是因为他们在精神上或空间上的接近。比如，在公司里，一个办公室里的同事比办公室相隔较远的同事之间更容易形成群体，班级里座位相邻的同学比不同角落里的同学更容易形成群体。

（2）霍曼斯（Geoge Homans）三要素理论。霍曼斯的理论建立在活动、交往和感情之上。这三个要素互相联系：人们共同进行的活动越多，他们交往的次数就会越多，他们之间的相互情感（喜欢或者不喜欢的程度）也会越强烈，而相互喜欢的情感越强烈，又会导致他们之间共同活动和交往的次数增多。而在一个群体中，相互的交往也是合作和解决问题以实现组织目标的基础。

（3）平衡理论。古人说"道不同，不相为谋"，换个说法，就是"与之为谋者，同道也"。说明人们组成群体，是有某种共同基础的。国外有学者的研究证明了这个道理，纽康姆（Theodore Newcomb）的群体平衡认为，人们之间相互吸引是基于他们对与双方都相关的共同目标具有相似的态度。

如图 10-1 所示，个体 X 与个体 Y 交往，并建立关系形成群体，因为他们有共同的态度和价值观。一旦这种关系形成，参与者将努力在共同的态度和价值观之间保持对称的平衡。如果不平衡出现，将会付出努力恢复平衡。如果平衡不能被重建，这个关系将瓦解。

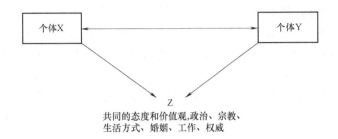

图 10-1　群体形成的平衡理论

2. 群体的发展阶段

人的一生有不同的发展阶段，最近的研究表明，群体的发展没有固定和标准的模式，不同类型群体的发展过程可能存在一些差异。但一般群体的发展通常可以被划分为几个阶段，本节将介绍人们比较熟悉的两个模型：群体发展五阶段模型和最近研究发现的间断-平衡模型。

（1）群体发展的五阶段模型。关于群体的发展阶段，20 世纪 60 年代中期，人们普遍接受五阶段模型，即群体发展要经历形成阶段、震荡阶段、规范化阶段、执行任务阶段、中止阶段五个阶段的程序，如图 10-2 所示。

图 10-2　群体发展的模型

第一阶段：形成（forming）。形成阶段的特点是不确定性，甚至是混乱。群体成员不确定群体的目标、结构任务和领导权，各自摸索群体可以接受的行为规范。当群体成员开始把自己看作是群体的一员时，这个阶段就结束了。

第二阶段：震荡（storming）。震荡阶段的特点是冲突和对抗。群体成员接受了群体的存在，但对群体加给他们的约束，仍然予以抵制。而且，对于成员的角色、责任、控制权等也还存在大量的争执。这个阶段结束时，群体的领导层次就相对明确了。

第三阶段：规范化（norming）。经过震荡期后的调整，规范期群体内部成员之间开始形成亲密的关系，群体表现出一定的凝聚力，并开始进行合作和协作。当群体结构稳定下来、群体对于什么是正确的成员行为达成共识时，这个阶段就结束了。

第四阶段：执行任务（performing）。在这个阶段中，群体结构已经开始充分地发挥作用，并已被群体成员完全接受。群体成员的注意力已经从试图相互认识和理解转移到努力高效地完成群体任务。

第五阶段：中止阶段（adjourning）。对于长期性的工作群体而言，执行任务阶段是最后一个发展阶段，而对暂时性的委员会、团队、任务小组等工作群体而言，还有一个中止阶段。在这个阶段中，群体开始准备解散，注意力放到了群体的收尾工作。群体成员在这时的反应差异很大，有的很乐观，沉浸于群体的成就中，有的则很悲观，惋惜在工作群体中建立的友谊关系不能延续下去。

以下是对五阶段模型的一些补充解释。

1）冲突可能有利于群体绩效。一般会认为，群体从第一阶段发展到第四阶段，随着冲突的减少和群体成员关系越来越亲密，群体会变得越来越有效，但在复杂的因素影响下情况却未必如此。一些研究表明，一定水平的冲突有利于群体绩效的提高，比如一些与工作相关的争执和冲突对于避免错误和提高绩效很有效果。所以，有时会出现群体在第二阶段的绩效超过第三和第四阶段的情况。

2）各阶段间不一定有明确的界限。很多人用五阶段模型对照自己所处的团队，发现并不吻合。事实上，正如前面提到的，群体的发展并没有固定的模式，并不总是明确地从一个阶段发展到下一个阶段的。有时，几个阶段同时进行，比如一个执行紧急抢险任务的群体，就可能同时进行前四个阶段。

3）群体发展的五阶段模型是在不考虑组织环境的条件下探讨群体发展可能经历的阶段。这里的"组织环境"包括群体完成任务所需要的规则、任务的内容、信息和资源、角色的分配、冲突的解决、规范的建立等。所以，五阶段模型提供的是一个分析群体内部作用变化的分析方法，而不是一个用来对照现实群体发展的严格的工具。

（2）间断-平衡模型。20世纪90年代提出来的"间断-平衡模型"也称为"点状均衡模型"，研究人员对十多个任务型群体进行了现场和实验室研究后，发现群体的形成和变革运作方式在时间阶段上是高度一致的：①群体成员的第一次会议决定群体的发展方向；②第一阶段的群体活动依惯性进行；③在第一阶段结束时，群体发生一次转变，这个转变正好发生在群体寿命周期的中间阶段；④这个转变会激起群体的重大变革；⑤在转变之后，群体的活动又会依惯性进行；⑥群体的最后一次会议的特点是，活动速度明显加快。这个过程如图10-3所示。

第一次会议是群体发展的开始，这时，成员们一起决定群体发展的方向，确定群体的基本规范和未来的行为模式。这些内容成为群体发展方向的大框架，在群体发展的前半阶段会基本维持不变。在这个阶段中，群体按惯性保持最初的一种活动模式，一般不会轻易改变。

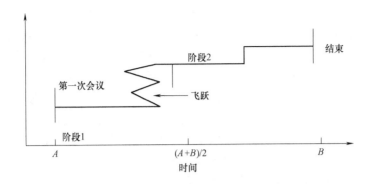

图 10-3　间断-平衡模型

　　在这些研究中，出现了一个共同的现象引起了研究者的兴趣。研究发现每个群体都在其寿命周期的同一时间点上发生转变——正好在群体的第一次会议和正式结束的中间阶段——尽管这些群体完成任务的时间并不相同，有的几个小时，有的几个月。但是，存在一个普遍的现象，似乎每个群体在其存在时间的中间阶段都要经历危机。这个危机点促使群体成员认识到，时间紧任务重，必须迅速行动。这个危机点成为第一阶段结束的标志。成员们认识到必须开始变革，抛弃旧的模式，采纳新的观点。

　　如果这种认识转化为实际行动，转变调整后的群体就进入了发展的第二阶段。这一转变对于群体来说是一次提升和促进，群体开始在新的水平上发展。第二阶段是一个新的平衡阶段，或者说又是一个依惯性运行的阶段。在这个阶段中，群体开始实施在其转变时期创造出来的新计划。

　　当群体完成工作任务后，最后一次会议会成为一个总结，标志着群体任务的结束。

　　总之，群体的间断-平衡模型强调的是群体发展中期的转折点，群体在其长期的依惯性运行的存在过程中，会有一个短暂的变革时期，这一时期的到来，主要是由于群体成员意识到他们完成任务的时间期限和紧迫感而引发的。如果能利用好这一特殊时期对群体进行变革提升，就能改善群体绩效，使群体发展上升一个台阶。

10.2　群体行为

10.2.1　群体行为及其特征

　　群体是由个体构成的，因此群体行为也离不开个体行为。但是群体行为并不是个体行为的简单相加。这是因为，当某一群体把其成员凝聚在一起的时候，就不再以个体的意识、目的为转移，而是具有该群体的意识和目的，并且具有其特定的社会性，该群体的活动效果反映着整个行为主体的状况。例如，厂长在考查各车间安全管理状况时，可以有许多不同的标准，来评价每个车间工作的好与坏，但这些标准的出发点均不是衡量哪个人，而是衡量整个车间。群体在其组织内部的一切活动，其发挥作用的性质、大小、方式等，均属于群体行为。任何一个群体，自其建立形成之时起，就是作为群体来进行活动并且产生相应影响的。因此，群体行为主体在组织内进行的活动就是群体行为。

群体行为一般具有以下四个方面的特征。

（1）群体行为是有规律的行为。任何群体中，均存在着活动、相互作用和感情三个要素，群体是通过这三个要素而存在的。活动即人们所进行的工作，所从事的任务；活动的完成，取决于群体成员对活动的认识、态度和感情，以及相互间的协作与配合；群体成员的思想感情的融洽对任务的完成和相互间的合作具有重要的意义。在上述三要素相辅相成的过程中是有群体行为变化规律可循的。群体行为作为有意识、有目的的活动，既受到社会特别是所从属的组织的群体规范制约，又受到群体内的成员的个体意识、需要、态度和动机等的影响。因此，安全管理心理学对于群体行为的研究任务就是对群体行为变化规律的掌握及其对安全生产的影响。

（2）群体行为是可以定性或定量测量的行为。群体行为的某些方面可以进行定性分析，例如，一个车间或班组对安全规章制度的执行是严格还是涣散，车间职工安全意识水平高还是低等。就群体行为的某些具体指标来看，可以进行定量的测量，如一个车间或班组的危险隐患整改的个数，违章行为发生的次数，全年安全教育的人数等，可以通过这些定量指标确定该车间或班组的安全生产基本状况。总之，对群体行为进行测定，有利于分析一个群体的现状，从而进行正确诊断，找到促使其行为合理化和提高绩效的正确方法。

（3）群体行为是可以划分为不同类型的行为。对群体行为予以定性和定量测量之后，可以根据测量结果把群体行为划分为若干类型。首先，从群体行为的作用来划分，可以划分为积极行为类型和消极行为类型。其次，从群体所承担的主要任务来划分，可以划分为主要行为类型与次要行为类型。再次，从一定时期内在群体中起主导作用的行为来划分，可以划分为主流行为类型和支流行为类型。最后，从行为持续时间及行为目的来划分，可以分为长期行为类型和短期行为类型。

（4）群体行为是对其成员的个体行为有重大影响的行为。群体中的个体要受到群体规范和纪律的约束，同时成员个体在群体中具有归属感，因此群体的行为必然会对其中个体的行为产生重大影响。例如，一个生产班组在生产作业过程中以遵章守纪为主流行为，则其成员一般都会遵章守纪，也就制约了员工个人的违章行为发生。

10. 2. 2　群体的环境条件

要理解工作群体的行为，首先应该从系统的观点来分析。就是说，应该把群体放在它所处的环境中，把它看作是大的组织系统中的一个部分。这时，大的组织系统中就会有下面这样一些因素对群体产生影响。

1. 组织战略

群体是生存在一个组织中的，组织的整体战略会对群体有直接的影响。这些影响可能通过任务、资源、权利等的分配和安排作用于群体。举例说明，假如一所大学的目标是在 10 年内建设成为以社会科学为主的研究型大学，它的战略会定位在加强社会科学类学科的专业建设，以及鼓励教师的科研工作、对学生科研能力的培养等方面。这个战略应是由学校的管理人员共同确定的，那么这个战略会如何影响群体呢？管理人员会开始重视相关院系的工作，如社会学院、经济学院、公共管理学院等，学校会了解他们的学科建设计划，和专家一起讨论合理的方案，为他们制订一些工作目标，给予相应的资源和政策的支持，并定期检查保证计划实施。阶段目标实现时，也许还会给予这些院系适当的奖励。一个院系作为一个群体，它的发展目标、具体措施、内部资源的分配、成员的相互作用都会受到学校这一系列活动的影响，群体会采取相应的行动作为回应。

2. 权力结构

权力结构就是组织里的权力分配体系，一般是由正式的组织结构决定的。权力表现为组织成员之间的一种组织关系，在组织结构中的上下层次关系和横向部门机构中，都包含着权力的分配关系。从权力结构中能看出谁掌握决策权，谁有权下命令和分派任务，谁向谁汇报工作。

组织的权力结构通常决定着一个工作群体在组织中的位置，它影响了一个群体的正式领导与组织的正式关系以及群体领导与他的群体成员的关系。有的群体可能会由群体内的一个非正式领导控制，但作为组织正式任命的领导，群体的正式领导会具有群体内其他成员所没有的权力，这些权力会影响群体的运行情况。

3. 正式规范

与组织的非正式的规范相比，正式规范一般是成文的，是大家都必须遵守的明文规定。组织一般会采用规则、程序、说明、政策等形式作为正式规范来使职工的行为标准化。

现在流行的特许经营的形式，虽然允许独立经营，但很多规范是要服从总部的要求的。例如，IBM 的销售店面都采用统一的装修风格；麦当劳公司对经营过程有严格的要求，包括填写菜单的格式、烹调汉堡包和灌装饮料的方法都设有标准的工作程序。所以，取得特许经营资格的工作群体只能在有限的范围内制定自己独立的标准。

组织中各部门的情况也类似，组织要求全体职工遵守的正式规定越多，组织中各个工作群体的成员行为就越一致。

4. 组织资源

组织所拥有的资源也影响着群体的活动。各种资源，比如资金、时间、原材料、设备是由组织分配给群体的，这些资源是富裕还是短缺，对工作群体的行为有着巨大影响。因为群体在工作中是需要支持的，这些必要的支持直接决定群体是否能正常的运转下去。有些组织规模大，资金充足，各种资源丰富，群体就有可能得到充分的工作支持，它们的员工就可能拥有高质量的工具和设备来完成工作任务。然而，如果一个组织资源有限，那么它的工作群体所能拥有的资源当然也就比较有限。所以，从这个方面说，一个工作群体所能完成的工作在很大程度上取决于其资源条件的充足与否。

5. 人员甄选过程

工作群体是由成员组成的，而工作群体的成员首先是这个群体所属的组织的成员。比如，一所大学的经济学院的教师既是经济学院教职工群体的成员，又是全校教师队伍的成员。而经济学院在招聘教师时必须考虑学校对教师的标准和要求。因此，一个组织在甄选职工的过程中所使用的标准，将决定这个组织工作群体中成员的类型。在很多情况下，这些标准还不仅仅是知识、学历和经验上的，而是包括个性、价值观和文化方面的，这些方面对群体的影响尤为重要。

6. 组织文化

每个组织都有自己的文化，文化是一个组织的"性格"，它是被其成员们接受了的一种规范。组织文化规定了哪些行为是可以接受的，哪些行为是不可以接受的。员工在进入组织一段时间之后，一般就能了解其所在组织的文化。通过观察，他们就能够知道，上班时应该如何着装，组织的规章制度是否都应该严格遵守，在组织中应该如何与领导相处，诚实和正直等品质是否很重要等。组织文化向员工们说明了，组织所重视的价值观是什么，提倡的行为方式是什么。工作群体的成员如果正确认识并接受了组织主导文化所蕴涵的价值标准，就更容易得到组织的承认，并在组织中发挥作用。

10.2.3 群体的结构

1. 成员

根据常识，人们常常会作出这样的判断：群体成员能力越强，群体绩效也会越好。但事实并非如此。作为群体的组成部分，每位成员的能力确实都会直接影响群体的绩效结果，一些研究已经证明，如果一个人具备的能力对于完成任务至关重要，这个人会更愿意参与群体活动，一般来说贡献也会更多，成为群体领导的可能性也更大。但后来人们发现，仅仅依靠成员个体的能力水平是无法预测群体绩效的。群体的业绩不是每个人业绩的简单相加，群体中还有一些重要的因素，如成员间的相互作用也起着重要的作用。

从成员个体上看，能影响群体行为和群体业绩的最重要的因素除了个体的能力之外，还有成员的个性特征。有一些人格特质对于群体生产率、群体士气和群体凝聚力有积极的作用，如乐观外向、善于社交、有责任心等。还有一些特质在不同的文化中有所不同，如在我国传统文化中，更接受谦虚、随和、乐于助人的特质，而美国的文化则更接受独立性强、自主、自信的特质。另外有一些特质，不管在什么样的文化下总会对群体产生消极的作用，如独断专行、统制欲强、孤独悲观等。个性特征能够通过影响群体成员在群体内部相互作用方式而对群体绩效产生影响。

2. 角色

角色这个词最初来自于戏剧中，演员按照剧本中对某个人物的描述进行表演，包括人物的行为、语言和一些细节表现等都要在舞台上反映出来，此时，演员就是在扮演一个角色。莎士比亚说："世界是一个大舞台，所有男人和女人不过是舞台上的演员。"意思是说，生活和工作中也是由一个个的场景和情境组成的，每个人都是演员，在每个场景中扮演着一种角色（role）。扮演一个角色，首先需要一些布景和道具，再通过衣着、仪表、言谈举止等表现出来。

在工作群体中使用"角色"这个词时，是指人们对社会性单位中处于某个职位的人所应该做出的行为模式的期待。如果每个人都只选择一种角色，并可以长期一致地扮演这种角色，那么每个人的行为只需要按一种角色表现就可以了。但是很不幸，人们每天的工作生活都在不停地变换情境，每个人都需要按不同的角色要求来改变自己的行为。

人们在不同的群体中扮演不同的角色时，一般都会经历以下几个阶段。

（1）角色期待。角色期待（role expectation）是指人们按照社会角色的一般模式对一个人的态度、行为提出合乎身份的要求并寄予期望。简单说，就是别人认为你在一个特定的情境中应该作出什么样的行为反应。比如，人们一般会认为大学教授是博学、正直、为人师表、善于引导学生思考、能启发新的思想的；人们还会认为政府公务员应该为民服务，不怕吃苦，清廉自律。当角色期待集中在一般的角色类别上时，就成为角色定式或角色刻板印象了。

（2）角色知觉。社会或他人对角色的期望只是一种外在的力量，还不是角色承担者自己的想法。所以，仅仅有角色期望，并不能预测一个人的行为，人们对角色的扮演更大程度上取决于他们自己对角色的认识、理解，即角色知觉。一个人对于自己在某种环境中应该有什么样的行为反应的认识，就是角色知觉（role perception）。

　　由于每个人的知识背景、价值观念、生活经验、道德水平以及所处的环境不同，因而对同一角色的理解可能会有很大差别。以一位乘公共汽车为例，中国人崇尚尊老爱幼，车上的青年可能会主动给上车的老人让座，老人们认为自己受到帮助和尊敬也会很开心；而美国人崇尚独立、自立，青年认为如果自己给老人让座是对老人身体健康的怀疑，而老人也不愿意受到别人的特别关照和特殊待遇，坚持站着还能表示自己还年轻，身体还很好。

　　（3）角色扮演。对角色的扮演是角色知觉的进一步发展，是人们用实际行动表现出来的角色。比如前面提到的让座的例子，在角色知觉之后，人们表现出来的行为可能是：中国的青年给老人让座，美国的青年没有让座。但是，角色的扮演又不完全取决于扮演者对角色的知觉，它还受到当时主观、客观多方面条件的限制。比如，一位新上任的厂长，对厂长角色的知觉是大胆改革，以全厂的发展为目标，但是在上级领导、下属和员工都不愿面对改革、缺乏信心、胆怯规避的情况下，他就不得不对自己的领导行为方式作一些改变了。

　　（4）角色冲突。当一个人需要同时扮演多种角色时，他就承担了多种角色期待，如果个体服从一种角色的要求，那么就很难服从另一种角色要求，这时就可能会产生角色冲突（role conflict）。在极端情况下，可能包含这样的情境：个体所面临的两个或更多的角色期待是相互矛盾的。

　　角色冲突是从古至今都存在的问题。古代的"忠孝难两全"说的就是人们常要面对的角色冲突。作为孩子要孝顺父母，作为臣民要服从君主，但是一个人的时间和精力是有限的，选择的道路也不能轻易变换，当行孝和尽忠发生冲突，需要作出选择时，人们常常会非常痛苦。

　　同样的道理，在组织内部不同的角色期待也会带来角色冲突，也会影响到组织成员的行为。人们感觉到角色冲突时，内心会产生紧张感和挫折感，需要通过一些行为反应来平衡这种感觉。这时，不同的人可能会选择不同的行为。比如，个体可以采取一种正规的、符合正式规范的做法。这样，角色冲突就可以依靠能够调节组织活动的规章制度来解决。个体还可以采取其他行为反应，如退却、拖延、谈判，或是重新定义事实或情况，减少认知不协调进而消除内心的紧张感。

　　3. 领导

　　一个工作群体一般都会有一个正式领导，比如一个部门的主管、一个研究中心的主任、一个项目组的组长。群体领导对群体绩效具有巨大影响，这种影响是多方面的，比较复杂。本书将在第 11 章中回顾本书前面所述有关领导方面的研究，并研究群体领导对群体成员和群体绩效的影响。

4. 规范

所谓规范，是指人们共同遵守的一些行为规范。广义的规范包括社会制度、法律、纪律、道德、风俗和信仰等，这些都是一个社会里多数成员共有的行为模式。所有群体都形成了自己的规范（norms）。群体通过自己的规范让群体成员知道自己在一定的环境条件下，应该做什么，不应该做什么。对于每位成员来说，群体规范就是在某种情境下群体对他的行为方式的期望。一旦群体规范被群体成员认可并接受以后，它们就成为一种影响群体成员行为的手段了。

群体中有正式规范和非正式规范。其中，正式规范是写入组织手册和规章制度的，规定着员工应遵循的规则和程序。还有一些规范是非正式的，比如，不需要明文规定，员工就知道，应该保持办公室的整洁，不能无休止地和同事闲聊，不能衣冠不整地来上班。再比如，某个单位的领导有逢年过节接受下属礼品的习惯，本来在组织里这是一个很不好的现象，但是如果领导认同了这种做法，并且对送礼的下属表现出特殊的关照，以后就很可能在组织里形成一个非正式的群体规范——过节时应该给领导送礼。

（1）规范的类型。一个工作群体都有自己独特的规范，包括正式的和非正式的，每个群体都不可能完全相同。但就大多数工作群体而言，规范一般可以划分为以下类型：

1）第一类规范与群体工作和绩效方面的活动有关。群体通常会明确地告诉其成员应该多努力地工作，应该怎样去完成自己的工作任务，应该达到什么样的产出水平，应该怎样与别人沟通等。这类规范会直接影响员工个人的工作绩效。

2）第二类群体规范是有关群体成员的形象的，包括应该如何着装，使用什么样的礼仪，在其他地方时应该如何代表群体的形象等。有些组织制定了正规的着装制度，有些则没有，但即使没有这类制度的组织，组织成员对于上班时该如何着装，也有些心照不宣的标准。群体成员被认为应该对组织忠诚，在其他地方不能做有损组织利益的事，如在他人面前贬损自己的群体等。

3）第三类群体规范是一些社交上的约定。这类规范常常来自于非正式群体，主要用来约束非正式群体内部成员的相互作用，包括人们日常交友的范围、谈话的方式、交往的方式等。

4）第四类群体规范对群体的资源分配作了规定。这类规范包括对困难任务的分配、工作所需的工具和设备的使用安排、群体的薪酬和奖励体系等。

（2）规范的形成。群体规范不是一两天形成的，它的形成是一个产生——强化——固化的过程，是需要一段时间的。

一般来说，群体规范是在群体成员掌握使群体有效运作所必须的行为的过程中逐步形成起来的。当然，群体中的一些关键事件可能会缩短这个过程，并能迅速强化新规范。大多数群体规范是通过以下四种方式中的一种或几种形成起来的。

1）重要人物明确的陈述。陈述者通常是群体的主管或某个有影响力的人物。例如，群体领导可能曾经具体地强调过，上班时不得打私人电话，不能在办公室里大声喧哗。

2）群体历史上的关键事件。有的规范是因为某些事件发生后才制定出的。比如，在工作中，曾有人没有穿戴安全防护装备就进入建筑工地，而导致在意外事故中死亡，后来工地上就有了"不戴安全防护装备禁止入内，违者重罚"的规范。

3）过去经历中的保留行为。以往的经历会对人的某些行为进行强化，人们习惯性地认为自己应该这样或那样做。所以很多工作群体在添加新成员时，会关注新成员以往的背景和经历，他们喜欢与群体其他成员有相似背景的人，因为这样的新成员很可能有很多与群体成员相似的"规范"。

5. 地位

虽然做了很大努力尽量实现社会成员地位的平等，但人们发现在追求无等级社会的征途上仍然步履维艰。地位（status）是指人们对群体或群体成员的位置或层次的一种社会性的界定。社会中处处都有等级和地位的差异，很多个人的特征都可以成为地位的象征，如职务、薪水、能力、知识、职业、荣誉等。即使在很小的群体中，也存在地位的差异，这些差异通过权力、角色行为、礼仪等方面表现出来。在理解人类行为时，地位是一个重要的因素，如果个体认识到，自己的地位认知与别人对自己地位的认知不一致，就会对个体的行为反应产生巨大影响。

（1）正式地位与非正式地位。在组织中，地位有正式的和非正式的。正式地位是组织通过任命职务或授予头衔等使个体获得的地位。如，任命一名车间工人为流水线上的班组长，这名工人在班组中就具有了正式地位。在更多的情况下，人们所说的地位是非正式意义上的。地位可以通过教育、年龄、性别、技能、经验等特征体现而非正式地获得。某个特征是否与地位有关，要看这个群体的成员对它如何看待。应该注意的是，有时非正式地位可能比正式地位更重要。

威廉姆·怀特（William F. Whyte）曾做过一个经典的饭店研究。这个研究表明了地位是怎样对人们的感觉和行为起作用的。怀特认为，在一个群体中，如果行为的命令是由地位高的人向地位低的人发出的，那么他们在一起能够合作得比较愉快；如果某种行为的命令是由地位低的人最先发出，在正式和非正式地位系统之间就会引起冲突。他引用的一个例子是，以前，顾客的账单由饭店侍者直接递交给结账人——这意味着，地位低的侍者在交往中占了主动地位。后来，饭店把账单上装上了铝线，这样，账单就可以挂起来用钩子钩，结账人觉得必要时，才把账单钩过来，这样结账人就居于主动地位了。

怀特还注意到厨房中的一个例子，那些把菜单交给厨师，然后把做好的菜端出去的服务人员，其工作所需技能并不高，但同样地，他们在与厨师相互交流中也处于主动地位。当服务人员以明确或不明确的方式催促厨师"加快速度"时，他们之间就会产生冲突。怀特在他的研究中还提出了一些建议，告诉餐馆的管理者在一些方面的改变能够使工作程序与人们的实际地位等级更相符合，而且还能够改善员工关系，提高他们的工作效率。

（2）地位对群体规范的影响。在下一节会讲到群体中的"从众行为"，这是一种由于对群体规范的遵从而产生的现象。但许多研究表明，地位对从众行为会产生有趣的影响。比如，与群体其他成员相比，一个地位较高的群体成员具有较大的偏离群体规范的自由。他们比地位低的同伴能够更有效地抵制群体规范施加给他们的从众压力。如果一个群体成员很为群体中其他人所看重，而他又不在乎群体给予他的社会性报酬，那么在一定程度上，他就可以漠视群体规范的从众规范。

6. 规模

群体规模能够影响群体的整体行为吗？答案是肯定的。所以在很多组织和活动中，会把人数控制在一个合理的范围内。

当然，没有研究的证据能够给出一个确定的最合适的群体人数。合适的群体规模往往随任务不同而不同。事实表明，小群体完成任务的速度比大群体快。但是，如果需要群体解决复杂的问题或是提出很多丰富的观点，则大群体比小群体表现得好。因此，如果群体的目标是了解事实或是收集建议，那么大群体可能更有效。相反，在执行生产性任务时，成员在 7 人左右的小群体会更为有效。

随着群体规模的增大，群体绩效会产生什么变化吗？20 世纪 20 年代末，德国心理学家瑞格尔曼（Ringelmann）在拉绳试验中，比较了个人绩效和群体绩效。他原来认为，群体绩效会等于个人绩效的总和，也就是说，3 个人一起拉绳的拉力是 1 个人单独拉绳时的 3 倍，8 个人一起拉绳的拉力是 1 个人单独拉绳时的 8 倍。但是，研究结果没有证实他的期望。3 人群体产生的拉力只是 1 个人拉力的 2.5 倍，8 人群体产生的拉力还不到 1 个个人拉力的 4 倍。

其他一些用相似的任务重复瑞格尔曼的研究基本上支持了他的发现。群体规模的增大，与个人绩效是负相关。就总的生产力来讲，4 人群体的整体生产力大于 1 人或 2 人的生产力，但群体规模越大，群体成员个体的生产力却降低了。这种现象被学者们称为"社会惰化效应",群体规模的增加产生了社会惰化效应,其中是有它的道理的。

10.3 群体行为与安全

10.3.1 群体动力论与安全

场的概念,是用来说明群体中成员之间各种力量相互依存、相互作用的关系,以及群体中的个人行为。德国格式塔派心理学家勒温认为,人的心理和行为决定于内在需要与周围环境的相互作用,并提出了一个著名的公式:

$$B = f(P \times E)$$

式中,B 为个人当前行为的方向和强度;P 为个人的内部动力和内部特征;E 为个体当时所处的可感知到的环境力量。

上式说明,群体中个人行为的方向和强度取决于个人现存需要的紧张程度(即内部动力)和群体环境力量的相互作用关系。群体动力论就是研究群体内部力场与情境力场相互作用的情况与结果,研究群体中支配行为的各种力量对个体的作用与影响。

心理学家勒温认为,群体的行为不等于群体中各个成员个人行为的简单的算术和,它包含有集体的智慧,因而产生了一种新的行为形态,即两个人以上的协同活动其力量会超过各个人单独活动时的力量的总和,而且在某些条件下还能起质的变化。德国的一些心理学家在研究部分与整体、个体与群体的关系后也曾指出:"总体不只是部分的总和,而各部分相互作用的结果超越了总和(比总和更多一点)。"

群体动力论认为,群体动力来自于群体的一致性,这种一致性表现为群体成员有着共同的目标、观点、兴趣、情感等,群体成员在群体动力的相互作用和影响下,其行为会发生变化。山东兖州矿业集团鲍店煤矿各单位都把员工的"全家福"照片贴在会议室、活动室的最显眼位置,让员工看看自己温馨的小家,成了下井前的"必修课"。煤矿负责人说,以"亲和力、人性化"去打造"安全文化",融入群体行为与性格,有力促进和保证了矿井安全生产。

10.3.2 群体凝聚力与安全

1. 群体凝聚力的概念及其特征

群体凝聚力又称群体内聚力,是指将群体成员吸引在群体内而对他们施加影响的全部力量的总和。也可以说是群体所具有的一种使其成员在群体内积极活动和拒绝离开群体的吸引力。群体凝聚力既包括群体对其下属成员的吸引力，又包括群体成员之间的相互吸引力。当这种吸引力达到一定程度，而且群体成员资格具有一定的价值时，这样的群体就是具有高凝聚力的群体。

群体凝聚力这一概念与人们日常使用的群体内部团结的概念相类似。它可以通过群体成员对群体的向心力、忠诚、责任感、荣誉感、自豪感等以及成员间齐心协力抵御外来攻击或同外部群体的竞争力来表现；也可以用群体成员之间的关系融洽、相互协作、友谊和志趣等态度来说明。

群体凝聚力是维持群体存在、发展的必要条件。一个群体如果失去了凝聚力，也就失去了群体的力量和功能，犹如一盘散沙，不仅不能完成好组织的任务，甚至连群体本身也难以维持下去，或是名存实亡。群体凝聚力是实现群体功能达到群体目标的重要条件。管理实践表明，有高凝聚力的群体，群体成员关系融洽、意见一致，团结合作，能较好地发挥自己的功能，顺利地完成组织的任务；而凝聚力低的群体，成员之间意见分歧、关系紧张、相互摩擦、个人顾个人，不利于组织任务的完成。在企业生产组织中，有效的安全管理需要正式群体的凝聚力作为保证，在凝聚力低的群体（如车间或班组）中安全规章制度的执行必然受到较大影响。同时，良好的安全生产条件和环境，规范的安全作业标准，又可以增加群体的凝聚力。

高凝聚力群体的基本特征是：

（1）成员间意见沟通快，信息交流较为频繁，民主气氛好，关系和谐，相互了解较为深刻。

（2）成员归属感强，心系群体，愿意参加群体活动。

（3）成员关心群体，愿意承担更多的群体任务，维护群体的利益和荣誉。

2. 影响群体凝聚力的因素

群体凝聚力的高低受到许多因素的影响，其中主要有以下几个方面。

（1）领导方式。不同的领导方式，对群体的凝聚力有不同的影响。1939年心理学家勒温等人的经典实验，比较了"民主"、"专制"和"放任"三种领导方式下的群体气氛和工作效率，发现"民主"型领导方式组比其他组成员之间更友爱，群体中思想更活跃，情绪更积极，凝聚力更高；在"专制"型领导方式组中，群体成员同领导者的关系比较疏远，甚至紧张，对领导牢骚满腹，缺乏工作积极性，群体凝聚力低；在"放任"型领导方式组中，群体成员对领导也并无好感，有组织的行动和以群体为中心的行动也少。此外，群体的领导班子自身是否团结，也会直接影响群体的凝聚力。实践表明，领导班子自身不团结，互相扯皮、拆台，群体便失去核心，因而凝聚力降低；反之，领导班子团结一致，而主要的领导者有较高的权威，那么成员会紧密地团结在他们的周围，产生较强的凝聚力。

（2）成员的同质性或互补性。所谓同质性，是指群体成员之间有着共同的相似性，如民族、文化、背景、兴趣、爱好、需要、动机、信念、价值观及人格等。一般说来，成员间的同质性越高，群体的凝聚力也就越大。其中，共同的目标和利益是最关键的因素。互补性，指具有异质性的成员在某些方面的互相补充、渗透、交融。如果具有异质性的群体成员之间感到彼此在某个或若干方面能够取长补短、互相补充时，也会增进成员间的感情和密切关系，增强凝聚力。

（3）奖励方式。群体内部的奖励方式可以分为个人奖励和群体奖励两种。许多管理心理学家研究比较了个人奖励与群体奖励两种方式的作用，发现不同的奖励方式确实会影响群体成员的情感和期望，进而影响群体的凝聚力。西方管理心理学的研究一般认为集体奖励方式可能增强群体的凝聚力；而个人奖励方式可能增强群体成员之间的竞争力。研究表明，采用个人奖励和群体奖励相结合的形式有利于增强群体的凝聚力。

（4）工作目标结构。群体工作任务的目标结构与群体凝聚力也有密切关系。群体成员的目标若与群体任务目标不关联就容易降低群体凝聚力；反之，把个人与群体的目标有机结合，就能够增强成员的群体观念和凝聚力。

（5）满足成员需要的程度。个人参加一个群体，是因为他觉得这个群体有助于满足他的物质和精神方面的各种需求。一般说来，群体对成员各种需要满足度越高，群体对他就越有吸引力，群体的凝聚力也就越大。

（6）群体的成就和荣誉。在组织中，每个群体都占有各自不同的实际地位，这往往是由许多不同的原因发展形成的，其中主要是由群体所作贡献的大小决定的。当一个群体取得显著成绩，获得表彰，被授予"先进集体"荣誉称号时，其群体成员的心理认同会更强烈，每个成员都会有一种光荣感、自豪感，并希望尽其所能来维护这种声誉。一个群体的成就越大，社会对该群体的评价就越高，群体成员的归属感和自豪感就越强烈，群体凝聚力也就越高。

（7）外部的影响。有些研究表明，外来的威胁会增强群体成员相互间价值观念的认同和依赖性增强，从而提高群体的凝聚力。但不同群体间的竞争会使群体遭受损失，这就会促使群体内成员更加团结，增强凝聚力，以对付这种竞争。另外，一个群体如果与外界比较隔离，这个群体的凝聚力就高。

此外，群体的地位高低、目标达成的程度、规模的大小、内部信息沟通的程度，以及是否具有良好的行为规范等因素也会影响群体的凝聚力。

3. 群体凝聚力与安全管理的关系

安全管理心理学研究群体凝聚力，目的在于创造和运用这些因素，增强群体凝聚力，提高安全绩效，促进安全管理。

群体凝聚力与安全绩效之间存在着复杂的关系：高凝聚力可能提高安全工作绩效，也可能降低安全绩效。凝聚力与安全绩效的关系，密切相关于群体的行为规范、目标、态度与组织安全目标的符合程度。当群体的安全态度、规范、目标与组织安全目标相一致时，群体凝聚力高，其安全绩效也高；反之，当群体对安全的态度、规范、目标与组织安全目标不一致时，群体凝聚力高，其安全绩效反会降低。

企业安全管理者应该认识到并认真对待群体凝聚力对其安全绩效的影响。对于凝聚力高而其实际安全规范不满足或不符合企业安全要求的车间、班组等群体，必须加强对群体成员的安全监督和检查，提高群体的安全生产指标的规范标准，使群体的安全目标与组织安全目标保持一致性。而对于凝聚力低的群体，要仔细分析影响凝聚力的各种主客观消极因素，积极引导群体对这些因素加以克服，这样才能使群体凝聚力成为促进安全生产绩效的动力。

当前企业推行现代的安全文化建设手段，如"三群（群策、群力、群管）"对策、班组建小家、"绿色工位建设"、安全标准化班组建设等，目的就是为了增强群体的凝聚力和战斗力。一些企业把企业中的正式群体和非正式群体的作用结合起来，采取劳动优化组合的形式，把非正式群体转化为正式群体，实行"将点兵、兵择将"的自由组合，由于这些人感情、志趣相投，价值观相一致，有利于增强群体的凝聚力和向心力。

4. 增强群体凝聚力的途径

（1）采取民主领导。让员工参与决策是日常管理工作的主要特点，民主领导方式是行之有效的领导方式。卫生群体的主要特点是专业技术性强、学历层次高、个人素质好，所以，实行民主管理更有利于人人发挥其聪明才智，提高整个群体的凝聚力和活力。

（2）引入竞争机制。竞争是社会主义市场经济条件的产物。通过竞争可使群体成员更紧密的团结在一起，共同对付外来的威胁和压力，并在竞争中争取获胜。竞争有利于出成果，出效率，出知识，出人才。事实证明，没有竞争，就没有活力，就会闭关自守。只有在竞争中变压力为动力，群体才能生存和发展。

（3）强化群体规范和目标。群体规范是约束每个群体成员的行为准则，目标是群体行动的方向和动力之一，它激发出群体成员的动机，维持和引导成员向着既定的目标前进。规范和目标有正确与错误之分，一个先进的科室和一个后进的科室的规范与目标也有较大的差别，因此，要强化正确的群体规范和目标，才能实现有效的管理。

（4）满足群体成员的需要。需要是提高群体中个性积极性的源泉，群体对其成员的吸引力的源泉是成员参加群体之后，通过交往，可以满足某方面的需要。一个群体若能注重满足其成员的合理需要，就能使成员全心全意地加入该群体，把自己与群体视为一体，这样不仅有利于实现群体目标，也有利于实现个人目标。

10.3.3　从众行为、服从行为与安全

1. 群体压力和从众行为

群体是一个互动的过程，既存在着群体如何影响个体，也存在个体如何适应群体的问题。群体成员的行为常具有跟随群体的现象，当一个人在群体中与多数人的意见分歧时，会感觉到群体压力，有时由于这些压力的存在，会迫使群体成员违背自己的愿意产生完全相反的行为。所谓群体压力(group pressure)，是指个体在群体生活或工作过程中与群体规范出现不一致或分歧时产生的紧张和焦虑的心理状态，必须注意的是，群体压力与权威命令作用的不同，群体压力不是由上而下明文规定，强制改变个体的行为反应。虽然群体压力不一定具有强制执行的性质，但使个体在心理上很难违抗。因此，有时候群体压力比行政命令更容易改变个体的行为。社会心理学中，把在群体情境下，个人受到群体压力时，在知觉、判断行为上和群体中多数人趋于一致的倾向称为从众(conformity)。

一般说来，个体在群体压力下是否表现从众行为，主要受个体所处的情境、问题的性质和个体特性等因素的影响。

(1) 情境因素。这方面的因素很多。主要有：

1) 群体的性质。群体的声望越高，成员对它的认同感越强，越能满足个体愿望，个体越易从众。

2) 群体的组成。如群体内多数成员的地位或能力等高于自己，则个人容易放弃己见，顺从大众。

3) 群体的气氛。如群体对坚持己见者没有容忍态度或公开威胁，并对从众者给予奖励，则会强化个体的从众行为。

4) 群体的规模。一系列的试验表明，在一定限度内从众性的强弱随多数人一致性规模的增长而增长。群体一致性的人数较多，产生的从众性也较强。群体规模在7~8人时，从众现象最容易出现。

5) 群体的凝聚力。群体的凝聚力越强，个体越易从众。

(2) 问题的性质。某一问题或政策的性质复杂不清，没有明确的标准，个体难以把握己见，则易受多数人的影响；反之，问题较简单，有明确的标准，个体易把握，则不易从众。有的心理学家还提出，对非原则性问题，个体易出现从众倾向，而对原则性问题，个体则会坚持自己的见解。

(3) 个体特性。许多基本的个性因素与从众行为有关，如个人的智力、能力、情绪、自信心、自尊程度、年龄、性别不同，出现从众行为的机会也不同。那些智力能力较低、情绪不稳定、缺乏自信、依赖性强以及重视权威、墨

守成规的人，较易出现从众行为。

2. 从众行为的表现形式

一个人的从众行为往往会发生表里不一的情况，从表面和内心两种层面来分析，表面的行为可分为从众或不从众，而内心的反应可分为接纳与拒绝。这样，对同一个人来说，可以有下列四种现象。

其一，表面从众，内心也接纳，即所谓口服心服。此时个体心理上没有任何冲突，这是当群体的目标与个人的期待一致时出现的情况，是群体与个体之间最理想的状态。例如，有的员工看见班组中其他员工为提高工效违章作业，于是也马上效仿，否则认为自己"吃亏"了。

其二，表面从众，内心却拒绝，即口服心不服。这是假从众，在心理学上称之为"权宜从众"。当个体不赞成群体，但由于某些原因又无法脱离该群体，担心会对自己造成不利的后果时就会出现这种情况。此时个体心理上出现不协调紧张的状态，内心形成冲突。有的心理学家认为，在这种状态时，个体为维持内心的均衡，将趋于改变内心的状态，变得心理容纳或至少不反对的状态。例如，几个要好的工友（群体成员）在中午工休时聚在一块儿喝酒，其中有个人因为下午要上班，并不想违反企业规定，但碍于群体成员的关系，只好跟着喝了酒，就属于这种假从众的情况。

其三，表面不从众，内心也拒绝。这是一种表里一致，不与群体妥协的状态。对原则性问题，一些坚持原则的人往往会采取这种态度。造成这种状态的原因可能是个体另有其内心关联的群体，因此即使遭到此群体的隔离也不感到孤立；也可能是个体确信真理在自己手里，有信心改变大多数人的意见。如果上述例子中的那个员工坚持不在下午上班前违章喝酒，就属于此种情况。

其四，表面不从众，内心却接纳。这种情况也经常遇到，多发生于个体由于其身份地位而存在某种顾忌，不便于表现其真实的内心状态，个体在公开场合不同意群体的要求或行为，但内心却赞同。在这种状态下，个体虽不从众，但也不会有反从众的行为。例如，某班组长在开会时要求组员们注意安全，不要违章，但在实际工作时却对手下员工的违章作业不加制止，尽管自己没带头违章，但觉得员工也是为了班组效益，因此心理接纳了违章行为。

3. 群体压力和从众行为对安全管理的作用

群体压力和从众行为的作用对安全管理具有双重性质，利用得当，可产生积极作用；放任不管，可能产生消极作用。

其积极作用在于：它有助于群体成员产生一致的安全行为，有助于实现群体的安全目标；它能促进群体内部安全价值观、安全态度和安全行为准则的形成，增强事故预防能力，维持群体良好的安全绩效；它有利于改变个体的安全与己无关的观念与不安全行为；它还有益于群体成员的互相学习和帮助，增强成员的安全成就感。

其消极作用在于：它容易引发违章风气，不易形成员工勇于提出安全整改意见的习惯；容易压制正确意见，在行为一致的情况下，产生忽视安全、单纯追求表面生产效益的小团体意识，作出错误的安全决策。在事故逃生中，从众行为也会产生消极的作用，例如在人员聚集场所，一旦起火，人们往往蜂拥而出，极易造成安全出口堵塞和挤伤、踩死现象。这时要果断放弃从安全出口逃生的想法，克服盲目从众行为积极寻找多种途径逃生，如破窗逃出。

在企业安全管理工作中，应充分利用和发挥群体压力和从众行为的积极作用，克服其消极作用，使个体行为朝着符合安全要求的方向发展。

10.3.4 群体沟通与安全

1. 沟通的概念

人与人之间，群体与组织内外之间，都需要传达思想、观点、情感和交换情报、信息，这种社会心理过程称为意见沟通。在现代企业管理中，由于人员众多而又分工细密，对外联系复杂多变，因而需要经常进行思想、情感交流和情报、消息互换，这样才有利于建立与维持企业组织内良好的人际关系，也有利于员工尽快地获得新知识而采取共同的态度，团结一致地实现企业组织目标。因此，意见沟通也是企业管理心理学所研究的内容之一。

2. 沟通的分类

沟通过程可以按不同的依据进行分类。

（1）正式沟通与非正式沟通。正式沟通是通过组织明文规定的渠道进行信息的传递和交流，如组织规定的汇报制度、定期或不定期的会议制度；非正式的沟通是在正式沟通渠道之外进行的信息传递和交流，如企业员工之间私下交换意见，议论某人某事及传播小道消息等。

（2）上行沟通、下行沟通和平行沟通。上行沟通是指下级的意见向上级反映；下行沟通是指企业的上层领导把企业的目标、规章制度、工作程序等向下级传达；平行沟通是指企业中各平行组织之间的信息交流，保证平行组织之间沟通渠道的通畅是减少各部门之间冲突的一项重要措施。

（3）单向沟通和双向沟通。从信息发送者和接收者的地位是否变换的角度来看，可以分为单向沟通和双向沟通。两者之间地位不变的是单向沟通，两者之间地位不断变换的是双向沟通。作报告、作演讲等是单向沟通的例子，交谈、协商、会谈等是双向沟通的例子。

（4）口头沟通和书面沟通。口头沟通是指会谈、讨论、会议、演说及电话联系等，书面沟通是指布告、通知、书面报告、通信等。

3. 沟通网络对行为的影响

　　在信息传递过程中，传达者直接将信息传给对方或中间经过某些人转达才传达到目的对象，这属于沟通通道的问题。由各沟通通道所组成的格式叫沟通网络。群体中不同的沟通结构对于群体活动的效率有不同的影响。国外有人进行过研究，提出了五种不同的沟通网，即链式、轮式、圆周式、全通道式和"Y"式，如图 10-4 所示。

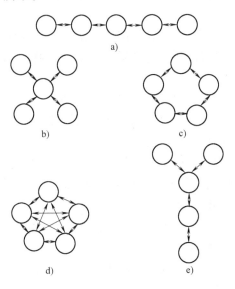

图 10-4　正式沟通网络

a）链式　b）轮式　c）圆周式　d）全通道式　e）"Y"式

　　图 10-4 中的圆圈代表信息的传递者，箭头表示信息传递的方向。上述沟通模式是假设由 5 个人组成群体进行双向信息交流。这五种模式都有其优缺点：链式沟通网传递信息的速度最快；圆周式沟通网能提高群体成员的士气，即大家都感到满意；轮式和链式解决简单问题时效率最高；而在解决复杂问题时，则圆周式和全通道式最为有效；"Y"式兼有轮式和链式的优缺点，即工作速度快，但成员的满意感较低。

　　上述沟通网模式主要是小型群体的沟通模式，但对于研究整个企业的信息沟通也有启发意义。例如，链式和倒转的"Y"式沟通模式相当于一个企业中具有 5 个或 4 个等级的上下组织，它们彼此之间交流信息是采用上情下达和下情上报的形式。信息传递的速度很快，但由于信息经过层层"筛选"，可能使上级不能了解下级的真实情况，也可能使下级不能了解上级的真正意图。轮式沟通模式可以代表 1 个领导人与他的 4 个下级保持双向联系。在这种情况下，只有处于中心地位的领导人了解全面情况，并向下级发出指示，而 4 个下级分别只了解本部门的情况并向领导人汇报。全通道式沟通模式可表示一个民主气氛很浓的领导集体或部门，其成员之间总是互相交流情况，通过协商采取对策。

需要指出的是，不应认为企业或群体之间的沟通只有上述 5 种模式。实际上，每个企业都可能有自己特殊的正式沟通网。企业领导人应自觉地研究本企业的正式沟通网，改进薄弱环节，保证上下左右各部门之间的信息能得到顺利的沟通。

在任何沟通系统中都存在沟通的障碍。例如，在电话、电报等通信系统中就存在着沟通障碍，这种障碍称为"噪声"或"干扰"。人与人之间沟通的障碍有其特殊性。

首先，人与人之间的沟通主要借助于语言来进行。语言是交流思想的工具，但语言不是思想本身，而是用以表达思想的符号系统。人们利用语言来表达思想、事物有一定的局限性。

其次，更为重要的是，由于人们的态度、观点、信念等各不相同，造成沟通过程中的障碍。例如，下级向上级反映情况有"打埋伏"的现象，报喜不报忧、夸大成绩、缩小缺点等。

最后，人们的个性因素也影响信息的沟通。如思维型与艺术型的人彼此之间交流信息就可能发生障碍。

总之，造成人与人之间沟通障碍的因素很多。在企业管理中应注意这些障碍，采取一切可能的方法来消除这些障碍，使企业中上下左右的沟通能够准确迅速，从而及时地交流信息。

4. 组织中的有效沟通

作为组织的主体，人是一种极为特殊和重要的资源，是决定组织核心竞争力最根本的要素。一个组织的群体成员之间进行交流，包括在物质上的相互帮助、支持和感情上的交流、沟通。人与人之间的信息交流就是沟通。沟通是联系组织共同目的和组织中有协作的个人之间的桥梁。如果没有沟通，组织的共同目的就难以为所有成员所了解，也不能使协作的愿望变成协作的行动。沟通如果有效，则双方会迅速得到准确有用的信息；反之，则有可能花费了大量的时间而得到的只是一些模糊甚至错误的信息。因此，组织中的有效沟通，对于提高组织效率和实现组织目标，有着十分重要的意义。

组织中职工的行为不仅是由个体构成的，在很多情况下还表现为各种小群体的行为。为了有效地进行组织管理，必须善于利用各种正式和非正式的群体进行有效的沟通。在成功运作的许多公司中，一项计划或者决定方案等的制定都是非常慎重的，没有丝毫的轻率。在那些计划、方案还未实施前，都要利用各种群体、依靠企业各部门参与讨论，各类信息都要反复地进行传递和反馈。这样做就是为了保证计划、方案等策略的正确合理性。这样做看起来也许是很费时间，但"磨刀不误砍柴工"，如果一旦决定下来，公司所有负责的人员都会全身心地投入到其实施中去，大有不达目标不罢休的气势。经这种决定后计划或方案等的实施过程，往往是既节省时间又能保证质量和效果。

值得注意的是，在利用群体进行沟通时，有时由于群体过度追求凝聚力，往往会产生一种极端群体一致的情形，或称之为群体思考。在群体思考中人们丧失了分析、批判的能力，而是感情用事地采取一致的行动。作为领导者，应该鼓励群体中所有的成员敢于对各种决策、方案进行怀疑和批评；领导者应该成为乐于接受批评的范例，应当适当地重视和允许群体间必要的冲突，防止无原则的团结一致。

沟通是一门艺术，它是自然科学和社会科学的混合体；沟通是现代管理的一种有效工具，用好了可水到渠成，挥洒自如，用不好或不会用，则会处处受制，窘困不堪；沟通更是一种技能，是一个人"情商"高低的具体体现，不论管理者还是普通职工，这种"情商"是比某些知识能力更为重要的能力。

达成有效沟通需具有两个必要条件：首先，信息发送者清晰地表达信息的内涵，以使信息接收者能够准确理解；其次，信息发送者重视信息接收者的反应并根据其反应及时调整信息的传递，免除不必要的误解。这两者缺一不可。目前常见的导致有效沟通的障碍因素包括以下四个方面。

第一，以自我为中心，认知模式刚性化。表现在既不能正视自我又不愿正视他人，更谈不上设身处地为他人考虑问题。信息发送者只专注于信息的传递，而忽视了信息的被接受情况，从而形成不了有效沟通。

第二，静态沟通。沟通呈现单向特征，信息从一个方向流向另一个方向却得不到及时的反馈，这种单向沟通本身就决定了信息不可能以准确和高效的形式在组织中传递。

第三，沟通缺乏真诚之心。缺乏诚意的交流难免带有偏见和误解，从而导致所交流信息的扭曲。

第四，沟通渠道相对闭塞。沟通渠道不畅或渠道单一都会造成信息的流失或失真，而自由开放的多种沟通渠道是有效沟通得以进行的一大保障。

因此，为了在组织内进行有效的沟通，组织成员应该有意识地排除造成有效沟通障碍的以上几个主要因素，经过逐渐的积累过程，组织内部沟通就能够达到一个相当有效的水平。

5. 组织中沟通对安全管理的影响

沟通是人与人之间传达思想和相互交流的过程。它对安全管理的影响主要有以下几个方面。

首先，组织中沟通有利于安全生产观念的树立。通过各种形式的沟通，能够帮助形成有利于安全生产的群体规范。而作为组织群体的行为规范，要成为每个群体成员的行为准则，也必须加强沟通联系，把群体的行为规范进行传播。安全生产的观念，也只有通过沟通才能使之深入人心。

其次，组织中沟通有利于安全管理信息的传播和联系。通过组织中沟通，各种安全管理的信息可以通过各种信息渠道进行传播，上情下达，使安全管理能顺利开展。

最后，组织中沟通有利于安全管理工作的开展。在安全管理中经过沟通，一方面可以把安全生产的经验进行交流总结，以便总结经验，吸取教训；另一方面，通过沟通可以避免冲突，加强安全管理的有效性。

10.3.5　群体冲突与安全

10.3.5.1　群体冲突

1. 冲突的定义

有关冲突(conflict)的定义有很多。尽管这一术语有不同的含义，但其中却包含了一些共同的内容。冲突必须是双方都能感知的对立的情况。

是否存在冲突是一个知觉问题，如果人们没有意识到冲突，那么冲突就不存在。当然，被觉察到的不一定是真实的。相反，许多被描述为冲突的情况不属于冲突，是因为涉及的群体成员并没有觉察到冲突的存在。传统的冲突的定义是对立、稀缺、封锁，并且假定两个或两个以上的主体的利益或目标是不相容的。原因在于资源——金钱、工作、威望、权利是有限的。这种资源的稀缺性鼓励了封锁行为，各方因此处于对立状态。当一方阻碍了另一方实现目标时，冲突就产生了。

冲突定义的不同主要集中在冲突的意图以及冲突是否仅仅限于公开行动。冲突是意图的观点，讨论封锁行为是否为必定的或者是某种偶然情况导致的结果。至于冲突是否仅仅是公开行动，一些定义认为需要明显的斗争信号或公开争斗，才能作为冲突存在的标准。一般认为，冲突是一种潜在的或公开的一种确定性行为，是一种过程，在这个过程中，一方努力去抵消另一方的封锁行为，这种行为将妨碍他达到目标或损害他的利益。

不同群体之间的冲突，也会带来很多问题。每一群体致力在暗中破坏对方，争取更多的权利，提高自己的形象。冲突常常因为诸如观点不同、群体忠诚、资源竞争之类的原因而产生。

2. 冲突观念的演变

恰当地说，在群体和组织中冲突的作用本身也是"相互冲突的"。传统观点认为：冲突的出现表明了群体内的功能失调，因此必须避免冲突；人际关系观点认为，冲突是任何群体与生俱来的、不可避免的，但它并不一定是恶魔，它对群体工作绩效可能会产生积极的动力；最新的相互作用观点认为，冲突不仅可以成为群体内的积极动力,而且冲突对于群体取得工作绩效是必不可少的。下面具体介绍这三种观点。

(1) 传统观点。在 20 世纪 30 ~ 40 年代,这种观点占主导地位,它代表了大多数人的态度。认为所有的冲突都是不好的、消极的,它常常作为暴乱、破坏、非理性的同义词。因此,冲突被认为是有害的,应该避免的。通过研究后,人们认为冲突是功能失调的结果,它常常因为沟通不良,人们之间缺乏坦诚和信任,管理者对员工的需要和抱负不敏感等原因而出现。认为所有冲突都不好的观点,简单地对待引起冲突的个人行为。为了要避免所有冲突,提高组织和群体的工作绩效,就必须仔细了解冲突的原因,纠正这些组织中出现的功能失调。虽然已经有大量的研究结果提供了强有力的证据,证明认为冲突的减少会导致群体工作绩效提高的观点是错误的,但很多人依然在使用这种标准来评估冲突情境。

(2) 人际关系观点。20 世纪 40 年代末至 70 年代中叶,出现了人际关系观点,并在冲突理论中占据了统治地位。这种观点认为,对于所有群体和组织来说,冲突都是与生俱来的,无法避免的。人际关系学派建议接纳冲突,使它的存在合理化。冲突不但不可能被彻底消除,有时它还有利于群体的工作绩效。

(3) 相互作用观点。与人际关系观点接纳冲突不同,冲突相互作用观点则鼓励冲突。这一理论认为,融洽、和平、安宁、合作的组织容易对变革需要表现出静态、冷漠和迟钝。因此,应该鼓励管理者维持一种最低水平的冲突,这样可以使群体保持旺盛的生命力,勇于自我批评和不断创新。认为冲突都是积极的或都是消极的相互作用的观点显然是不正确的。冲突是好是坏取决于冲突的类型。首先要对冲突进行功能正常和功能失调的区分。

3. 冲突的过程

一般可以把冲突过程划分为潜在的对立、认知和个性化、行为以及结果四个阶段。

(1) 潜在对立阶段。存在着以下各种可能产生冲突的条件,虽然条件并不一定会导致冲突,但它们是冲突产生的必要条件。

1) 沟通。由于误解、语义理解上的困难以及沟通渠道中的"噪声"使沟通失效。人们常常误认为沟通不良是冲突的原因,只要相互能很好地交流,就能消除彼此之间的差异。这种说法虽然有些道理,但沟通不良并非所有冲突的原因。

研究指出,语义理解的困难、信息交流不充分以及沟通渠道中的"噪声",这些都构成了沟通障碍,并成为冲突的潜在条件。由于培训的不同、选择性知觉以及缺乏其他的信息,造成了语义理解方面的困难。沟通的过多或过少都会增加冲突的可能性。过多的或者过少的信息、沟通渠道的方式以及渠道中的沟通偏差，都提供了冲突产生的潜在可能性。

2）结构。结构主要包括规模、任务分配的专门化程度、管辖范围的清晰度、员工与目标之间的匹配性、领导风格、奖酬体系、群体间相互依赖的程度等。群体规模和任务的专门化程度，可能成为激发冲突的动力。组织规模越大，任务越专业化，冲突的可能性越大。长期工作和冲突呈负相关，如果群体成员都十分年轻，并且群体的流动率又很高时，出现冲突可能性最大。

有研究认为，严格控制下属行为的领导风格，增加了冲突的可能性，但是参与也会激发冲突。参与和冲突之间成高相关性，这显然是因为参与方式鼓励人们提出不同意见。如果个人（或群体）利益的获得是以牺牲他人（其他群体）的利益为代价，这种奖酬体系也会产生冲突。

3）个人因素。主要包括个人的价值系统和个性特征。具有较高权威、武断和缺乏自尊的人容易导致冲突。人们对许多重要的问题，如自由、幸福、勤奋工作、自尊、诚实、服从和平等的看法不同，这些价值观的不同也是产生冲突的一个重要原因。

（2）认知和个性化阶段。如果在第一阶段产生挫折，就可能将潜在的敌对转变为冲突的现实。如果意见对立并导致紧张和焦虑，并不影响对其他人的行为。只有当个体的情感被卷入，冲突各方经历焦急、紧张、受挫或敌对，才会发生被感知的各种冲突。

（3）行为阶段。这一阶段是指一个人采取行动去阻止别人达到目标或损害他人的利益时。公开的冲突包括从微妙、间接、节制发展到直接、粗暴、不可控制的斗争。本阶段通常是处理冲突行为的开始。一旦冲突公开，冲突双方将采取措施解决冲突。处理冲突的方法有竞争、协作、回避、迁就、折中（后述）。

（4）结果。结果可能是功能正常的，即冲突提高了群体的工作绩效；也可能是功能失调的，即冲突降低了群体的工作绩效。

功能正常的冲突有一种动力，较低或中等水平的冲突有可能提高群体的有效性。冲突将导致更好、更多的决策，促进变革。在现有组织中，存在冲突的群体绩效比不存在冲突的要好。由具有不同利益的个体组成的群体比具有相同利益个体组成的群体，更易作出较好的决策。

功能失调的冲突对群体或组织绩效的破坏性结果已经广为人知。不加控制的对立带来了不满，导致共同关系的解除，并最终会使群体灭亡。比较明显的不良结果有沟通的迟滞、群体凝聚力的降低、群体成员之间的斗争置于群体目标之上。在极端情况下，冲突会导致群体功能的停滞，并可能威胁到群体的生存。

10.3.5.2 群体冲突的原因

群体冲突包括群体成员的个人心理冲突；群体成员间的人际冲突以及群体与群体之间的冲突。

1. **群体内部成员之间冲突的原因**

（1）信息基因的冲突。指由于信息沟通渠道不同，造成意见交流受阻而产生的隔阂与冲突。

（2）认识基因的冲突。指由于人们的知识、经验、观念观点等不同而引起的冲突。

（3）价值基因的冲突。指由于理想、信念、价值观不同，对人与事的是非善恶、好坏评价差异引起的冲突。

（4）本位基因冲突。指由于个人的小群体意识、本位主义、私心太重引起的冲突。

此外，还可以有涉及个人的行为习惯不良造成的冲突和个性与品德等本质基因造成的冲突。

2. **群体间的冲突有以下原因**

（1）领导者的影响。领导者的态度、行为、语言等因素除了群体内部外，还可能涉及群体间的关系。

（2）角色认识的差异。不同成员在组织中对自身角色的认识往往与组织的要求存在一定的距离，如果工作不能达到组织的要求，也可能会在群体之间引起冲突。

（3）小集团意识。由于组织内部各部门之间不当竞争，各自从自己的利益出发，引起敌对意识或攻击行为。

（4）组织协调不当。组织各部门之间在人力、物力、财力方面的矛盾。

（5）缺乏公平性。组织在各群体的资源分配、工作安排、技术要求以及奖惩制度等方面不公平导致群体冲突。

（6）其他原因。如组织机构不合理、规章制度不健全、责任制不明确，互相推诿或互相封锁造成的冲突和信息沟通不畅造成的冲突。

10.3.5.3 解决冲突的方法

组织行为学家们对解决群体冲突提出了如下原则：第一，发展建设性冲突，消除破坏性冲突，提倡引入竞争机制，提高生产效率，反对用暴力或破坏方式干扰安定团结的局面；第二，要提倡民主，敢于发表不同意见，形成生动活泼的局面；第三，要加强信息沟通，提倡意见交流，增加透明度，减少隔阂，缩短心理距离；第四，要动员各方面的力量做"平衡心理差异"等工作。

布朗(Brown)在1977年所著的《群体冲突的处理》一文中，提出了调节冲突的策略。他提出要把冲突保持在适当水平上。冲突水平过高时，要设法降低；冲突过少时，要设法增加。应从态度、行为、组织结构三方面调节冲突。

社会心理学家施米特（Schmidt）等在《分歧处理》一文中指出企业经理要警惕以下几种现象：①周围人唯唯诺诺的倾向，不敢提不同意见；②强调忠诚与合作过度，把意见分歧与不忠诚、背叛等同起来；③一遇分歧就要把它平息下来；④掩饰严重的分歧以维持表面的和谐与合作；⑤接受模棱两可的解决分歧的决定，让矛盾的双方对决议作不同的解释；⑥扩大矛盾以增强个人的影响，削弱他人的地位。

1. 解决冲突的原则

处理冲突应以效果为依据，讲究方式和方法。处理冲突的原则应是倡导建设性冲突，并控制在适度的水平。西方现代冲突理论认为冲突具有客观性、二重性和程度性。冲突具有客观性，冲突是不可避免的，应承认冲突、正视冲突和预见冲突。认识冲突的二重性，可以引导冲突朝着建设性方向转化，避免冲突向破坏性方向发展。冲突的程度性即应以适度的冲突为宜。过高或过低的冲突都会降低组织的绩效。

中国传统的儒家文化思想提倡以和为贵，以和为本，以和为美。孔子说过"君子和而不同，小人同而不和"，和是指和谐，同是指附和。和的精髓在于对不同质的事物的兼容性。中则和，《礼记·中庸》指出："喜怒哀乐之未发，谓之中；发而皆中节，谓之和，中也者，天下之大本也；和也者，天下之达道也。致中和，天地位焉，万物育焉。"中和实际上就是要适度，协调兼顾、一视同仁。和为贵，以和作为解决矛盾的上策。"和生实物"，"和气生财"，"家和万事兴"，这些都是中国传统文化的精髓。持中，就是要坚持中道，不走极端。和谐的界限就是持中，通过对持中原则的体验和实践，去实现人与人之间、人道与天道之间的和谐统一。传统儒家贵和、持中的思想，使国人十分注重和谐局面的实现和保持，不走极端，维护集体利益，求大同存小异。

2. 处理冲突的模式

处理冲突的方法多种多样，归纳起来目前一般主张采取以下几种方式。

（1）竞争。竞争指的是一个人在冲突中，寻求自我利益的满足，而不考虑他人的影响。在正式的群体或组织中，这些输赢的斗争经常通过正式的权威，双方利用各自的权利去赢得胜利。提倡合理、公平竞争，并且将组织内部群体之间的竞争引导为与外部其他组织的竞争。

（2）协作。协作指的是冲突双方均希望满足两方利益，并寻求相互受益双赢的结果。在协作中，双方的意图是坦率接受差异并找到解决问题的办法，而不是迁就不同的观点。参与者考虑所有的方案，各种观点、各种依据将被充分讨论。进行协作应注意以下问题：①冲突是双方共同的问题；②双方是平等的，应有同等待遇；③各方都应积极理解对方的需求，寻找对方满意的方案以及双方充分沟通，了解冲突的情景。因为寻求解决办法是各方的当务之急，协作通常被认为是双赢的解决办法。行为科学家大力宣传用协作的方式解决冲突。

（3）回避。回避指的是一个人可能意识到了冲突的存在，但希望逃避它或抑制它。漠不关心或希望避免公开表示异议就是回避。回避既不满足自身的利益，也不满足对方的利益，它是试图置身于冲突之外，无视不一致的存在，或保持中立。实际上冲突各方都认识到事实上的差距，各方都各自为界。如果回避是不可能的或是不愿意的，则表现为压抑。当群体成员由于他们工作的相互依赖而需要相互作用时，很可能是压抑而不是回避。

（4）迁就。如果一方为了抚慰对方，则可能愿意把对方的利益置于自身利益之上。换句话说，迁就指的是为了维持相互关系，一方愿意作出自我牺牲。迁就的表现形式常常为传递愿意改善关系的信息；赞扬或恭维对方；不指责、评论、贬低对方以及给对方提供帮助等。

（5）折中。当冲突双方都愿意放弃某些东西，而共同分享利益时，则会带来折中的结果。没有明显的赢家或输家，他们愿意共同承担冲突问题，并接受一种双方都达不到彻底满足的解决办法。因而折中的明显特点是，双方都倾向于放弃一些东西。

在上述五种方式中，竞争和迁就都是一输一赢，回避是双输，协作是双赢，而折中介于输赢之间。

10.4　群体安全决策

任何管理都不能离开决策，安全管理同样随时随地面临作出正确决策的要求，都要解决做什么、谁去做、如何去做等问题。除此以外，在企业生产决策过程中，安全问题是重要的考虑因素。因此，安全管理心理学必须重视对群体安全决策的研究。

10.4.1　群体安全决策的概念

在管理心理学中，决策指人们为了达到某一特定目标，从可供选择的若干行动方案中，有意识地作出合理选择的过程。

群体决策就是指由集体行为作出最终选择的决策过程。群体决策是相对于个体决策而言的，显然个体决策的决策者是单个人，而群体决策的决策者可以是几个人、一群人甚至扩大到整个组织的所有成员。

根据决策和群体决策的概念，可以给出群体安全决策的概念，即为了达到某一特定安全生产目标，由群体决策者从可供选择的若干安全措施方案中，有意识地作出合理选择的过程。在这个概念中，可供选择的安全措施方案包含两方面的含义：其一是指专门针对企业生产中的安全技术和管理措施的方案，如各种隐患治理方案，管理体系方案等；其二是指必须将安全因素充分考虑在内，甚至作为首要考虑因素的任何生产技术和管理方案。

10.4.2　群体安全决策的过程

群体安全决策的过程没有固定的模式。一般说来，要经过如下几个步骤：

（1）诊断和确定安全风险问题。即首先认识安全风险问题的性质和起因，然后作出安全分析评价，并找出解决这些问题的标准，明确决策的安全目标。

（2）寻找可供选择的安全措施实施方案。此阶段参与决策的群体成员要提出尽可能多的可供选择的解决方案，一般情况下，人们提出的可行方案越多，则最后所作的安全决策会越正确周全。

（3）分析、比较各方案，作出安全决策。这是安全决策的关键阶段，要通过群体讨论，比较和权衡不同方案的利弊，在此基础上确定一个最佳方案。

（4）实施安全措施方案与反馈调节。任何决策都是为了实施，在确定解决问题的方案后，要列出实施步骤，确定实施负责人，制订实施协调计划，提供实施条件。在实施方案的过程中，及时反馈实施结果，通过各种信息重新评价情景可能性，再循环一次决策的全过程。

在企业实际生产过程中，安全决策过程往往没有这样程序化，决策过程会受到许多社会环境因素和心理因素的影响，它与群体成员的安全价值观、安全信念、安全态度、期望以及安全规范等有密切关系。因此，在进行安全决策时，应当根据具体情况，灵活掌握和运用决策模式，确定其程序的繁简，以保证群体安全决策的效率和质量。

10.4.3　群体安全决策的利弊

决策可以由个人作出，也可以由群体作出。两者孰优孰劣，国内外的学名尚存争议，但越来越多的人认识到群体决策的作用。企业普遍建立了安全生产委员会，其作用之一就是进行安全生产管理的群体决策。研究群体决策与个人决策相比的利弊，有助于提高安全决策水平。

1. 群体安全决策的有利因素

（1）可利用大量综合性的安全知识与信息。在群体安全决策中可以集思广益，对事故隐患及其产生的原因由群体成员从各个角度进行分析，有助于提高决策的正确性。

（2）安全措施方案的多样性。群体安全决策允许大家参加并发挥作用，可以尽量多地提出不同方案，这样会促使决策考虑得更周全、准确。

（3）增强成员的安全生产责任感和工作自尊感。让群体成员参与安全事务的研究、讨论，发表自己对安全工作的见解，可使更多的人感到对企业安全生产问题的解决负有责任和义务，这种为集体承担责任和义务的感觉会使成员感到自尊心理的满足。

（4）提高可接受程度。群体安全决策有可能使执行安全决策的人员参与决策，知道决策的来龙去脉，和怎样完成任务，有助于执行者对决策的理解，使决策能为更多的人所接受，这些都有助于更好地执行决策。

2. **群体安全决策的不利因素**

在群体安全决策中，还存在着以下一些影响决策效果的问题。

（1）小团体意识。小团体意识指的是这样一种情况：以表面一致的压力阻碍了不同意见的发表，使得不能对问题和解决办法作出符合实际的分析和评价。这种不合理的、过分追求一致的现象和倾向称为小团体意识。在群体安全决策过程中，群体成员有时为了避免与其他成员冲突，往往不提相反意见，或者保持沉默，或随声附和。这就阻碍了不同意见的发表，不利于全面考虑安全问题，使决策失误。

（2）个人的控制支配。由于个性、组织地位和个人身份等原因，存在着个人对群体决策过多地进行控制和压抑的可能。比如，在班前会上对当天的某种作业进行安全防护讨论时，如果班组长首先为工作方案确定了自己的意见，则可能起到抑制群体讨论，降低其他班组成员的创造力，减少多数成员参与问题讨论的机会，从而使作业的决策失误。再比如，企业安全生产委员会在讨论解决生产上的某个安全问题时，企业领导人或大家公认的安全专家的态度，将会影响其他人员的看法。因此，明智的企业领导人，大多尽力避免过早地参加以自己为中心的决策会议，使大家在分析问题时进行充分的讨论，避免造成对少数意见的压抑，仅仅在解决问题的过程进展到要作结论时才出面发表自己的见解。

（3）意气之争。在群体安全决策过程中，有时因为安全利益的不同，成员之间会发生意见分歧。如遇到一个坚持己见、固执的成员，认为否定他的意见意味着失了面子，这种人可能会将个人取胜置于群体发现最安全决策之上，使"是非之争"变成为"意气之争"，影响群体内部的团结，使意见难以统一。

（4）极化现象。又称"极端性偏移"，指决策中出现的冒险和保守的倾向。一些研究表明，群体决策容易出现"极端性偏移"现象，当群体多数成员（特别是领导人）比较保守时，群体决策也将趋向保守这一极端；反之，则向冒险偏移，作出更加冒险的决策。极化现象的出现主要是由于在群体安全决策中，责任分散和群体压力的影响，以及群体多数成员（尤其是领导人）的冒险倾向的轻重。极化现象对群体安全决策过程具有较大的影响，尤其对于有严重冒险倾向的群体，在企业安全管理中必须予以注意。

（5）责任不清。群体决策常常是集体讨论、集体决定（如表决通过）、集体负责。责任的分散使个人责任不够明晰，因此决策则往往导致"有人拍板，无人负责"的后果。

3. 群体安全决策与个人安全决策的差异

群体安全决策与个人安全决策相比较，其差异主要表现如下。

（1）决策的速度。群体安全决策的速度低于个人决策。群体安全决策的过程是群体成员一起对问题进行分析、讨论和争议，从分歧达到一致的过程必然要花费一定的时间，因而速度比个人决策要慢。因此，对于日常作业中安全问题的决策，群体决策较为有利，但是在事故发生前或事故刚发生时的紧急处理状态下，往往只能由指挥者或当事人进行快速个人决策。

（2）决策的准确性。一般说来，群体安全决策的准确性高于个人决策，这是因为群体决策能集思广益、博采众谋、考虑周详，可提出更多可供选择的方案，而且具有错误校正的机制，避免片面性，从而使决策更加准确；相反，个人决策由于受个人的知识、经验、能力等各方面的局限，决策的准确性相对较差。

（3）决策的创造性。据研究，个人决策往往比群体决策更具创造性。个人能产生较多的主意，而群体决策出于受相互不同意见的论点的约束，以及害怕被人视为愚蠢或被人笑话等心理制约，不易使决策具有大的创造性。因而，个人安全决策适于安全技术创新或技术措施改造难题攻关等工作；群体安全决策则适于生产任务明确、有固定安全操作程序的工作。

（4）决策的效率。一些研究表明，从长远看，群体决策的效率高于个人决策。因为决策的效率在很大程度上取决于决策任务的复杂程度。决策既要考虑时间，又要考虑代价。在这两个方面，群体决策有时较费时间，但所付代价比个人决策低。

（5）决策的风险性。是个人决策还是群体决策具有较大的风险性，这是一个有争议的问题。在个人决策时，决策的冒险性将因决策人的个性、经历而异。不同的人对风险有三种态度：一种是对利益的反应弱，对损失敏感，是一种不求大利、怕担风险、保守的决策者；另一种是对损失反应弱，而对利益敏感，是一种谋求大利，敢于冒险的决策者；还有一种是完全按照决策期望值的高低决定行动方案的决策者。这三种不同的类型与个人的个性经历等因素有关。在个人决策时，决策的冒险性将取决于决策人属于哪种类型。

在群体安全决策时，容易出现"极端性偏移"的现象。这种极端性偏移的方向，即向更冒险还是更保守转移，常常取决于群体讨论开始时多数人或有影响人物的偏向。在某种情况下，群体决策比个体决策具有更冒险的倾向或更保守的倾向。

（6）决策的执行情况。一般说来，群体安全决策比个人安全决策更有利于群体全体成员对决策的贯彻执行。这一点前面已论述，这里不再重复。根据以上分析，群体安全决策与个人安全决策各有利弊，没有绝对的优劣之分，关键在于如何灵活地运用。在现代安全管理中，应该将群体决策与个人决策互相联系、互相补充，两者经常被结合起来使用。

10.4.4　群体安全决策的方法

为了克服群体决策中存在的问题，保证决策的有效性和科学性，管理学家和心理学家提出了许多有效的群体决策的方法，其中有四种基本的方法，即头脑风暴法、德尔菲决策法和名义群体决策法和电子会议法。这四种方法也是安全管理中可以使用的基本方法。

1. 头脑风暴法（brainstorming）

又称脑力震荡法，头脑风暴法的含义是克服互动群体产生的阻碍创造性方案形成的从众压力。其方法是利用一种观念形成的过程，鼓励群体成员畅所欲言，尽量构想出尽可能多的主意和方案用于下一步估量权衡的方法，不允许别人对这些观点加以评论。

典型的头脑风暴法的讨论，一般是 6～12 人围坐在一张桌子旁，群体领导清楚明了地布置好待解决的问题或题目，然后在既定的时间内，让每个人围绕指定的问题，畅所欲言，尽量发挥想象力，构思出尽可能多的解决方案，要求大家消除顾虑，任想象自由驰骋，海阔天空，可以想入非非，可以匪夷所思，对发言者无论是受到别人启发的观点或稀奇古怪的观点，任何人都不得加以评论。有的主意可能是浅薄的、荒唐的、幼稚的，但却可互相推动，互相启发，连锁反应，产生"共振"，引发出新的思想火花，彼此撞击。在这段时间里，所有观点都记录在案，待主意基本出尽，让成员对这些建议和方案进行评价、推敲、选择，并达成共识，形成决策。头脑风暴法是创造性产生观念的一个过程，在大家对好主意是怎样构成的有共同认识时效果最好，但若要求专门的知识或执行起来很复杂时，采用此法就比较困难了。

2. 专家决策法（又称德尔菲法）

专家决策法是通过征求相关专家的意见而作出决策的过程。采取专家决策法的步骤如下。

（1）选择有关专家。当决策组织者和协调人接受了某一专题组织专家决策的任务后，首先寻找出与此专题相关的所有领域，并列出可能通信接触请教的该领域著名专家的名单，包括姓名与通讯地址。

（2）制定调查问卷。根据待决策的专题，设计问卷，包括该专题任务完成的意义、必要性、可行性所宜采用的方法与技术，所需资源，所受制约，可能存在的问题以及解决问题的途径等，逐一征询被调查的专家的意见。问卷可采用多重选择形式，并留有填写答案的空白，请求专家对所作选择注明依据与理由的要点。既要简单省时，又要信息完整。将问卷发往专家名单上的每位被调查者，附有说明原委与期望的短信，以及已付邮资的回信信封。

（3）问卷整理。收到各专家反馈的问卷后，进行分类整理和统计处理，将结果整理成书面材料，说明第一轮调查中持各类不同观点者的百分数与主要理由，列出被调查专家的名单与背景（如工作领域,学术地位），但不具体指出每人在首轮调查中的观点。再附上同一问卷（如有必要时应作修改与调整）及回程信封，再次发给各位专家。

（4）结束调查。根据具体情况，如有必要可以重复上述第（2）、（3）步骤。每轮调查都会使分散的观点越趋统一。经过几轮问卷调查后，如果基本上达成共识，即达到目的。

3. 名义群体决策法（nominal group technique）

也称为非交往程式化群体决策法，是指在决策过程中对群体成员的讨论或人际沟通加以限制。像召开传统会议一样，群体成员都出席；但群体成员首先进行个体决策。具体方法是，在问题提出之后，采取以下几个步骤：

（1）预先通知群体成员开会时间、地点，却不预告议题。每次只讨论一个议题，不超过2h。在进行讨论之前，每个群体成员写下自己对于解决这个问题的看法和观点。

（2）经过一段时间（通常 $15 \sim 20min$）的沉默之后，每个群体成员都要向群体中其他人阐明自己的一种观点，依次进行，每次表达一种观点，直到所表达的观点都被记录下来，通常使用记录纸或记录板。在所有的观点都记录下来后，再进行讨论。此期间不允许相互交头接耳，不许看报纸和文件，不许吸烟，必须专心构想。据统计，一个 $7 \sim 12$ 人的决策班子可提出 $18 \sim 25$ 条主意，比常规决策法中同样大小的群体所想出的主意多3倍。

（3）轮流发言，陈述己见。接着群体开始讨论每个成员的观点，并进一步澄清和评价这些观点。不许任何人一口气把准备的意见全讲完，每轮发言每人只得陈述一条意见；与别人已谈意见基本一致的就不再谈，以节省时间。每条意见都由专人把要点记录在黑板或大纸上，使人人可见。每轮发言均由主持人随机指定发言起点与顺序，以保证尽可能使人人获得均等发言机会。如此一轮一轮发言下去，直到全部准备好的意见都陈述完为止。

（4）提问与答案。每个成员独自安静地对这些观点进行排序，对已陈述意见有不够清楚之处，可提出澄清的要求。在提问及作补充说明时，都不得进行任何评论，每人只就事论事，客观说清事实。

（5）最后，由主持人要求每人从已陈述并记在黑板上的意见或方案中，按其有效性，以书面方式选择出一定数量（一般为 8 ~ 12 条）的较佳方案来。然后唱票统计，由主持人确定筛选标准，从中获得一定数量的意见或方案，有时主持人也可要求参与者将备选方案，按其他标准（如重要性、相似性等）整理分类。最终决策结果是选择排序最靠前、最集中的那个观点。

名义群体决策法的主要优点在于允许成员正式地聚集在一起，但是又不像互动群体那样限制个体的思维。

专家决策法和名义群体决策法都是针对常规方法的弊病而设计，以求尽量保证群体决策优势确实得以发挥，做到决策民主化。两种方法都使每人获得均等参与（发言及被听取）机会，相信每人的责任心与判断力，做到"非交往"，即无辩论、无批评氛围，不同的是专家法是"背靠背"式，名义群体决策法是"面对面"式。

4. 电子会议法（electronic meeting）

最新的一种群体决策方法是名义群体决策法与复杂的计算机技术的结合，称之为电子会议法。

只要技术条件具备，这种方法就很容易进行。50 人左右围坐在马蹄形的桌子旁，前面除了一台计算机终端以外，一无所有。问题通过大屏幕呈现给参与者，要求他们把自己的意见输入计算机终端屏幕即可。个人的意见和投票都显示在会议室中的投影屏幕上。

电子会议法的主要优势是匿名、可靠、迅速。与会者可以采取匿名的形式，把自己想表达的任何想法表达出来。参与者一旦把自己的想法输入键盘，所有的人都可以在屏幕上看到。与会者可以坦率地表现自己的真实态度，而不用担心受到惩罚。而且这种方法决策迅速，因为没有闲聊，讨论不会离开主题，大家在同一时间可以互不妨碍地相互交谈，而不会打扰别人。

表 10-1 为群体决策效果的评价。

表 10-1 群体决策效果的评价

方　　法 因　　素	头脑风暴法	名义群体决策法	专家决策法	电子会议法
观点的数量	中	高	高	高
观点的质量	中	高	高	高
社会压力	低	中	低	低
财务成本	低	低	低	高
决策速度	中	中	低	高
任务导向	高	高	高	高

（续）

因　素 ＼ 方　法	头脑风暴法	名义群体决策法	专家决策法	电子会议法
潜在的人际冲突	低	中	低	低
成就感	高	高	中	高
对决策结果的承诺	不适用	中	低	中
群体凝聚力	高	中	低	低

此外，还有一些决策方法可供安全管理者采用。如"闯将"法，即在安全决策过程中，培养一些人作为"闯将"，鼓励他们独立观察、独立思考，善于发现企业生产中的安全缺陷和事故隐患，并提出合理的治理改善意见，使他们成为榜样，以此鼓励其他成员向他们学习。又如"易地思考法"，指专门组织一些人员，使他们离开原来的工作环境，摆脱日常事务的干扰，到一个地方去专门研究安全决策事项的方法。一般是企业领导人把一些安全管理人员和专业技术人员请到乡村别墅或度假村去，住上 3 ~ 4 天，专心研讨一些新的安全方法和对策。事实证明，这些方法对于群体安全决策都有积极的作用。

10.5　安全行为对话技术

10.5.1　什么是安全行为对话

作为安全管理或监察人员，不管是面对个人或群体（如班组等），如何消除工人的抵触情绪，使安全工作深入到所有员工的心中，必须组织好安全对话。若要组织好安全对话，不仅需要具有扎实的理论知识和实践技术，而且还必须具有一定的对话技术。

安全对话是一门实用艺术。国内外从心理学角度分析表明，安全管理人员（监察员）的行为过程应包括以下六个方面。

1. 准备阶段（进入交谈前）

在进入交谈前，必须做好两点：一是自己预先将问题考虑充分，二是善于创造一个良好的气氛。

2. 了解问题阶段（进入交谈）

本阶段的目的是充分了解事件的真相，以便在处理事件时做到有理有据。

进入交谈时，为了把事件的各种信息掌握好，可以不时地提出一些问题，这些问题不一定都是关键性问题。

了解情况的思路顺序模型包括以下四个方面：①我在此应做些什么？②到

现在为止，你们是怎么干的？③你们怎么会这么做呢？④你们打算怎么干下去？

需要注意的是，安全员在此阶段的主要任务就是"听"。

3. 解释问题阶段

本阶段的目的是对已发生的事件下定义，让当事人充分认识到事件的严重性。

此阶段的主角是安全管理人员（监察员），中心是安全管理人员（监察员）的讲解。

此阶段可提出的问题包括"在你们的行为中，哪些行为会导致事故？"，"可能发生的后果是什么？"。

4. 寻找解决问题的方法

本阶段的目的是与当事人（被监察人员，下同）一起制定解决问题的方案及步骤。

前面所做的努力，就是为了此阶段制定出一个可行的解决问题的方案。

在制定解决问题的方案时也应注意两点，一是要把自己预先将问题考虑充分，二是要善于创造一个良好的气氛。

制定方案时一个很重要的方面是，如何把当事人引导到解决问题的角度上来。此阶段也应设计对话内容。

5. 解决问题阶段

此阶段是将已制定的方案付诸实施。

只要可能（时间、精力等），在方案实施过程中，安全管理人员（监察员）应尽量在场。其任务是：①可以保证方案的正确实施；②可以给予一些必要的技术指导；③可以保证在规定的时间内有效地完成任务。

值得注意的是，安全管理人员要尽量与当事人一起参与方案的实施以调动当事人的积极性。

6. 监督与检查阶段

此阶段的目的有：

（1）检查已发生（或将发生）的事件是否得以妥善解决（主要目的）。

（2）为日后的安全工作考虑，了解是否为所有当事人所知，使当事人及其相关人员得到教育，避免在今后的工作中出现同样的问题。

（3）对结果给予肯定或否定的意见（一般应以正强化为主，以便争取和调动当事人对安全工作的支持和热情）。

应特别强调的是，此阶段是安全管理人员（监察员）必须尽到的职责，因此，必须亲自到现场检查结果。即使是处理很小的事件，安全管理人员（监察员）也应亲自过问（至少应通过当事人的汇报来了解事件的结果）。

10.5.2 如何将问题考虑充分及创造良好的安全对话气氛

1. 如何预先将问题考虑充分

在进入交谈前，安全管理人员（监察员）一定要预先充分考虑，可能的问题，并把重点问题挑选出来。这样，在了解事件时，可以做到提出切中要害的问题，有利于了解到事件的深度。

2. 寻找解决问题时的提问

对已经有过的危险隐患，可以问："为了减少危险，你们认为应当怎么办？"

对将要发生的危险，询问当事人要怎样做才能减少危险。如"你们认为怎么做才能避免危险？"

通过"为了不发生事故，你们应该确保些什么？"等提问，可以检验当事人对各种规章制度的理解程度。

询问当事人，面对当前已出现的事件，应该怎样解决时，可提出："为了马上解决问题，现在可以做些什么？"

3. 良好的安全对话气氛的创造

现代心理学研究表明，人与人之间都有一定的安全距离，这种心理阻碍了人与人之间的交流。而良好的谈话气氛能缩短这种心理距离。

安全管理人员（监察员）与当事人（被监察人员）的关系是管理与被管理的关系，因此，后者对前者在心理上存在着天然的安全距离。

影响安全对话的因素主要有主观因素和客观因素两种。

（1）主观因素。安全管理人员对该事件从主观上认真负责。对当事人一定要持友善、坦诚的态度。安全员应尽量了解当事人的工作能力、性格等，可以根据不同的当事人采取不同的谈话风格和内容。

（2）客观因素。主要包括地点、时间、人物环境（讲话场所的人数及工种等）、当事人的情绪等。客观因素也会对安全对话产生很大的影响。因此，选择好一个良好的客观环境的目的是，使紧张的气氛松弛下来。

10.5.3 安全管理人员（监察员）讲解内容的注意事项

1. 讲解顺序

（1）下定义。以相当充分的理由给事件下定义，让当事人知道事件的性质。

（2）列举案例。列举一些真实的事故案例，最好这些案例是亲身体验或发生在本单位的事故，让当事人有身临其境的感觉。

（3）阐述后果。列举因事件而引发的事故可能会带来的后果（包括伤亡、直接经济损失和间接经济损失及社会问题等）。

2. 讲解时应注意的问题

（1）要有理有据，理由充分，道理实在，且要贴近目前的事件。

（2）讲解必须有逻辑性，不可说东道西。

（3）简洁、生动，不可过多重复。

复习思考题

1. 在安全管理工作中，为什么要重视非正式群体的作用？

2. 美国斯坦福大学的心理学家詹巴斗（Zimbardo）做了这样一个试验。他找来两辆相同的汽车，将其中一辆的车牌摘掉并打开顶棚，放在杂乱的街区，结果一天之内就被偷走了。而停在中产阶级社区的另一辆车，过了一个星期也安然无恙。后来，詹氏用锤子把这辆车的玻璃砸了个大洞，结果几小时后该车也不见了。据此试验，政治学家威尔逊（Wilson）和犯罪学家凯琳（Kellin）提出了"破窗理论"，认为：如果有人打坏房屋一扇窗户的玻璃而未得到及时修理，别人就可能受到暗示性怂恿去打烂更多的窗户。请结合群体行为的相关理论，解释在安全生产中违章行为这一"破窗"现象。

3. 安全生产中的冲突是否都是负面的？如何正确处理安全管理中的冲突？

4. 在安全生产中，群体的凝聚力和士气越高越好吗？请说明理由。

5. 在安全管理中如何避免群体决策的弊端？

6. 什么是行为对话技术，试举例说明安全监督检查人员如何创造良好的安全对话气氛？

11

组织行为与安全

人的行为除了受人、机和人机交互界面特点的影响外，还会受到人机所处环境的影响。人机所处环境包括自然环境和社会环境。组织是社会环境中的一个重要组成部分，组织行为对组织中人的行为有重要影响。组织行为主要表现为组织对组织结构的设计、组织文化的创造和维系、组织变革等。组织的行为都是围绕组织目标的实现进行的，安全也是组织目标之一，组织行为对安全的影响，既有对员工行为的直接影响，也有以态度、情感为中介对行为的安全性产生的间接影响。组织行为不仅直接影响个体的行为，还通过对组织当中的团队或管理部门的影响间接地影响个体的行为。组织行为不是脱离员工行为、高高在上，而是与员工的行为有密切关联，是实现员工行为安全和组织安全生产目标的重要影响因素。

11.1　组织设计与安全

组织设计是组织行为的一项重要内容。所谓组织设计，主要是指对组织结构的评估和选择。其中，组织结构是指对工作如何进行分工、分组以及协调合作。管理者在进行组织设计时，必须要考虑六个方面的问题，即工作专门化、部门化、命令链、控制跨度、集权与分权、正规化。经过对这些方面的精心选择而建立的组织结构有助于组织对员工的行为进行解释和预测、澄清员工所关心的问题，有助于员工明确工作的内容、减少不确定行为，从而对员工的态度和行为产生影响。如果组织正规化、专门化程度很高，命令链很牢固，授权程度较低，控制跨度较窄，员工的自主性就较小，这种组织控制严格，员工行为的变化范围很小；反之，组织可以给员工提供较大的活动自由，员工的活动内容相对丰富得多。就组织设计对安全生产的影响而言，应着重从下面几方面来加以考查。

11.1.1　专门化与安全

1. 工作专门化的利弊

工作专门化是指组织中把工作任务划分成若干步骤来完成的细化程度。具体到工作中，每个人只完成工作的若干步骤，而不是完成一项工作的全部。每个人所完成的步骤都是专门的、重复的。

工作专门化的优点在于专门的、重复的工作能提高员工的技能，也节约了组织的培训成本，特别是对高度精细、复杂的工作来说，更是如此。亚当·斯密认为组织中分工越细，组织效率越高，创造的财富越多。专门化一度被认为是提高生产率的不二选择。在 20 世纪 50 年代以前，对工作专门化的重视达到顶峰，在今天，工作专门化依然非常普遍。不仅在生产制造企业，如汽车制造、电子产品制造等企业实现工作专门化，在一些服务业，工作专门化也是工作设计的基本形式。如在医疗服务行业，医生们各执一科，工作甚至细分到特定的疾病；在餐饮服务业，特别是在快餐店，从食品加工点到送达顾客不过几十厘米的距离，但其中的分工却专门到需要四、五个人来共同完成。

20 世纪 60 年代以后，事情逐渐发生了变化。在某些工作领域，随着工作专门化程度越来越高，其弊端日渐显现。专门化的工作往往需要很少的技能，且单调重复，使员工对工作产生厌烦情绪，疲劳感、压力感加重，导致出现低质量、低生产率、高流动率和缺勤率等结果，专门化所带来的经济优势逐渐减退。可见，在工作专门化达到一定程度之前，在专门化所具有的经济性因素的影响下，生产率随专门化程度的提高而提高，但在工作专门化超过一定程度之后，在专门化所产生的非经济性因素的影响下，生产率随专门化程度的提高而降低，如图 11-1 所示。

工作专门化虽然降低了操作技能的要求，使人的生理负荷降低了，但操作者的责任并没有降低。现代化的人机系统以人的监视作业为主，操作者的任务只是根据机器显示的信号作出判断，然后再给机器发送指令。如果操作者遗漏信号，或对信号反应错误，作出错误的操作指令，有时后果也是不堪设想的。如箭船发射、核电站运行、化工厂内的操作等，虽然操作者的体力负荷小，但心理负荷大，

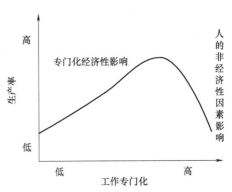

图 11-1　工作专门化的经济和非经济性

工作单调，由于监视目标出现时间不确定，所以人必须始终保持警戒，造成操作者较大的心理压力，很容易感到疲劳。信号间隔时间越长，人就越不能及时发现信号，一旦出现紧急情况，使人惊慌失措，作出错误反应，导致事故发生。

工作专门化造成的人员流动也使专门化造就高技能的优势得到削弱。一些接受过较高教育的人，对专门化的工作很快就会产生厌倦，去寻找新的工作，组织必须对新进入的员工进行培训。

2. 克服工作专门化缺陷的途径

组织在依靠工作专门化提高生产率的情况下，必须寻找有效的方法解决工作专门化带来的问题。

首先，在不得不实行专门化的工作岗位上，组织可以选拔与安置那些喜欢做简单、重复工作的人去做专门化的工作。有些人希望工作对智力的要求低一点，能够提供安全感；有些人对新奇的事情没有好奇或尝试的欲望；有人希望学习一种简单但精湛的技能；有人对变化感到不安，渴望维持现状。这样的人都比与他们相反的人能更长久地在专门化的工作岗位上工作。

其次，组织还可以在工作设计上做些改变。

如果要避免工作专门化造成的疲劳、单调对安全的影响，可以横向地增加员工的工作内容，即工作扩大化。工作扩大化就是增加员工的工作程序，使工作本身多样化，这样，员工在工作中就不断处于注意转移、收集信息并作出反应、调整工作姿势等变化中，减少单调感。比如，原来的工作只要求员工将产品运输到目的地，员工一直处于驾驶机车的状态，扩大化后的工作可以增加检查和核对运输物的数量，并指挥货物的装载和卸载。在工作扩大时，要考虑增加了的工作对员工负荷的影响以及新增加的工作与原有工作的相似程度。如果扩大后的工作造成负荷骤然增强，或者新增的工作与原有工作非常相似，只是数量上的增加，可能会使工作扩大化的结果适得其反。正如有的员工所说："我原来有一件不喜欢的工作，现在有三件不喜欢的工作。"

如果要避免工作专门化造成的对工作的心理疲劳、厌倦感，就应当丰富工作内容。丰富工作内容是对工作内容的一种纵向的增加，即增加工作的决策权、挑战性。可以通过以下方式来实现：

（1）任务组合。把零散的任务组合在一起，组成新的、内容更多的工作单位，使工作的技术要求增加。

（2）构建自然的工作单位。一个个体代表一个获得正式承认的工作单位进行工作。如销售代表、安全巡视员等。这样做的目的是增加员工的自治感和责任感，从而改变对工作的态度。

（3）与客户直接建立关系。让员工与他们产品的使用者建立联系，这些使用者可能是组织外部的，也可能是组织内部不同部门的。员工除需要具备完成自己的工作的技能，还需要具备与人沟通的技能，并使员工获得更直接的反馈，有助于他们对自己的工作作出评价。

（4）使员工拥有产品所有权。对关注个人绩效高于平均绩效的员工，或者奖酬给予个人绩效而非平均绩效更能激励员工的条件下，使员工拥有产品所有权的工作设计不仅能丰富工作内容，还能增强他们的自豪感和成就感。

（5）直接反馈。让员工直接成为信息反馈的第一个接收者，而不是通过管理者了解自己的工作，也是专门化工作中丰富工作内容的一种方法。员工在第一时间了解自己的工作绩效，使他们有更充分的时间在其他错误出现之前来发现和纠正自己的错误，而不再像过去那样被动地接受检查。当然，这需要组织提供给他们检查自己工作的时间和标准以及辅助设备。

11.1.2 正规化与安全

1. 正规化的表现

组织的正规化是指组织中的工作实行标准化的程度。标准化体现在组织制定的规则和工作程序上。规则规定员工的哪些行为是可以接受的，哪些行为是不可以接受的。程序是指管理者和员工在执行任务和处理问题时，必须遵守的预先确定的步骤序列，往往是一些规则在执行过程中的顺序。标准化的目的是使人的工作结果保持稳定。

不同的组织或组织内部不同的部门，对标准化的要求有较大的差异。如以生产制造、简单服务为主要任务的组织或部门，较多采用标准化或正规化的管理，员工在工作内容、工作时间、工作手段方面只有很小的自主权，规则倾向于覆盖工作中涉及的所有任务，既统一又详细。对于规则和程序不一致的行为，有严格而明确的处理规则。而在以策划、决策为主要任务的组织或部门，对标准化的要求较低，组织只在认为不得已的情况下制定规则，在发现规则和程序与人的行为常常不一致的情况时，倾向于按照人的需要修改规则和程序。

2. 正规化对安全的重要性

安全是组织的目标之一，但不同的组织所要解决的安全问题类型不同，组织内部也不是所有部门都面临同样的安全压力。因此，在不同组织或组织的不同部门，有关安全的规则或程序可能是不同的，但安全规则或操作程序是任何组织都必需的，因此，安全规则或确保安全的操作程序通常是正规化、标准化的。

在组织内部，通常有细致、周密的安全生产管理条例，特别是生产型而非经营型组织当中，安全操作规程是确保组织目标实现的重要保障。安全操作规程通常细化到具体的岗位。如机电企业的安全操作规程有钣金电焊工安全操作规程、电器装配工安全操作规程、电工仪表修理安全操作规程、空气压缩安全操作规程、热工仪表工安全操作规程等；煤矿安全操作规程有煤矿测井安全生产操作规程、矿灯安全操作规程、单体支护工安全操作规程、凿岩工安全操作规程、凿岩爆破工安全操作规程等。

当前在组织管理中，很多组织也采用了一定的国际标准来加强管理。常用的管理标准体系有 ISO 9000 质量管理系列标准、ISO 14000 国际环境管理系列标准和 OHSAS 18000 职业安全健康管理体系。

11.1.3 命令链、控制跨度、权力分配与安全

组织的命令链、控制跨度和权力分配是三个相关程度较高的组织特征。传统的机械型组织命令链清晰、控制跨度较窄，强调权威的作用，权力比较集中。而现代组织常常采取有机的组织设计，命令链被弱化，控制跨度变宽，机械组织中原属高层的很多权力在有机组织中被分解到基层。命令链、控制跨度和权力分配都体现了一个组织中上下级之间的工作关系及上下级之间联系的方式，组织在这些方面的特点对员工的安全行为的影响机制也大致相同。

1. 命令链、控制跨度、权力分配在安全管理中的优势

（1）命令链的功能。命令链反映了组织中的权力路线，它确定组织中各层级之间的工作关系，即谁对谁有权力部署任务，谁对谁负责，谁向谁汇报工作。

命令链的维系需要命令发布者的权威性、连续性和命令的统一性作保障。命令的权威性是指管理职位所固有的发布命令并期望命令被执行的权力。命令的权威性可以保障命令能被执行，不执行命令的下属将得到组织既定的惩罚。命令的连续性是指命令的发布是自上而下、连续的垂直方向，从组织的最高层直到最低层。命令的连续性可以保障组织的目标通过任务的层层下达来实现。命令的统一性是指不同层级的命令链所传达的命令应该是一致的。在一个组织内，不应该存在内容不一致的命令。严格地讲，一个下属不应该从多名上级那里接收指令，上级也只能对直属的下级发布命令。

（2）控制跨度对员工行为的影响。组织的控制跨度决定着组织需要设置多少层级的管理部门，配备多少人员。简言之，控制跨度就是一个人可以支配几个人。对于拥有相同员工数量的组织，一个人可以支配的人数越多，组织控制跨度越宽；反之，组织跨度越窄。

控制跨度窄的优点是有利于严格管理，有利于上级对下级工作的直接指导，其缺点与强调命令链的组织相似：垂直沟通以及决策的速度和有效性受到影响；严格控制传达了对下属不信任的信息，影响了基层工作的积极性和自主性。另外，控制跨度窄必然增加管理层级，使管理成本提高。

控制跨度宽的优点是可以降低管理成本，下级享有更多的自主权；不足之处是可能导致上级没有足够多的时间对下级工作提供指导和支持，降低工作的质量。

（3）权力分配。组织的权力分配主要体现在不同管理层拥有决策权的多

少。集权的组织，决策权集中在组织的上层，低层管理者仅是服从和执行高层的指示。在分权的组织中，组织的决策权下放到基层，基层人员有更多机会参与到组织决策过程中。有研究表明，允许基层工作人员制定某些规则和程序，能充分调动员工的工作积极性，促使他们由被动执行转变为主动执行，并进行自我检查。安全操作规程虽然有技术的内在要求，但在修正既定规程中教条、不合理的方面，员工丰富的工作经验有很强的说服力和借鉴意义。从另一个侧面讲，这样做也有利于组织操作规程编制的人性化，使操作规程不仅仅是一纸说明书，而是技术和经验的结合。总之，实行基层分享决策权是实现人性化管理的重要手段。

2. 命令链、控制跨度、权力分配对安全管理的消极影响

命令链、控制跨度、权力分配对安全管理的消极影响主要表现在两个方面。

一方面是对员工工作态度的影响。在强调命令与服从、严格控制和权力集中的组织中，下属只具备执行任务的职责，严格的层级制度很容易引起下属的不满。即便组织有明确的规则和工作程序，员工在遵守这些规则和程序时的心理状态也是非自愿的，只是认为这些规则和程序是组织控制人的手段，而不能将其内化为自身的需要。可以说，在一些实行标准化管理的组织内，员工对安全规程的自愿履行是通向本质安全更为重要的因素。

另一方面，命令链、控制跨度和权力分配还影响到组织决策和快速反应的能力。垂直的命令链、分层过多的管理层级、权力集中必然增加了信息流通不畅的可能性。组织的上层需要通过一层一层的管理层向下传递自己的目标，同时也依赖这些管理层一层层向上收集信息。无论是向上还是向下的信息流动过程，层级越多，信息失真的可能性就越大，特别是对一些负面信息的上传造成困难。因为，出现问题后，按照命令链，直接上级要为此承担责任，然后依次向上；控制宽度越窄，需要负责任的层级就越多，为避免因问题为本层级带来的消极后果，任何一个上级管理层都有可能修改对问题的描述，直到最上层的时候，已经无法确定事情的真实性。基于不准确的、延迟的信息，决策部门难以作出准确、快速的反应。

需要注意的是，某种特征的组织结构与员工的态度及其行为并不是简单的一一对应关系。不同特点的人对组织有不同的需求，在适合他们特点的工作环境中工作，其工作满意感会更高。因此，员工与组织对组织结构的看法并不相同，他们用一套自己的测量方式来看待自己周围的一切，然后形成他们自己隐含的组织结构模式。最根本的问题是要了解员工对他们的组织是如何认识的，这比组织结构的客观特征本身更有助于预测员工的行为。

11.2 组织文化与安全

组织不只是一些机构或填充这些机构的人员，也不只是机构制定的某些规则、程序或要实现的目标，构成一个组织生命力的还有组织的文化气氛。

11.2.1 组织文化的界定

1. 组织文化的要素

组织文化是组织成员共享的信仰、价值观、态度和行为方式，是一个组织区别于其他组织的显著特征。

通常一个组织的文化反映了该组织在以下几方面的态度：创新与冒险、结果定向、人际定向、团队定向、进取心、稳定性。

比如，将组织目标定位于引领行业发展的组织通常鼓励员工创新，这一组织文化将支配他们的薪酬制度以及对员工工作方式的评价。鼓励创新和冒险的组织并不把没有成功的尝试看作失败，而看作工作必需的部分。正如微软公司的一位高层管理人员说的："公司接受了很多内部的失败。你不能让员工觉得如果做不成，他们就可能被解雇。如果这样，没有人愿意承担这些工作。"鼓励创新的组织也可能不是在员工的所有行为方面都鼓励创新或冒险的。比如，在安全技术方面，组织可能希望有所突破，提高安全生产的概率，但在技术的应用环节或员工对设备的实际操作方面，组织又可能对员工的冒险行为是不赞成的。

再如，在结果定向方面，尽管工作的结果和工作的过程是不可分割的，但组织在评价员工的绩效时总是侧重一方，导致员工行为方式大为不同，对安全来说，尤其如此。以结果定业绩的组织，对组织生产目标的实现可能是有利的，员工为提高自己的业绩，就会选择最有可能实现的工作方式，从而发现一些省时有效的方式，抑或通过加班增加工作时间来完成任务，但这些方式可能是存在某种潜在危险或有悖安全伦理道德、违反安全法规的。对结果的过分强调还有可能导致员工在一些不易被察觉的问题上隐瞒事实。如果一个人在安全方面的小错误可能影响到小组所能获得的安全奖励，那么那些较小的差错就容易被员工隐瞒起来，使组织得到错误的信息，成为安全管理的隐患。以结果定绩效的组织还容易导致员工压力感增加，职业倦怠感严重，员工离职率上升。组织对过程的重视表现在：有明确的要求，详细的规则和程序说明，对工作中的关键步骤有明确的测量。从当前情况来看，强调过程的组织文化，在提高组织效率和提高安全概率方面有一定的成效。但也会由于组织过度关注工作过程，使员工在工作过程上增加耗费的时间，因为质量往往是与所花费的时间成正比，所以组织的经济效益也可能因此受到影响。另外，对过程的强调容易使人把对安全问题的归因指向完成工作的规则或程序方面，而就安全问题来看，其实更可能是由于组织与员工的关系造成的。

具体到安全文化而言，就是要在组织中指明安全对组织、对员工工作的重要性和组织以什么方式实现安全这一目标。以往人们认为，重视安全的组织就是有着明确的安全规程、严格的安全奖惩措施的组织，现在看来，这并不是完全意义的安全文化。因为，在这种观念的管理下，人们依然是以行为导致的存在于外部的消极后果来约束自己的行为，而不是以一种自我认同的价值选择来指导自己的行为。也就是说，人们的安全行为仍然非常依赖于外部的威胁、惩罚或其他可能的消极后果，缺乏安全行事的自觉性，如果这些外部的约束机制一旦不存在或缺位，那么安全就没有了保证。这说明人们对安全其实是没有足够重视的。如果安全真正成为一个组织中的核心价值，那么组织成员就能够始终以安全的方式工作，而无需存在外界的监督和惩罚。

2. 组织文化的作用

组织文化的作用不在于告诉人们怎么做，而是告诉人们为什么这么做，因此，文化比行为更复杂，它是行为发生的深层机制，员工在组织文化的熏陶下形成与组织价值观吻合的工作心态，从而保持与组织目标一致的工作目标。组织文化对于组织内员工而言，也是一种精神家园。在有着鲜明文化特色的组织中工作，会使员工感到他们的工作环境不是随随便便的，而是与众不同的，很容易产生对组织的认同，员工就会为实现组织目标而付出自己的努力。组织文化的作用还在于保持组织内的同质性。在一个文化影响力强大的组织中，不愿意或不符合组织规定的标准的人，在组织里通常没有多少生存空间。这使得组织内成员有着高度一致性，形成具有统一风格的一个群体。正如宝洁公司CEO 约翰·斯梅尔说过的一段话："全世界的宝洁人拥有共同的锁链，虽然有文化和个性的差异，可是我们却说同样的语言。我和宝洁人会面时，不论他们是波士顿的销售人员、象牙谷技术中心的产品开发人员，还是罗马的管理委员会成员，我都觉得是和同一种人说话，是我认识、我信任的宝洁人。"

一种对员工的思想和行为具有强大影响力的组织文化常常可能被怀疑会禁锢人们的思想，导致组织固步自封、裹足不前。确实如此，如果组织文化只强调服从与同化，不重视员工的自主性，只强调和新文化的保存与延续，不注重对进步的刺激，就有可能出现对变化的扼杀，成为创造力和多元化的障碍。因此，具有活力的组织文化是控制与自主、维持与进步并重的。

3. 组织文化的表现

组织文化虽然更多地反映了组织的一种精神选择，但它不是绝对抽象的。文化的表达也有不同的层次（见图 11-2）。不同层次的文化其可见程度不同，对人们的行为起着制约或引导的往往是那些处于可见度较低的较深层次的文化因素。因为这些成分的形成需要更长的时间,所以对其变革遇到的阻力也更大。

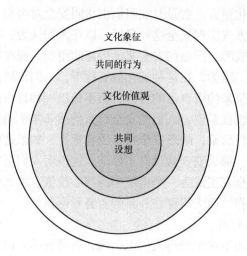

图 11-2　不同表现水平的组织文化

最不可见和最深水平的组织文化是组织中关于人的本质等基本的哲学问题的共同设想。如道格拉斯·麦格里格提出的两种完全不同的人性假设。有些管理者认为人性基本上是消极的,员工天生讨厌工作,会尽可能地逃避工作,没有什么进取心,因此需要对其进行强制、控制或惩罚,正式的指导非常重要。另一些管理者则认为人性是积极的,员工会认为工作和其他事情一样是很自然的事情,普遍具有创造能力,并且在工作中寻求责任感,因此员工具有自我引导和自我控制的能力。关于人性本质的假设,会影响组织的薪酬与奖励制度、组织的决策模式等管理系统的建立。比如,从消极角度看待人性的管理者会认为,员工没有对安全的主动要求,组织必须依靠外部的惩罚、威胁才能减少不安全的行为。

在可见性上,较其次水平的组织文化是组织的价值观。组织的价值观代表了集体的一种价值选择,如对物质的选择、对技术的选择、对人际关系的选择。价值观的作用表现在当出现矛盾与冲突时,人们依靠什么作出判断和选择。比如,组织发展目标和个人发展目标冲突时,组织成员会选择满足哪一方目标的实现?任务实现所带来的经济利益和社会利益可能冲突时,组织成员会首先保障哪种利益?安全与经济相冲突时,组织成员认为可以牺牲哪一个方面?价值观的确定使人的行为表现出比较稳定的一致性和可解释性。但是这种选择可能随着对选择有效性的判断而发生变化。如依赖维护人际关系的组织在发现人际关系对其组织任务的完成并不具有促进作用后,可能转而去寻求技术的效用。

可见性更高，相对来讲，更容易改变的组织文化层次是组织对人们共同行为的约束，如组织的准则、章程。这些规章规定了人们在一个组织中该做什么，该怎么做，但不说明为什么这么做。当员工不了解组织的这些规章的用意时，就很难运用自我内部的力量来约束自己的行为，员工对规章的执行可能是慑于某种外部的压力，比如为了避免一些自己不希望的消极后果。因此，规章对员工行为的约束力更弱。另外，某一项规章只是组织用以体现其价值观的一种手段，但可能不是唯一的手段。但一种规章、制度在执行过程中被证明效力不高时，组织就会在现有基础上作出修正。因此，规章制度本身的可变性也是较高的。

最外化的组织文化的表现是组织的文化象征。文化象征指一些在该组织中带有特殊文化意义的物品，如组织为员工设计的着装规则、组织的象征符号、组织外观环境等。这些象征性的符号或环境向组织内外的人传递了组织的一种理念，如整洁或无序，温暖或冷漠，权威或自由，可见或神秘等。这些象征性的环境或符号也会对员工的行为产生影响。比如，在一个对人的需求考虑较多的工作环境中，员工会感受到舒适、温暖，就不会有迫切离开的欲望，其工作就会做得比较细致、从容、投入。相反，一个让人感觉该冷的时候不冷，该热的时候不热的工作环境，就会使让人产生离开的念头，工作中就会出现心不在焉，应付、拖沓等表现。

4. 组织文化的类型

组织的核心价值不同，组织文化就会有差异，这些差异构成不同类型的组织文化。很难说哪种组织文化是最理想的，只能说不同的组织文化在不同的条件下适用，比如，同一组织的不同部门存在不同的组织文化；同一组织在不同的发展阶段，其组织文化可能也是不同的。

杰弗里·桑南菲尔德把组织文化分为了四种类型：学院型、俱乐部型、棒球队型和堡垒型。

学院型组织的主要特点是为员工提供大量的专门培训，然后指导他们在特定的职能领域内从事各种专业化工作。在这样的组织中，专门的能力被赋予重要价值，组织将员工的进步与组织的发展视为相互依存的组织目标。俱乐部型组织强调员工对组织的忠诚与承诺，员工可以预期自己在这样的组织中的发展前景，组织与员工存在相互的信任与安全感，员工的离职率较低，组织很看重员工在组织中的资历和经验。棒球队型组织强调冒险、革新，谋求组织的发展，对员工的工作结果较为重视，员工在工作方式和过程上享有较大自由。组织根据员工的业绩付给相应的报酬，员工会为业绩而努力工作，也可能因业绩的压力而感到疲惫。堡垒型组织处于消极防御状态，在等待中谋求发展的机会，因此，组织强调维持现状，立足生存。在这样的组织中，员工可能没有安定感，但具有挑战性。

郝尔伯格和佩特罗克根据组织的控制方式和职能指向将组织文化划分为官僚文化、氏族文化、市场文化和企业家文化，如图 11-3 所示。

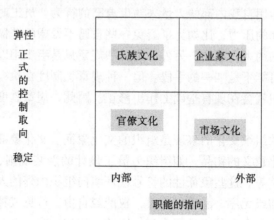

图 11-3　文化类型框架

官僚文化重视正式化、规则、标准操作程序和等级协调。官僚文化的优点集中在员工行为的可预测性上，无论奖惩、权利、义务，在组织中都有明确定义。官僚文化被诟病之处在于其反应的滞后和缺乏创新。员工认为自己的责任在于照章行事，一项决策在经过一系列正式的、标准的操作程序后，可能已经过时了。在官僚文化占优势的组织中，任何变革都可能遇到很大的阻力。

氏族文化强调传统、忠诚、个人承诺、社会化、团队工作等。在承诺方面，组织与个体是相互的，组织的价值观通过老成员对新成员的帮带得到传递，成员之间相互沟通、交往，组织为成员及其家庭提供丰富的社会活动，成员在组织内部能形成强烈的同一感，成员更多地参与到组织的决策当中。

市场文化强调市场驱动的目标，目标具有可测量性。组织与成员之间以契约关系相处，而不以承诺来约束对方，成员通过自己的绩效与组织交换薪酬，组织对员工通过正式途径控制。员工之间的合作仅限于需要完成作业目标的程度，组织内的社会化程度较低。

企业家文化是强调冒险与创新的组织文化。要鼓励员工创新和冒险，组织就需要提供富有弹性的、自由的工作空间，但这并不意味着对员工工作的放任。组织通过对成就的赞赏推动员工不断想出新的点子，以最快的速度去尝试这些新的想法。由于企业家文化特点鲜明，那些不能适应这种文化的员工很少会留在这种组织中，因此，组织保持了很强的同质性。

11.2.2　组织文化的影响过程及其有效性

组织文化反映了一个组织的特征，但又不仅限于此，组织文化通过灌输、渗透等方式对组织的每一个成员都产生影响，使组织成员拥有共同的信仰、价值观和共同的行为方式。

1. 组织文化的影响过程

组织文化对组织成员的影响主要表现在以下两方面：一方面，组织通过对其倡导的文化的宣扬，使员工了解组织发展的历史和目前近况，从而对其将来可能发生的行为提供指导；另一方面，不同的组织文化使不同的组织能够相互区别开来，有助于组织成员对自己所处的组织产生一种认同感。这种认同感使组织成员不仅仅注重自我利益，更考虑到组织利益。概括地讲，组织文化的作用在于：通过为组织成员提供言行举止的标准，而把整个组织聚合起来；作为一种意义形成和控制机制，能够引导和塑造员工的态度和行为。

组织文化对人的影响有两条途径。一是对组织成员态度、观念的影响，在组织成员中形成一致的价值观，人们以自己所认同的价值观指导自己的行为。这种非正式的组织文化有助于提高组织决策者、管理者和员工的安全意识及安全承诺，增强员工安全行为的自觉性和一贯性。另一条途径是组织通过正式的渠道，如组织的制度、规则等约束机制对员工的工作任务和行为方式作出规定，这种正式的组织文化有助于减少员工的模糊性，它能告诉组织的管理者和员工什么是重要的事情，以及事情应该如何来做才是符合组织目标的。无论是有正式载体的组织文化还是没有正式载体的组织文化，其深层的思想都来自组织发展的愿景或目标。

2. 有效的组织文化模式

这里以特瑞·E. 麦克斯文（Terry E. Mcsween）提出的有效安全文化模式来介绍有效的组织文化模式发生影响的过程（见图11-4）。

要建立有效的安全文化，首先要建立能表示组织理想的愿景或任务，然后，设立一套达成结果的程序，确定能阐明人们如何一起工作的价值观。这些程序和价值观共同影响着人们在组织中的行为，并引导人们的行为实现组织所需要的结果。

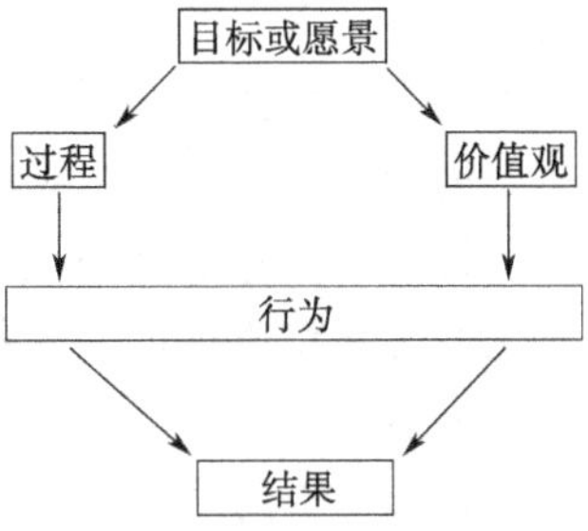

组织文化的影响基本上是一个自上而下深入的过程。组织的愿景或目标一般是组织的决策层所考虑的问题，但是如果组织文化仅停留在组织的领导层，即领导层提出的组织愿景或目标而得不到广大员工或相关对象的认同，那么，组织所制定的一系列规章、程序在基层就会得到更多的抗拒，员工所

图 11-4　安全文化影响模式

持的价值观与领导层所倡导的价值观就会不一致，其行为不会有助于组织领导层所提出的组织目标的实现。因此，组织的领导层若想提高组织文化的有效性，应当在组织文化建设方面考虑一下两方面的因素：首先，组织文化的建设不是领导层独有的权力，应该使更多的人参与到组织远景的规划、组织规章、程序的制定当中。特别是在组织愿景方面，处于组织不同层次的员工有不同的解释或表述方式，充分吸收不同层次成员的观点，有助于建立一个目标一致，但适于不同层次、不同部门理解与实施的具体的任务蓝图。其次，在组织文化的传播中，要通过生动丰富的传播方式，将组织所追求的价值观、组织对实现目标的手段与方式的约束传递至组织的所有成员。组织文化影响力弱的一个表现是员工对领导层的理想缺乏了解，其原因在于组织文化传播工作没有考虑员工的需要或缺乏新意，不能引起员工的注意。当前组织文化的传播更大程度是一种单向的说教，这种方式不仅对员工缺乏有效的激励，而且形式单一，容易被员工忽略，甚至引起员工的反感。以安全文化的建设来看，传统的安全文化常常将员工排除在外，似乎对员工来说，安全是来自外部的要求，安全文化在传播形式上也很少考虑互动的形式，在安全激励制度上，也很少将安全的过程与结果同时纳入奖惩系统。因此，在现实中，经常出现这样的情况，员工的安全行为依赖外部的奖惩或威胁，在外部监管失位的情况下，经常投机取巧，或不真实地汇报工作中的失误与事故。在这样的组织中，安全文化并没有起到正确地引导员工行为的作用。

11. 2. 3　组织文化建设

1. 组织文化的创立、维系与变革

通常来讲，组织的创始人或对组织变革有重要影响的人对组织早期文化的形成影响巨大。他们根据自己的知识经验、按照自己的理想，勾画出组织的发展蓝图，奠定了组织内人们需要遵守的基本的原则、伦理和道德观念。因此，不同组织的文化特征有深深的个人痕迹。一个组织的创始人或对组织进行重大变革的人，往往也是在思维上具有独创性，人格上具有独立精神的人，因此，他们很少受以前的习惯做法和思想意识的束缚，能够提出个人特征鲜明的组织构想，为组织文化的形成奠定基础。另外，新建组织的规模一般较小，有助于组织创始人把自己对组织的理想传递给组织成员。

组织文化并不是一旦建立就会恒久，也不是自动被员工认可、接纳，组织文化的维系需要管理。这些管理措施包括甄选过程、社会化方法和高层管理人员的举措。

甄选过程的明确目标是，筛选并聘用那些价值观与组织文化的精神层面相一致的员工，过滤掉对组织的核心价值观可能构成威胁的人，从而使员工能更

有效地做好组织的工作。

新员工进入组织后，对组织的文化存在适应的过程。组织可以通过有计划的社会化训练加快新员工对组织文化的适应过程，并保证所有员工在组织中拥有相似的经历，使员工在价值观上保持一致。组织文化的社会化要经历三个阶段。

（1）第一阶段是员工原有状态的保持。价值观具有稳定性，因此，在员工进入一个新组织后，即使有环境的变化，其价值取向也不会自发地发生变化。

（2）第二个阶段是员工对组织价值观的认同。新成员在参与组织的一系列学习活动后，不仅观察到组织的庐山真面目，也可以发现个人价值观与组织文化的距离，从而面对个人期望与现实相脱离的问题；但也可能是对组织文化更强的认同。组织文化灌输方面的活动通常包括带领新员工参观组织的象征物、带领新员工阅读讨论介绍组织历程和核心观念的内部读物、安排组织中的精英与新人进行谈话等活动以及一些正式的培训课程等。

（3）第三阶段，经过在组织中较长时间的工作，员工的价值观发生变化。新成员掌握了工作所需技能、成功地把扮演了自己的新角色，并且调整自己适应了工作群体的价值观和规范。在员工价值观逐渐与组织文化趋同的过程中，除了系统的培训，还可以通过绩效考核中的绩效取向、薪酬奖励制度中的奖励对象的选择在员工中产生导向作用。

组织高层管理者的举止言行对组织文化的维系也有重要的影响。高层管理者不仅是组织文化的创立者，也是组织文化的践行者和引导者。高层管理者通过自己的所作所为，起到榜样的作用，把行为准则渗透到组织中去。

2. 安全文化建设中的不利因素

安全文化的建设基本符合文化建设的一般过程，但由于安全工作的独特性，安全文化的建设往往与组织的其他工作相冲突，使安全文化的建设遇到更多的困难。

（1）产量。高产对于任何一个行业都是非常重要的，但是企业对产量的过高要求往往以安全为代价。产量优先还是安全优先是安全文化能否推行遇到的第一重挑战。

（2）时间限制。对多数领导者来说，他们不得不处理各种现场责任事故，耗费大量时间奔波于各地处理各地无法解决的问题，用于安全管理的时间大为减少。安全领导者可支配的人手也很少，管理者除承担工作环境中的安全健康等专业工作外，还要完成治安、人力管理等工作。因此，管理者在安全管理方面所付出的时间，以及用于安全管理时间内工作的有效性都是不确定的。大多数管理者会屈从于老板的指挥，在安全工作方面往往是临时抱佛脚，充当救火队员。这样的管理方式很难在组织中形成对安全的重视。

（3）个人选择与其他文化范式对安全文化的冲击。比如，组织对培训的重视使得组织中的决策者认为很多安全问题也可以通过培训来解决。但实际上，有研究认为用于培训的经费中，能带来工作行为的变化的培训不超过培训费用的10%。安全培训也不例外，在安全培训课程中学到的东西有多少能应用到实际的工作场景中，其状况并不容乐观，安全文化的影响也因此大打折扣。

（4）组织中的领导者与管理者对安全的归因也会影响到他们对安全价值的判断。有些管理者想当然地认为员工自然不愿意使自己受伤，组织为员工安全工作付出了报酬，员工会自动地按照安全规程来工作。这些错误的假设是组织的领导者认为组织的安全目标对所有员工都有相同的意义，或者他们自己对安全的观点与其他所有人都是相同的。但事实往往相反，这些假设在对基层工作者的影响、价值选择上很少得到证实。

（5）领导者的领导能力也是影响安全文化形成的一个重要因素。很多领导者对自己在安全方面的责任、工作方式缺乏清楚的认识，他们所做的工作与领导者的角色不符，而仅仅是在最低程度上做了一个好行为的榜样。这样的行为包括：角色示范（领导者按照安全生产规则要求穿着安全服、携带安全装备），单一的关注（提出一些标语式的安全目标，如"零伤亡"，期望其他人为这一目标而统一行为），显示权威（希望员工只管服从，不提问题，所给指令简单而笼统）。

11.3 领导行为与安全

在一个组织中，人们处于不同的组织层次，承担着组织当中不同的工作。领导是在组织中构建组织价值观念和组织愿景，影响他人行为以及在人力和其他资源上进行决策的一种过程。可以说，领导是一个组织发展的核心，但只有有效的领导才是组织真正需要的。从当前的研究结果来看，几乎不存在一种万能的领导模式对所有组织或组织中所有员工都有效，领导行为与其结果之间存在很多的调节因素，使相同的领导行为的作用方向或作用大小发生改变。因此，不同的组织中承担领导职责的人要根据组织、组织任务以及组织中成员的特点来确定自己的领导行为。

11.3.1 领导者的有效性

领导的有效性可以从领导者所能提供的影响的程度和追随者对领导者施加影响的接受程度两方面来考查。领导者对其追随者施加影响是以自己的权力为基础的，但权力并不等同于实际的影响力，领导者的影响力受到更多因素的调节。

1. 领导者的权力

权力是领导者对追随者施加影响的一种前提，追随者对领导者的服从与对其权力的认知有关。

领导者的权力可以分为两类：第一类是其职位赋予的权力，具有合法性；第二类是由领导者个人具备的素质、能力产生的，受追随者认可的权力。

第一类权力是领导者职务的组成部分，下属对这类权力的服从有较多的被动成分，因此，以此为基础的领导影响力不够稳定，领导者一旦不承担相应的职务，这类权力就自动解除。这类权力主要包括向下属提出要求的权力、奖励性权力和强制性权力。

向下属提出要求、建议是领导者与追随者权利与义务关系的体现，是领导者合法性权力的基本成分。奖励性权力是由于领导者能够提供下属所希望得到的提升、红利、加薪、发展机遇等，促使下属为此努力工作，做出符合领导者期望与意愿的行为，领导者与追随者之间的关系类似一种条件交换。比如，有研究发现，允许员工在工作时间处理少量的私人事务，会增加员工的组织承诺。强制性权力是指追随者能为了避免遭到领导者所掌握的惩罚（如降职、训诫、不加薪、终止合同）等不利后果而循规蹈矩。这种强制性权力并不一定会激发出合适的行为，不过却能制止或减少不宜的行为，特别是对一些让人无法接受的行为表现，以及缺乏诚实态度的举动，领导者必须运用这些因合法权力产生的强制性权力。

第二类权力与领导者的职务无关，下属的服从更多属于自愿服从，以此为基础的领导影响力比合法性权力的影响力更具稳定性和持久性，即使领导者不再承担相应的职务，这种权力可能仍然存在。这类权力包括参照性权力和专家性权力。参照性权力的产生是由于追随者对领导者个人的钦佩，希望自己也能成为像领导者一样的人，并希望得到领导者的赞许，从而愿意服从领导者的安排和指令。具有参照性权力的人通常具备令人敬佩的人格魅力，如谦逊、诚实和富有胆量。专家性权力是由于追随者相信领导者具有专门的知识，掌握达到目标或解决某一问题所需的能力，从而服从领导意见，投入工作。专家性权力的局限在于追随者只在领导者的专业领域里接受其影响。

2. 有效领导与无效领导的区别

领导的有效性可以从领导的过程和追随者对领导者所施加影响的接受程度两方面来考查。

对领导过程的考查是行为学取向的研究范式。从行为学的角度看，领导者对追随者的影响过程分为三个阶段：一是工作开始阶段，主要考查领导者为下属提供的工作条件，如指明工作的方向、提供相关的指导、建议、提示等。二是工作进行阶段，主要考查领导者对下属工作的监督。而监督主要是通过直接观察或询问来收集有关员工工作的信息。三是工作结束阶段，主要考查领导对下属工作结果的反馈，这些反馈可能是积极的反馈，如明确的赞扬，也可能是中性的反馈，如对下属工作观察结果的描述，还可能是消极的反馈，如对下属工作的不赞成或指出下属需改正的工作。

在安全领导方面，有效领导表现为领导者会花费较多的时间来直接观察下属的工作或与下属讨论工作。比如，有效领导者会深入下属的工作场所，在一线掌控组织安全计划的实施情况，对员工的安全行为进行实地观察，收集员工工作数据。有效领导者还用很大的精力来总结对员工工作的监督情况，为下属提供安全监督的结果反馈，并在此基础上，为下一步的工作提供指导。同时，他们自身也是其他员工可以效仿的榜样。在反馈方面，有效的领导不仅提供积极的反馈，也会提供中性的反馈和消极的反馈。而且与人们的直觉相反，有效领导中并非积极的反馈运用得最多。有研究表明，有效领导所提供的反馈中，中性反馈占到50%，积极反馈和消极反馈各占到25%。

无效领导的工作特点表现为倾向于单独工作，避免与员工有较多的接触。他们总是在办公室里做一些管理工作，即使不得已巡视工作场所，也尽量与员工发生较少交往；在与员工谈论工作时，也很少谈及员工的工作表现。无效的领导者很少花时间为下属的工作提供指导，也不向下属传递他们对下属工作的期望。另外，无效领导与有效领导一个重要差别在于无效领导不提供对下属对工作的反馈，这使下属感到领导者只是自以为是地认为自己什么都知道，肆意发布命令，但实际上并不真正关心员工做了什么，怎么做的，领导者对他们工作的监督无非是一种不信任的窥视。在这种情况下，即使领导者使用合法性的权力提出要求，或以惩罚等相威胁，也不能使下属自愿服从领导者的意愿。这在当前的安全领导中是很常见的，也是安全领导缺乏影响力的一个重要原因。瑞恩（Robert F·Ryan）总结其25年对企业安全管理的观察，认为无效安全领导的问题在于领导者对安全缺乏先见之明，缺乏说明性，对员工缺乏信任，对员工的行为绩效没有适当的测量手段。这样的领导者不能正确理解员工的冒险行为、投机取巧行为等不安全的举动以及不受欢迎的习惯的形成，他们也不懂如何激发员工改变不安全的行为，他们只是偶尔地、短期地向员工提供他们发现的结果，这些过时的、无效的技巧无助于他们发现任何需要改变的地方，于是他们依旧做着原来的事情，最后什么都没有改变。

3. 非领导因素对领导影响力的削弱

领导固然是实现工作目标的引导和推动力量，但在有些情境下，领导的力量显得很微弱，无论领导者采取什么样的工作方式，其下属对工作是否满意、工作目标是否能完成、工作绩效的高低似乎都与领导者的行为无关。

这些比领导行为更有影响力的情境包括：

（1）领导者不能即时控制的因素比领导者能做的事情对员工工作影响更大。比如，组织的工作目标受到组织以外因素影响，使得领导者无论如何努力，都不可能把员工行为引导到实现组织目标上。在疫情、战争、国家政策法令调整、合同另一方发生变故等情况下，任何领导者都难以引导员工按照既定路线完成组织目标，只能改弦更张。

（2）工作所必需的一些资源超出了领导者控制范围。如，领导者为改善员工安全工作条件的预算，超出了组织的整体预算，那么工作条件改善计划就难以实现。在缺乏安全保障的工作环境中，员工就无法按照相应标准进行安全操作。

（3）领导的相似性降低了他们变革的可能性，使员工行为的变化受到影响。一般来说，一个组织内不同时期的领导总会秉承同一种风格，真正敢于变革的领导者并不多见，领导的相似性，使员工行为的改变也变得不太容易，一些传统沿袭下来的安全陋习得不到有效的纠正。

以上领导者影响力的削弱主要是受到组织内、外非正式因素的干扰，组织内正式因素在某些程度上能起到代替领导者的作用，使领导看起来不那么重要，这些因素被称为领导的代替物。比如，在一个相对独立的工作团体中，团体内部的准则或团队的凝聚力超出了来自上层的、团队外部领导者的影响力，员工在工作中是否按照安全规范行事主要是为了与团体中其他成员保持一致，而不是获得上层领导者的认同。此外，领导的代替物还有可能是成员的成熟度、组织的规则、工作设计等因素，在这些因素的影响下，员工按照一种既定的方向或方式工作，较少需要领导者的干涉或参与。但这些替代物的存在并不能削弱领导在组织整体中的作用，更为有效的领导是知道何时运用替代物来影响他人行为，以提高领导的效率。

11. 3. 2 领导模式

通过对一些成功领导的观察和分析，研究者提出了一些有关领导的模式，这些模式基本能够说明有效领导是如何获得、如何发挥的，以及影响领导有效性的因素，是关于领导的比较抽象和宏观的阐释。

1. 特质模式与魅力模式

特质模式认为人的领导能力是与生俱来的，具有某些特征的人更能胜任领导工作。这些关键特质包括：

（1）智力。有效的领导者通常有着较高的智力。威廉姆斯通过 15 年的研究发现，领导者的智商通常为 120～135，一般管理者的智商可能在 115～119 之间，基层工长的智商在 115 之下。

（2）成熟与宽宏大量。成功的领导者在情感上表现成熟，无论是对自己还是对他人，都有良好的情绪，"不以物喜，不以己悲"。

（3）自我激励与成就驱动。成功的领导者多数是自我激励的，他们不会满足于一个目标的实现，当实现了一个目标后，会主动寻找第二个目标。他们不惧怕问题，相反，乐于发现问题，他们把工作中遇到的问题看作是对自己能力的挑战。而无效领导则希望回避问题，避免失败。

（4）诚实。成功的领导者一般是正直守信的。如果领导者言行不一致时，那么，追随者会认为领导者不值得信任。对领导者的不信任会削弱下属对组织和领导的承诺。

特质理论只强调了领导者所具有的人格素质，而对领导者具备的其他能力关注较少，而且，很显然的个性与领导力的关系不是一一对应的，因此，特制模式在解释领导效能方面缺乏说服力。当前关于领导模式的魅力型领导对特质理论进行了发展。魅力型领导具有如下特点：自信、勇敢、坚决、乐观，并富有革新意识，他们在组织中实践自己承诺的价值观和目标，并愿意为实现这些承诺作出自我牺牲。这样的领导者因得到追随者的认同而拥有合法性权力以外的权力，他们提出的组织愿景更容易受到欢迎和支持，更容易在员工中形成共同的约束机制。有研究者认为魅力型领导作用的发挥需要一些条件的配合，如组织成员意识到的危机、领导者为解决危机提出的激进愿景，为具有个人魅力的领导者展示魅力提供了机会，危机的成功解决又反过来证明了魅力型领导者的能力。

2. 行为模式与交易型领导

行为模式认为，领导的有效性取决于领导做什么、怎么做。20世纪40～60年代，斯托格狄尔（Ralph Stogdill）领导了一系列关于领导行为的研究，提出了领导行为的两个主要维度，即关心人和关心工作的行为。根据不同领导在这两个维度上表现程度高低的不同，斯托格狄尔等人将领导方式划分为四种情况（见图 11-5）：对组织中人际关系和组织工作都高度关心，对两者都不关心，以人际关系为中心，以组织工作为中心。后来，布莱克和默顿又将领导者在这两个维度上的表现从高到低进行了更为细致的划分，每个维度被划分为9个等级，得出 81 种领导方式，即领导方格图，但其核心仍然

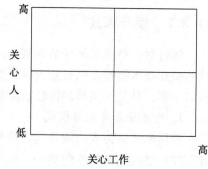

图 11-5　Ralph Stogdill 的领导四分图

是罗尔菲·斯托格狄尔(Ralph Stogdill)提出的关心人和关心工作两个维度。

关心人的领导行为以人际关系为中心，注重建立相互信任的气氛。领导者尊重下级意见，关心下属的情感和问题等，愿意聆听员工的心声，乐于变革，关心员工福利，表现友好，易于接近。

关心工作的领导行为以工作为中心，领导者对自己与员工角色的规定以实现工作目标为基础。领导者通过工作中的计划、沟通、进度安排、任务分配、期限强调以及命令发布等对组织中的工作团队或员工个人进行指导。

斯托格狄尔等人的研究发现，在关心人和关心工作两个维度上越都重视，领导效能越好。弗勒斯曼(Flersman)的研究发现，在生产部门，关心工作与效率正相关，关心人与效率负相关，而在非生产部门正好相反。这表明，关心人和关心工作的领导效果受到某些条件的制约。一般来说，在下列情况中，强调对人的关心会取得好的领导效果：①任务单调，无论如何都很难激发员工的工作满意感；②追随者偏好参与式领导；③团队成员必须学习新事物；④员工认为他们参与到决策过程中是合法的而且这种观念影响到他们的工作绩效；⑤员工认为他们与领导者之间不应存在较大的地位差别。在下列情况中，领导者强调组织工作会收到好的效果：①来自组织以外而非领导者对产量的强制性要求；②完成任务能使员工产生满意感；③员工依靠领导者提供信息与指导来完成任务；④员工在心理上偏好接受做什么与如何做的指导；⑤超过 12 个员工要向领导者汇报。

近期关于行为模式研究将领导对人的关心和对工作的关心看做是领导与员工进行的交易。领导者认为在一个存在信任危机的环境中，组织的各项计划都不可能得到推行，领导者对人的关心可以为实现组织目标提供好的人际环境。因此，交易型领导通过偶然的奖赏和向追随者提供与任务相关的反馈来维持组织中的人际关系、实现组织的目标。

3. 权变理论

特质模式和行为模式对领导的研究都是一种线性的观念，即某种领导行为对应于某种结果，但实际当中，领导行为的结果受到很多具体情况的制约，领导行为与领导结果并非一一对应，这就是领导的权变理论所揭示的制约领导效果的各种权变因素。

(1) 费德勒(Fiedler)的领导情境理论。费德勒认为，领导与环境的相互适应问题会影响领导行为的有效性。他认为任何领导类型都可能是有效的，也可能是无效的，关键是要看他是否与环境相互适应。这里所指的环境因素包括群体气氛、任务结构和领导者的职位权力。

群体气氛反映了一个领导者被团队认可的程度。能激发员工忠诚的领导者，几乎不需要借助职权就能让员工们投身于任务之中；而对不受欢迎的领导者，领导者的基本目标是不要让员工回避领导者或阻挠任务的完成。任务结构是指员工完成任务的方式是否单调。一项单调的任务可能具有明确的目标，只有几个步骤或几个程序组成，可验证，并有一个正确的答案；而完成一项结构化程度很低的任务，可以有多种途径，究竟该如何完成，领导者并不比下属知道更多。职位权力是领导者由于承担领导职务而自然具有的合法性权力，与职位权力相对应的是指领导者个人具有的参照性权力、专家性权力。

以上三种情景因素对领导效能的影响不是单独发挥作用的，三种因素相结合产生出八种领导情境，譬如群体气氛高、任务结构化程度高、领导者职位权力强等。在不同的领导情境下，相同的领导行为效果不同，比如，在以上提到的三个因素表现程度都高的情境下，任务导向的领导能取得较好的效果，而在群体气氛低、任务结构化程度低、领导者职位权力弱的情况下，任务导向的领导效果就较差，详细的领导情景与领导效果的关系见表 11-1。

表 11-1 不同领导风格在不同情境下的效能

情境变量	群体气氛	好	好	好	好	差	差	差	差
	任务结构	高	高	低	低	高	高	低	低
	职位权力	强	弱	强	弱	强	弱	强	弱
领导效能	关系取向	低		高		一般		低	
	工作取向	高		低		一般		高	

(2) 赫西与布兰德查的领导情境理论。赫西与布兰德查以领导者提供给下属的关系支持与任务指导行为的数量来考查领导行为，他们认为领导者应该为下属提供多少关系支持和任务指导，应视下属的准备程度而定。下属的准备程度或成熟度包括两方面的内容：一是工作成熟度，即一个人的知识和技术水平，工作成熟度越高，执行任务的能力越强，越不需要他人指导。二是心理成熟度，指从事工作的意愿和动机。从能力和意愿两方面，可以把下属的准备程度分为四种情况：没有能力也不愿完成任务(R1)；缺乏能力，但有较强的完成任务的动机(R2)；有能力完成任务，却对自己没有信心(R3)；既有能力又乐于完成任务(R4)。领导者的行为根据其在工作取向和关系取向两个维度上的表现，可以分为指导风格的(高工作——低关系)、劝服风格的(高工作——高关系)、参与风格的(低工作——高关系)和授权风格的(低工作——低关系)。针对不同成熟度的员工，特定的领导风格能取得较好的领导效果。具体来说，如图 11-6 所示，指导风格的领导适于 R1 型的员工，劝服风格的领导适于 R2 型的员工，参与风格的领导适于 R3 型的员工，授权风格的领导适于 R4型的员工。

基于关心人和关心工作两个维度的领导理论还有一些其他的变式，这里不

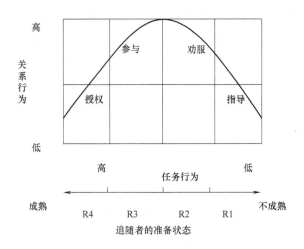

图 11-6　赫西与布兰德查的领导情境理论

一一介绍。

　　综合上述各家理论可以看到，如果说特质模式和行为模式是将领导看作领导者的函数，那么综合权变理论，可以将领导看作领导者、环境、被领导者共同作用的函数，即领导 =f(领导者,被领导者,环境)。特质模式和行为模式存在明显的缺陷，受到较多的批评，权变理论尽管对领导的解释更贴近现实，但也只是对众多现象的概括，对领导者的实践而言，似乎仍难有直接的借鉴意义。把领导看作领导者、被领导者和环境共同作用的函数后，要想提高领导的有效性，领导者是否都能随机应变、改变自己的领导风格？很难想象一个组织中所有成员都是相同的，同样难以想象一个领导者能不断变化自己的行为以适应被领导者的特点或环境的特点。所以，众多的领导理论并不能给需要指导的领导者一个明确的指示，告诉他们该如何去做，而是提供一种理解领导工作的认知模式，当领导者希望改进自己的工作时，可以借助这些理论来分析导致自己工作效果不好的各方面的原因，找出自己工作中最容易突破的障碍，确定改进工作的方案。

11. 3. 3　领导行为与管理行为的比较

　　1. 领导与管理的区别

　　在一个组织中，领导和管理具有相似的地方，如都要求能够影响他人的工作，但领导和管理又存在明显的区别，领导者和管理者在组织中的角色定位应该是不同的，他们的工作目标和工作方式也存在差异。作一个简单的比喻，领导者就像一座大厦的设计师，他要把握大局，规划大厦将来的用途、提出对大厦外形、结构、功能的原则性意见，确定大厦的设计队伍和建筑队伍；管理者则是大厦设计和建设项目的实际执行者，他们负责带领设计队伍或建筑队伍将设计师的意图体现在设计图上、落实在实际的建筑物上。可以看到，虽然同样处于组织上层位置，领导和管理却有着完全不同的认知模式和行为模式。

在思维方面，领导者视野比管理者更宽阔，他们不拘泥于一时一事的成败，而是较多地关心组织成员的状态与组织外部环境，领导者对现实多持怀疑态度，通过调查现实，发现问题、提出变革目标；管理者强调对工作的关心，更多的是检视自己管理范围内部的情况，能够接受现实，接受现有的工作方针。

在指导组织工作方面，领导者所承担的职责是建立并传播组织愿景，为组织创造未来，开拓组织的新领域；管理者则是领导者愿景的执行者，他们按照计划行事，着眼于完成当下的任务。

在与员工的关系方面，领导者更多使用授权的方式，很少具体指导下属的工作，他们花费一定的时间用于组织内外的人际结交，在交往中从各类人员那里了解组织发展所需的信息。而管理者与员工之间的隶属关系更强，上下级之间存在严格控制，管理者更多的时候是一个指导者，直接参与到员工的工作当中。

在任务完成方面，领导者关心自己所做的事是否正确，为组织拟定的发展目标是否正确，他们关注事态发展的原因与状态，能够包容复杂性，允许员工以不同的方式完成自己的工作，在组织发展方面，创造变革的机会，推动变革；而管理者关心怎么做才是对的，不会出错，因此，对复杂性的包容性差，总是想法处理复杂性，将其简单化，他们并不期待变革，往往是变革的被动参与者和管理者。

在决策方法方面，领导者更相信价值观与原则的力量，依靠观念创新，在组织中甘当广大员工的服务生；而管理者在完成工作时更愿意依赖详尽的、可执行的政策、制度与程序，管理者更多意义上是向领导者负责的。

总之，领导者把握的是组织的发展方向，管理者所做的就是如何使这些发展目标转变为现实。

2. 安全管理者在行为观察中的职责

一般组织中，承担安全管理工作的管理者应具有较多的专门知识，对员工的安全行为有较多的指导和参与。安全管理者并不去勾画组织的安全愿景，而更关注如何实现组织安全计划，如何监控与指导员工的安全行为。

行为学取向的安全管理要求管理者有更多的时间参与员工的工作。当前比较流行的管理方式是基于过程的对员工行为的观察。行为观察是一个团队工作，而不是传统意义上个别安全监督员或安全管理者的责任，这个团队应能客观真实地观察和评价员工的行为习惯，有助于每一个参与其中的员工和管理者形成安全自主感。行为观察中重要的一环在于行为反馈，由于每一个员工都有机会参与观察，因此，观察者和被观察者有机会就行为观察的积极意义和安全工作所关心问题进行讨论。

　　行为观察要起到促进安全的作用，必须对工作中的安全行为进行常规性观察，以观察数据为基础提供反馈，提出改进目标，使被观察者认知上有提高。这些过程需要花费大量时间，付出辛苦的努力，做得不好，很容易使观察者和被观察者都违背观察的真实性的原则，使观察成为猫捉老鼠的游戏。因此，管理者必须明确自己的角色定位。管理者是行为观察活动的执行负责人，保障行为观察活动的真实性和有效是管理者的主要责任。为此，在观察过程中，管理者要做的首先是确保观察在规定的时间内进行；其次，管理者自身也必须按照时间表的安排完成观察任务；第三，管理者必须参与观察委员会议，并发表重要评论，安全小组在向员工介绍观察程序时，管理者必须出席这样的启动会议，以示对该项工作的支持。

　　除观察过程中的管理行为，管理者还应为行为观察做好一系列前提准备工作：

　　（1）确定行为观察表。员工的行为根据其工作要求在安全方面有其特定性，行为观察表应能反映出不同工作领域员工工作的特殊性，不能搞简单的"一刀切"。观察表上所有的观察指标应该是在工作中有重要价值的，绝非无足轻重的。

　　（2）最大限度地动员所有员工参与到行为观察中，使员工真正成为安全的主人。为此，应该使观察活动对员工来讲都有实际意义，并为员工参与观察提供多种渠道，强制的、没有群众基础的观察是无法坚持的。

　　（3）阐明观察数据的用途，管理者不应对观察数据随意评论。观察数据是员工安全会议上讨论的依据，管理者的评论如果给观察者造成压力，观察者报告的数据就会失真，行为观察程序就会偏离原来的方向，成为一场数字游戏。

　　（4）为参与观察的成员提供必要的培训。管理者对培训的责任在于设计有效的培训程序，严格的课堂培训对安全行为观察来讲并不是明智的选择，导师制可能更有效。

　　对管理者来说，如何使行为观察活动坚持下来也是很重要的。暂时的退步是正常的，重要的是不断改进，不断反思，吸取经验和教训，直到达到对安全工作的目标，然后再努力维持这一水平。

复习思考题

1. 工作专门化对作业安全有何影响？

2. 分析正规化在安全生产中的作用。

3. 描述一个组织的文化特点，并分析该组织文化如何影响员工的安全行为。

4. 影响安全文化建设的不利因素有哪些？

5. 权变理论是如何解释领导有效性的？

6. 从行为管理角度说明有效安全领导与无效安全领导的区别。

第 12 章

安全行为伦理

12.1 概述

12.1.1 安全与安全伦理

伦理道德属于意识形态范畴，它是人们的信念或信仰，也是规范行为的准则。安全可以认为是观念、思维，意识。安全伦理主要表现为"安全第一"的哲学观念，"预防为主、安全为天"的意识；安全维护劳动者的生命、健康与幸福的伦理观念；安全既有经济效益，又有社会效益的价值观念；安全系统是控制系统，生产系统是被控制系统的辩证观念。应该建立"安全人人有责"的意识，"遵章光荣、违章可耻"的意识，"珍惜生命，修养自我，享受人生"的意识，自律、自爱、自护、自救的意识，保护自己，爱护他人的意识，消除隐患，事事警觉的意识。实践证明，要使人从被动（要我安全）到自觉（我要安全）地执行"安全第一、预防为主"的方针，不但从科技、管理、人的生理及心理方面来认识安全的内涵，更重要的是不断提高劳动者安全素质，使社会（企业），使每个人从价值观、人生观、行为准则等方面，从群体到社会建立起对安全的理念和响应。因此，广施仁爱，尊重人权，保护人的安全和健康的宗旨是安全的出发点，也是安全的归宿，更是安全伦理的体现。

安全伦理就是每一个合格公民对安全进行理性思考和自主选择的方法论。以安全理性或法制为手段进行社会调控时，之前必须经过安全伦理思考的判断和估量，之后又必须进行安全伦理价值的评价。当然，安全是关系到人的身心健康、生命、财产，在道德观念中应该提倡使他人生活得更好、更安全。安全作为伦理的理解就很清楚了。

12.1.2 安全生产的行为伦理问题

不断发生的生产事故，使得企业不能从根本上实现安全本质化，无法消解企业给人与社会带来的安全困惑甚至安全恐慌。生产事故不仅威胁着人的生命健康权利，影响着企业本身的生存和发展，甚至也影响着市场秩序和社会的和谐稳定。

1. 生产事故的行为伦理问题

虽然事故发生的形式多样，但从个体来讲，员工的心理、行为问题，也会导致生产事故发生。比如，煤矿企业中，农民工多、单身或夫妻分居的多，时间久了，情感会出现各种变化，有的对生活、工作失去信心，幸福感下降，这种情绪如带到工作中，在操作中就容易出现生产事故。这些事故不能不引起人们对这些问题的伦理思考。

2. 安全行为伦理问题的主要原因

（1）"见物不见人"的企业管理理念。传统企业管理以物为中心，把人看成只是带来利润的"工具人"，一个大工业机器上的一个零部件，导致只"见物不见人"——只见经济利益不见人文社会利益和人的精神利益。它重视人的金钱的刺激作用，忽视人的社会需求、情感需求、自我实现的需求。在"竞争"、"效率"的原则上建立硬性的经济管理约束机制，以应对市场的残酷竞争，追求自身最大经济利益。

（2）"规范至上"、"技术至上"的安全管理模式。企业的安全管理长期被认为是一种纯理性的技术工作，被传统的纯技术管理模式所束缚。安全管理偏重于安全科学技术与安全工程技术，通过法律法规、制度、规程等约束不安全行为，同时配之于安全灌输教育，以此期望保证安全目标的实现。对于安全科技来说，一方面，由于人的理性认识局限性导致安全事故发生的不可避免性，这些往往成为一些企业和个人在解决实际生产事故问题时的极好的逃避和推卸责任的借口；另一方面，事故发生后，惩戒总是"禁于已然之后"的，而在实际工作中，不安全行为也并不一定立即完全导致生产事故的发生，容易使主体产生侥幸心理。相反，由于不安全行为的"省时"、"省力"、"高效"等特点会给主体带来短期而实在的经济利益，这又进一步刺激其他同类行为的发生，从而会产生大量的不安全行为。

（3）严重缺位的企业道德人格。伦理道德法则是关于秩序的法则，秩序的失范又和企业道德人格的缺位密切相关。在市场秩序的不健全和失范的条件下，企业道德人格缺位。一些企业对待企业员工独断专制，随意解雇，轻视员工人格情感，忽视企业的安全投入和安全培训，漠视员工的生命健康安全；对待社会奉行经济利益至上，利欲熏心，只要能逃避法律法规惩罚就敢于违法，从而导致危害人的生命健康事故频频发生。

12.1.3　保护从业人员的身心健康是社会文明与进步的标志

人类为了生存、繁衍和发展，总是不断地追求，创造良好的安全生产、生活的环境和条件，保障人类在一切领域能安全与健康地活动，逐渐发展到满足人的生理方面的和心理方面的安全需求，形成了社会进步所要求的伦理道德观念、安全与卫生规范和标准。近年来，我国安全生产，特别是高危行业安全生产形势严峻，受到了前所未有的关注。我们必须从经济利益与人的安全与健康相互矛盾的怪圈中摆脱出来，让安全生产服务于人的身心健康。

随着人们的生活水平、文化教养、经济基础达到一定程度，人本身的价值观念也会出现升华，对人的安全和健康问题以及劳动中怎样保护人，解决好安全生产的问题，越来越受到重视。珍惜生命、保护生产、延长生命并非是活命哲学，而是当代进步的价值观。那种要钱不要命，活着就为了挣钱等狭隘的人生观，已为人鄙视和唾弃。社会在发展，科学技术在进步，国家在富强，其最终的目的是使社会更文明，人民生活得更安全、更舒适、更健康、更幸福。国家保护人民的安全与健康，人民要求学会保护自己的安全与健康。因为人民是社会的推动力量，是物质财富和精神财富的创造者，人民也自然是社会财富的享有和享受者，只有这样，人民的巨大作用和人的价值才能在文明生产、文明生活、文明的社交活动中充分得到体现。

12.1.4　安全伦理的基本观点

人不但能认识事物的现象，而且能认识事物的本质；不但能认识过去，而且能预见未来；不但能认识个人利益，而且能认识社会集体的整体利益。人能够选择自己的行为，并能够根据一定原则，对行为作出评价。人能够意识到自己行为的社会后果，能够选择自己的行为方向。

1. 伦理行为的一般特征

人的行为是受思想支配的。行为是思想的外在的表现形式。人类行为的过程是从心理到行动，从内向外转化的过程。行为的发生从感觉开始，感觉引起人的某种欲望，欲望结合一定的思想形成动机，动机是促使人们采取行动的导因。在行动的过程中，意志是排除各种干扰，使动机得以实现的有力因素。

2. 安全行为的伦理道德特征

第一，道德行为是自知的行为，也就是对自己的行为有清楚明确的认识的行为。一般而言，有利于他人或某社会集体的行为都是道德行为。有利于个别人、小集团，但不符合道德原则的行为并不是道德行为；道德行为是基于道德认识的，自知行为的动机与后果都是符合道德原则的行为。盲目地做一件有利于他人的事，并不一定是道德行为。不具有辨别善恶能力的儿童和丧失了辨别善恶能力的老人以及由动机不明确而发生的有益或有害他人的和社会集体的行为，不负道德责任，也不是道德行为。

第二，道德行为必须是意志自由的行为，即是自愿和自择的行为。道德行为不是被迫选择的利他、利社会的行为，而是自觉自愿选择的行为。因惧怕而犯法的行为，就不是严格意义的道德行为。只有自觉守法的行为才具有道德的意义。因此，道德行为不仅是基于道德认识的，而且是出于本人的自觉自愿的即意志自由的行为。

道德和道德行为对于社会的或一定阶级的历史上的客观进步是有益的。人的行为之所以具有价值，不仅是因为这些行为是选择的结果，是自由意志的表现，而且是因为这里所说的选择是对客观价值的选择以及对非价值的东西的摒弃。

由于安全伦理道德起着调节生产经营过程中人们之间、个人与社会之间关系的作用，因而它有利于人类的生存和发展，有益于社会生活的进步和繁荣；同时，安全伦理道德能促进人的品格和精神境界的提高，有益于人类个体的身心健康和完善。

3. 道德行为的选择

决定道德行为价值大小的主观因素是人们的道德境界的高低和选择道德行为的环境，处在同一社会环境下，人们的精神境界不同，人们选择行为的自觉程度不同，其行为的道德价值的大小也是不相同的。

道德行为的选择是人们道德活动的一种形式。在社会生活中人们往往遇到、同他人利益和社会集体利益的矛盾，也遇到为履行自己的社会义务因而损害他人利益等面临几种可供选择的行为使复杂的心理活动，生活环境以及当时社会的道德规范和社会的道德对人们行为的制约作用。

人的行为选择，不但要受客观条件的制约，也要受行为主体的道德觉悟和主观能力的限制。社会的客观条件，规定了人们活动的范畴，在这一定范围内，人们仍然可以发挥自己的主观能动性。在同样条件下，有人选择有利于社会和他人的道德行为，有人选择有害于社会和他人的不道德行为。这主要是因为人们主观的道德觉悟、人生理想和人生观不同造成的，其中行为动机，是选择道德行为的关键。因为动机是行为的真正开端，又是激励人们行动起来以实现行为的道德目的的内在动因。

我国的道德要求人们在面临几种行为方案时，要从社会的全局利益出发，把有利于他人，有益于将社会集体的动机作为自己的行为动机。要确立道德行为的动机，不但要有道德知识，而且要有坚定的道德信念。在面临具体的行为选择问题时，能按照自己的内心原则和道德良心来选择自己的行为。但是，人们的行为发生的动机往往是多元的，其中可能有道德的动机，也杂以某些不道德的动机。开展思想斗争，克服不道德的动机，使合乎社会道德原则的动机成为主导动机，人们就能选择道德的行为。

　　4. 人的行为动机与人的需要的关系

　　(1) 动机与需要。需要同人们的行为的发生有着密切的关系。在某种意义上，行为的目的只有一个，而动机却往往几种兼而有之。判断行为者的目的是否合乎道德，决定于行为者的主导动机。在有利于员工的安全健康动机指导下的管理目的是道德的；在一切为了金钱而不顾员工的安全与健康动机指导下的管理目的则是不道德或非道德的。在存在着多种动机的情况下，行为者的主导动机决定行为目的的道德性质。

　　(2) 目的与手段。确立道德动机固然重要，采取道德手段也不可忽视。因为，在确立了道德动机的前提下，只有采取适当的、有效的、具有道德性质的行为手段，行为的道德动机才能转化为良好的效果，行为的目的才能实现。只讲动机，不注意手段，行为的目的是不能实现的。

　　一般地说，要实现合乎道德的行为目的，应该采取相应的合乎道德的行为手段。行为的最高目的是行为者的人生观的体现，它规定或影响着行为的直接目的和手段的道德价值。保护从业人员的安全与健康是安全生产的全局利益，是安全伦理道德的基础和出发点，也是一切安全伦理道德行为的最高目的。人们选择的行为目的和手段是否合乎安全伦理道德，从根本上说，就看其行为的目的和手段是否有利于安全生产的全局利益。有些行为的直接目的不是为安全生产的利益，例如，为生产需要而采取任意危害从业人员的安全与健康是错误的，它不利于社会的全局利益，其手段也是不道德的。目前，确有一些生产经营单位，主张采用减少安全投入以及各种非法手段，认为这些手段对经济效益是有利的，就可以采用这些手段。这些单位或人所惯用的不道德手段，虽然对实现某一具体行为的目的也许有好处，但从根本上说，会脱离社会、失掉人心，对安全生产目的的实现是不利的。因此，这些行为手段是安全管理所不可取的。

12.2　安全行为伦理问题及对策

　　目前已经发生的各种意外或事故，最主要的原因首先是人为的因素，与人的心理和行为问题有关。解决这些问题，需要靠人类自身的安全素质，包括每个人的安全知识、技能、意识、行为以及安全的观念、态度、伦理、情感、认知、品行等。

12. 2. 1 生产事故的心理与伦理问题及其原因

1. 从业人员从事岗位的危险性

我国有相当数量从业人员在从事危险性大、有毒有害作业的工作，有的企业经营者不配备必需的安全防护设施，致使从业人员尤其是农民工发生职业病和工伤事故的比例高。2006 年 8 月 24 日，江苏溧阳市的江苏扬子水泥有限公司在建的"原料磨"生产大楼楼顶在混凝土浇筑过程中，模板支撑系统突然发生坍塌，现场死亡的 4 名从业人员都是农民工。

2. 相当一部分从业人员在安全健康没有充分保障的劳动条件下工作

部分企业，尤其是相当数量的小型企业设备陈旧、条件落后、环境恶劣，安全生产基础薄弱。致使从业人员在拥挤、昏暗、潮湿的车间里生产，在噪声、高温、粉尘污染的环境中劳动。部分从业人员所从事的作业场所不符合国家劳动安全卫生标准，有的甚至连起码的生产条件都不具备。因此，不仅员工在一种不正常的心理状态下工作，实际上也是在一种不符合基本道德准则的恶劣条件下工作。

3. 从业人员缺乏自我保护的意识和能力

由于一些企业刻意隐瞒恶劣的劳动条件，一部分从业人员不知道所从事的工作有什么样的危险因素和严重后果，经常违章操作，冒险蛮干。可以说是不道德的管理引发了安全事故，因此，决不是可以仅仅通过安全监督员工提高安全意识就可以解决安全问题，还应当从深层次上寻求解决之道。

4. 普通从业人员权益保障乏力

普通从业人员缺乏社会保障，遭受职业危害和工伤事故多。

（1）劳动合同签订率低。

（2）用工合同中有关职业病防治要求的条款是空白。在劳动合同的约定上，由于从业人员处于弱势地位，对用人单位不敢提出过多的要求，特别是在职业病的防治方面，一是不了解劳动保护方面的内容；二是无法提出合理要求。

（3）从业人员安全意识薄弱。一些从业人员既是安全生产的违法者，又是生产事故的受害者。人的生命在无知与经济利益的驱使下受到漠视。

（4）教育培训机制不健全。矿山、建筑施工等劳动密集型高危行业，安全技术培训没跟上，一些企业甚至没进行任何培训就督促员工上岗，完全不顾其生命安全。

（5）突发事故应对能力不足。保护人的生命安全的措施严重滞后于防范生产事故的措施。

12.2.2 安全行为伦理的构建

随着我国安全生产的深入开展，人们认识到，在安全生产中，机器设备对保障人们的安全和健康固然重要，但与社会环境、心理环境有直接关系的因素对保障安全生产也同样重要，且缺一不可。在生产经营单位日常的安全管理工作中，安全事故的发生、发展，不仅与机器设备因素有关，还与行为、社会因素有着重要关系，许多事故的防治都涉及复杂的心理、行为问题，就是在管理上也不能单纯依靠规章制度因素，也需要心理、伦理、社会因素的制约。所以，采用行为科学手段，加强安全伦理观念，提高安全管理水平，就成为企业的基本责任。

1. 确立"安全为天"珍惜生命的企业安全伦理理念

人是社会的人，人与人相互依赖，互不可分。个人只有在与他人的关系中才能获得自己特有的规定性，获得自己存在的意义和价值。人必须又要充分尊重他人的生存欲、生存权，珍惜和爱护他人的生命，这也是人性的必然要求。

人作为生命个体，追求个体自身生命的生存并使之不受威胁的安全需要应当成为人的第一需要。"安全为天"、"安全第一"，从根本上说，是生产经营单位对安全伦理对象的伦理道德关怀。生产经营单位在处理人与物、经济利益与人的生命健康利益关系上体现出人的生命安全需要、安全利益至上的主体自觉性。

在企业安全生产中，生产经营单位只有自觉把"安全为天"、"安全第一"的安全行为伦理理念内化为伦理主体道德意识，才能不把自己的财产利益得失而是他人的人身与生命的安全利益放在首位，才能自觉尊重和爱护人的生命价值。

2. 树立企业安全行为伦理共同体意识

在市场经济中，每个企业及其员工都应当将心比心，由己及人，管理者为被管理者安全利益负责，被管理者为企业整体安全利益负责；企业不仅为自己的产品、服务负责，更要为产品服务的安全性负责，为整个市场和消费者的安全利益负责，为企业所影响周边生态环境的安全利益负责。管理者、被管理者、企业、消费者、市场、社会以及环境的安全利益都是密切相关的。在企业内部，安全管理者与被管理者的关系不应当是"管、卡、压"的关系，而应当是建立在企业共同安全利益前提基础上的伦理道德关系，形成一个包括管理者、被管理者、企业、消费者、市场、社会、环境在内的大安全伦理共同体意识，共同提高企业的安全质量和实现企业的安全利益，构建以人的安全利益为前提的竞争、效率机制以及人性与社会性和谐协调、共同发展的利益机制。

3. 建立"他律"与"自律"相结合并注重内化的安全行为伦理制度模式

市场机制规定每个企业及其企业内部的每个员工都必须承担不同的角色和身份，同时又受特定的法律、道德、市场规则的有形或无形的、强制或非强制的约束。否则，企业便会遭受挫折和失败，甚至遭到市场的淘汰。企业安全规范、安全制度必须以尊重人性为前提，使被管理者得到真正、完整意义上的人的对待，必须符合人性和社会性的道德性要求。安全是经济发展的前提条件之一，安全法规和安全伦理规范是人们对安全科学的客观规律的理性体悟和认知，是企业和社会经济发展所应遵循的。只有这样，才能标本兼治，企业才能得以处于长久的、稳定的安全和谐状态。这就要求安全行为和制度的设计应充分体现伦理化和人性化。

4. 提升企业安全的道德境界

安全生产要以尊重每一个生命个体为最高原则，以实现人和社会的健康安全、和谐有序的发展为宗旨。企业安全生产自觉的自我奉献和自我牺牲的伦理精神则是应当充分肯定和大力弘扬的。在处理个人与企业、企业与社会、局部利益与整体利益、眼前利益与长远利益、经济利益与安全利益等关系时，生产经营单位能自觉追求整体、大局，承担社会责任。

12.2.3　企业安全行为伦理的基本要求

为确保于安全生产相关的道德标准在单位的实现，使员工、管理人员清晰理解其应身体力行的道德规范和行为准则，需要制定企业安全行为伦理的基本要求，遵守这些要求，是对员工的基本要求。

1. 基本要求

（1）准确的事故与隐患记录。事故与隐患记录的真实性和完整性是法律的要求。准确公正地反映所有事故及隐患情况，并维护本企业的安全生产规章制度。不得篡改、损毁、隐瞒或制造虚假记录或文件。

（2）员工职责。所有员工都有责任确保其经手事故与隐患资料的完整准确。任何情况下，严禁员工本人或帮助他人制作虚假或误导性的记录。

（3）员工不得因个人事务波及其对本单位安全生产义务的全面履行。员工应避免为了其个人利益，违反企业有关安全生产管理的规定。

（4）资料公开。各项管理制度信息的公开可以加强员工的责任感，制止不道德行为的发生。因此，任何情形下，严禁事故与隐患资料的暗箱操作和不记录行为。任何了解或知悉隐瞒、不记录或伪造交易事件的员工，都应立即报告。

（5）遵纪守法。遵守适用于本企业安全管理的法律、规章和条例。

（6）利益冲突。通过企业内部适当的机制解决相互之间由于利益不同导致的各种冲突，避免把利益冲突扩大化的行为。

2. 企业管理职责

遵守营业单位所在地适用的劳工法，包括工作条件、工资、工作时间、福利和最低工作年龄等法律规定，严禁采用强制性或义务性劳动方式。员工有权参与任何合法的集体谈判组织或不参与此类组织，并且不会因为行使这种权利而遭受处罚。

3. 环境问题

遵守所有适用的法律和规章，保护环境和自然资源。

4. 职业安全

为员工提供的职位没有公认的危险，工作场所符合所有适用安全法律和规章的要求，并着力降低停产事件的频率、严重性和成本。要求所有员工遵守既定的安全规程。

5. 对员工合法安全健康权益的保护

员工有需要被尊重的本能。影响员工的劳动行为安全性的因素，除了物质利益，更多的是在工作之中的成就感、被尊重的程度。因此，应该将员工当作不同的个体来看待，而不应该将员工视作无差别的机器或机器的一部分。每一个员工都有自己的行为特点，有自己的感知、认识、决定和行动方式。而且，员工个体观念、行为的安全性，员工对于上级命令和安全要求的反应和表现，这两者之间是相互影响的。如果员工对于上级命令和安全要求的反应和表现是积极的，系统的安全程度就高；相反，员工个人对于上级命令和安全要求的反应和表现是消极的，系统的安全程度就低，员工个人、系统也就面临着事故危险。

禁止对任何向有关管理机构提供企业违法行为有关的真实信息的人员施加打击报复。

12.3　安全行为伦理与工作满意感

12.3.1　安全管理的伦理价值观

影响安全管理环节的因素有很多，从大的结构上分析，安全管理的目标及其价值观，其本身具有的技术系统、结构系统，由其人员活动产生的社会心理系统以及维持其正常功能运转的管理系统，都对最终管理目标的实现发生巨大作用。

企业具有一个非常重要的社会心理系统，在这个复杂的人的系统中，从业人员处于中心的位置，而他的行为又涉及这些系统之间的相互作用。心理因素在这里指人的个性特点，主要表现在智力、情绪的紧张和忧虑、对压力的感受。如果仅从心理方面加以分析，这个因素首先对安全问题的产生、体验有一定的作用，其次对事故的处理也有影响，并影响到人们对安全技术、方法接受的程度，对安全管理的接受程度。

同时，安全管理的目的和方法还不断受到系统中各种成员内在化了的、着眼于个人利益的职业准则和价值观的强烈影响。这种价值观还随着时间的推移，技术的改进，而不断进行着变化。

12.3.2 员工满意度

员工满意度的重要作用，归纳起来主要有以下几个方面。

1. 员工满意度可以诊断企业人力资源管理现状，是企业发展的基石

企业是由若干员工构成的，员工满意度直接决定他们的工作积极性水平，从而影响企业的人力资源基本状况。员工满意度可以使公司管理层能够倾听到员工的心声，是公司检查目标的实现情况，了解员工需求，发现管理问题的有效方法。

知识经济的发展使得人力资本在经济发展中的地位日益提高，员工已成为了企业的中心，在企业竞争日益激烈的情况下，吸引和激励员工，让他们保持高昂的士气是提高企业竞争力的重要手段。员工满意度对企业运营管理问题的产生可以起到有效的预防作用。员工满意度可以监控企业绩效的成效，可以及时预知企业人员的流动意向，如果改进及时，措施得法，就能够预防一些"人才流失"的情况发生。

2. 提高员工满意度是企业发展的重要目标

企业发展的最终目标主要是提高人们的物质生活和精神生活水平，因而在企业发展过程中，强调人本精神、实现人本管理，以增强员工满意度是十分必要的。对于经理来说，员工保持高绩效水平和确保员工满意感同样重要。对员工满意度的调查和评价有利于企业制定科学的人力资源政策，从而提高企业竞争力。

现代企业的"以利益为中心"的激励机制已扩展到了形成"以人为本、高满意度"的双重管理目的。工作满意度评价的作用主要反映在四个方面：帮助企业进行组织诊断、影响企业的未来绩效、保障员工的心理健康和提高员工的工作质量。重视并科学有效地监测员工的工作满意度，已经成为现代企业管理的重要内容和手段。

可见，员工满意度测量已经成为组织早期警戒的指针，为企业人力资源管理决策提供了重要的依据。

12.3.3 员工满意度的影响因素

工作满意度是指个人对他所从事的工作的一般态度。一个人的工作满意度水平高，对工作就可能持积极的态度；反之，则可能产生消极态度。这些态度会影响到职工的安全行为。当人们谈论员工的态度时，更多的是指工作满意度。决定工作满意度主要有五大因素。

1. 挑战性的工作

员工更喜欢能够为他们提供机会使用自己的技术和能力，能够为他们提供各种各样的任务，有一定的自由度，并能对他们工作的好坏提供反馈的工作。这些特点使得工作更富有挑战性。在中度挑战性的条件下，大多数的员工会感到愉快和满足。

2. 公平的报酬

员工希望分配制度和晋升政策能让他们觉得公平、明确，并与他们的期望一致。当报酬公正地建立在工作要求、个人技能水平、社区工资标准的基础之上时，就会导致对工作的满意。显然，不是每一个人都只为了钱而工作。但是报酬与满意感之间的联系关键不是一个人的绝对所得，而是对公平的感觉。同样，员工追求公平的晋升决策与实践。晋升为员工提供的是个人成长的机会，更多的责任和社会地位的提高。因此，如果员工觉得晋升决策是以公平和公正为基础而作出的，他们更容易从工作中体验到满意。

3. 支持性的工作环境

员工对工作环境的关心既是为了个人的舒适，也是为了更好地完成工作。调查和研究证明，员工希望工作的物理环境是安全舒适的，温度、灯光、噪声和其他环境因素不应太强或太弱。除此之外，大多数的员工希望工作场所干净，设备比较现代化，有充足的工具和机械装备，而且离家比较近。

4. 融洽的同事关系

人们从事工作不仅仅为了挣钱和获得看得见的成就，对于大多数员工来说，工作还满足了他们社交的需要。所以，友好的和支持性的同事会提高对工作的满意度。上司的行为也是一个决定满意度的主要因素。当员工的直接主管是善解人意、友好的，对好的绩效提供表扬，倾听员工的意见，对员工表现出个人兴趣时，员工的满意度会提高。

5. 人格与工作的高度匹配

员工的人格与职业的高度匹配将给个体带来更多的满意度。因为当人们的人格特性与所选择的职业相一致时，他们会发现自己有合适的才能和能力来适应工作的要求，并且在这些工作中更有可能获得成功；同时，由于这些成功，他们更有可能从工作中获得较高的满意度。

12.3.4　安全行为伦理对安全生产的影响

安全行为伦理要求在组织生产经营活动时，不能忽视绝大多数人的安全利益。作为具备这一高尚的道德人格特征的个人，在安全工作中体现为真诚善良、勤勤恳恳、任劳任怨；作为具备这一道德人格特征的企业，能自觉遵守相关的安全法规和伦理规范，保证企业内人-机-环境的安全有序的状态，确保企业员工的人身健康安全、产品安全、生产场所安全及环境安全。在人与物、企业与个人、企业与社会、企业与环境等方面发生利益冲突时，应当自觉以人的生命健康安全利益为重，自觉履行安全义务、承担安全责任，勇于自我牺牲，自觉服从整体、大局和社会的安全利益，从而形成企业良好的安全伦理道德形象。

总之，在市场经济条件下，对企业安全行为提出一些要求，构建企业安全伦理文化，不仅有利于企业安全形象的塑造以及企业安全文化的建设，而且对构建安全有序的市场经济秩序，建设安全稳定的和谐社会有着十分重要的意义。

复习思考题

1. 为什么说安全生产要重视人的伦理需求？
2. 什么是员工满意度，员工满意度的影响因素有哪些？
3. 试分析生产经营活动中存在的行为安全伦理问题及其原因。

参 考 文 献

[1] 罗云，等. 安全文化百问百答[M]. 北京：北京理工大学出版社，1995.

[2] 庄育智. 安全科学技术词典[M]. 北京：中国劳动出版社，1991：1-3.

[3] 张景林，等. 安全的自然属性和社会属性[J]. 中国安全科学学报，2001，11(5)：6-9.

[4] 曲和鼎，等. 安全软科学的理论与应用[M]. 天津：天津科技翻译出版社，1991.

[5] 罗云，等. 安全经济学导论[M]. 北京：经济科学出版社，1993.

[6] 韩永飞，杨富春，李宗鹏. 信息与网络安全(一)[J]. 网络安全技术与应用，2002(2)：33-35.

[7] 韩永飞. 信息与网络安全(二)[J]. 网络安全技术与应用，2002(3)：24.

[8] 徐德蜀，金磊，罗云. 关于安全科学技术学科建设的研究[J]. 劳动安全与健康，1998(12)：30-32.

[9] 张宝纯，刘潜. 高等院校安全工程专业知识结构的探讨[J]. 中国安全科学学报，1996，6(增刊)：17-20.

[10] 欧阳文昭. 浅析安全科学的内涵与外延[J]. 地质勘探安全，1993(2)：34-38.

[11] 罗云，刘潜. 安全科学体系的若干探讨[J]. 地质勘探安全，1989(3)：4-8.

[12] 吴超. 论建立我国安全管理硕士教育制度[J]. 工业安全与环保，2002(9)：41-45.

[13] 吴穹. 中国安全专业教育的现状及拓展方向探讨[J]. 中国安全科学学报，2000，10(1)：61-65.

[14] 叶鹰，金玮. 科学学的基本规律探讨[J]. 科学学研究，2000(2)：16-18.

[15] 吴宗之. 中国安全科学技术发展回顾与展望[J]. 中国安全科学学报，2000，10(1)：1-5.

[16] 田水承，冯长根，李红霞，等. 对安全科学体系及其与相关学科关系的探讨[J]. 煤炭学报，1999(6)：663-667.

[17] 徐德蜀. 科学、文化与安全科学技术学科的拓宽[J]. 科学学研究，1998(3)：26-34.

[18] 哈罗德·孔茨，海因茨·韦里克. 管理学[M]. 黄砥石，译. 北京：经济科学出版社，1993.

[19] 王续琨. 安全科学：一个新兴的交叉门类[J]. 科学学研究，2002(4)：367-372.

[20] 黄才骏，吕昌. 现代领导学[M]. 北京：中国铁道出版社，1992.

[21] 张克昕，等. 现代管理心理学——理论与应用[M]. 北京：航空工业出版社，1998.

[22] 万良春. 新编领导科学教程[M]. 北京：中共中央党校出版社，1999.

[23] 戴良铁，白利刚. 管理心理学[M]. 广州：暨南大学出版社，1998.

[24] 王重鸣. 心理学研究方法[M]. 北京：人民教育出版社，1990.

[25] 董奇. 心理与教育研究方法[M]. 北京：北京师范大学出版社，2004.

[26] 威廉·威尔斯曼. 教育研究方法导论[M]. 袁振国，窦卫霖，译. 北京：教育科学出版社，1997.

[27] 朱祖祥. 工程心理学[M]. 上海：华东师范大学出版社，1990.

[28] 陈士俊. 安全心理学[M]. 天津：天津大学出版社，1999.

[29] Donald A Norman. 情感化设计[M]. 付秋芳，程进三，译. 北京：电子工业出版社，2005.

[30] 傅贵，陆柏，陈秀珍. 基于行为科学的组织安全管理方案模型[J]. 中国安全科学学报，2005，09.

[31] 彭楚翘，何存道，陈斌，等. 事故多发驾驶员与安全驾驶员反应时的比较研究[J]. 心理科学，2000，02.

[32] 斯蒂芬 P 罗宾斯. 组织行为学[M]. 7版. 孙建敏，李原，等译. 北京：中国人民大学出版社，1997.

[33] 赫尔雷格尔 D，斯洛克姆 J W，伍德曼 R W. 组织行为学[M]. 9版. 俞文钊，丁彪，等译. 上海：华东师范大学出版社. 2001.

[34] 吴岩. 领导心理学[M]. 北京：中央编译出版社. 1996.

[35] 王磊. 组织管理心理学[M]. 北京：北京大学出版社，1993.

[36] 梁宁建. 心理学导论[M]. 上海：上海教育出版社，2006.

[37] 栗继祖. 安全心理测评技术与应用[M]. 北京：煤炭工业出版社，2007.

[38] 张淑君. 社会技术理论在工作设计中的应用[J]. 机电产品开发与创新，2006，19(5)：40-41.

[39] 陈力. 组织行为学[M]. 北京：人民卫生出版社，2005.

[40] 孙健敏，李原. 组织行为学[M]. 上海：复旦大学出版社，2005.

[41] 栗继祖. 安全心理学[M]. 北京：中国劳动社会保障出版社，2007.

[42] 叶龙，李森. 安全行为学[M]. 北京：清华大学出版社，北京交通大学出版社，2005.

[43] 李强. 人力资源工作分析研究[J]. 科学管理研究，2006，24(1)：103-106.

[44] 邵瑞银. 浅议柔性工作设计[J]. 当代经济，2006(8)：28-29.

[45] 孙健敏. 人力资源管理中工作设计的四种不同趋向[J]. 首都经济贸易大学学报. 2002(1)：58-62.

[46] 吴振安. 浅议工作分析的基础作用[J]. 现代企业教育，2007(8)：30.

[47] 许小东. 现代工作设计的基本原则与成功要点[J]. 企业经济，2001(10)：105-106.

[48] 张红威. 试论人力资源管理中职务分析的重要性[J]. 河南科技，2004(8)：38-39.

[49] 张锦，张力. 人因失效模式、影响及危害性分析[J]. 南华大学学报(理工版)，2003，17(2)：36-37.

[50] 朱祖祥. 工业心理学[M]. 杭州：浙江教育出版社，2001：147-180，207-226，435-480.

[51] 肖国清，陈宝智. 人因失误的机理及其可靠性研究[J]. 中国安全科学学报，2001，11(1)：22-25.

[52] 徐晓锋，车宏生. 人员选拔研究的新进展. 心理科学[J]. 2004，27(2)：499-501.

[53] 杨大明. 人为失误原因分析与控制对策研究[J]. 中国安全科学学报，1997(2).

[54] 张力，王以群，邓志良. 复杂人—机系统中的人因失误[J]. 中国安全科学学报，

1996, 6(6): 35-38.

[55] MSHA/NSSGA Alliance. Injury and illness data analysis team meeting statement of work [D/OL]. [2005-11-15]. http://www.msha.gov/regs/complian/PIB/2003/pib03-19attach.

[56] Li-Pheng Khoo, Lian-Yin Zhai. A prototype genetic algorithm-enhanced rough set-based rule induction system[J]. rs & Industrial Engineering, 2001, 46: 95-106.

[57] Sulzer-Azaroff B, Austin J. Does BBS work? Behavior-based safety & injury reduction: A survey of the evidence[J]. Professional Safety, 2000, 45: 19-24.

[58] Grindle A C, Dickinson A M, Boettcher W. Behavioral safety in manufacturing settings: A review of the literature[J]. Journal of Organizational Behavior Management, 2000, 20(1): 29-68.

[59] Komaki J, Barwick K D, Scott L W. A behavioral approach to occupational safety: Pinpointing and reinforcing safe performance in a food manufacturing plant[J]. Journal of Applied Psychology, 1978, 63(4): 434-445.

[60] McSween T. The value-based safety process: Improving your safety culture with a behavioral approach. 2nd ed. New York: John Wiley & Sons, 2004.

信息反馈表

尊敬的老师：

您好！感谢您对机械工业出版社的支持和厚爱！为了进一步提高我社教材的出版质量，更好地为我国高等教育发展服务，欢迎您对我社的教材多提宝贵的意见和建议。另外，如果您在教学中选用了《安全行为学》（栗继祖主编），欢迎您提出修改建议和意见。索取课件的授课教师，请填写下面的信息，发送邮件即可。

一、基本信息

姓名：_____ 性别：_____ 职称：_____ 职务：_____

邮编：_____ 地址：_____

任教课程：_____ 电话：_____—_____（H）_____（O）

电子邮件：_____ 手机：_____

QQ：_____

二、您对本书的意见和建议

　　　　（欢迎您指出本书的疏误之处）

三、您对我们的其他意见和建议

请与我们联系：

100037　北京百万庄大街 22 号

机械工业出版社·高等教育分社　冷彬　收

Tel：010—8837 9720（O），6899 4030（Fax）

E-mail：myceladon@ yeah. net

http://www.cmpedu. com（机械工业出版社·教育服务网）

http://www.cmpbook. com（机械工业出版社·门户网）

http://www.golden-book. com（中国科技金书网·机械工业出版社旗下网站）